ATZ/MTZ-Fachbuch

Die komplexe Technik heutiger Kraftfahrzeuge und Antriebsstränge macht einen immer größer werdenden Fundus an Informationen notwendig, um die Funktion und die Arbeitsweise von Komponenten oder Systemen zu verstehen. Den raschen und sicheren Zugriff auf diese Informationen bietet die Reihe ATZ/MTZ-Fachbuch, welche die zum Verständnis erforderlichen Grundlagen, Daten und Erklärungen anschaulich, systematisch, anwendungsorientiert und aktuell zusammenstellt.

Die Reihe wendet sich an Ingenieure der Kraftfahrzeugentwicklung und Antriebstechnik sowie Studierende, die Nachschlagebedarf haben und im Zusammenhang Fragestellungen ihres Arbeitsfeldes verstehen müssen und an Professoren und Dozenten an Universitäten und Hochschulen mit Schwerpunkt Fahrzeug- und Antriebstechnik. Sie liefert gleichzeitig das theoretische Rüstzeug für das Verständnis wie auch die Anwendungen, wie sie für Gutachter, Forscher und Entwicklungsingenieure in der Automobil- und Zulieferindustrie sowie bei Dienstleistern benötigt werden.

Günter Leister

Fahrzeugräder – Fahrzeugreifen

Entwicklung – Herstellung – Anwendung

2., überarbeitete und ergänzte Auflage

Dr.-Ing. Günter Leister
Schwaigern, Deutschland

ISBN 978-3-658-07463-0   ISBN 978-3-658-07464-7 (eBook)
DOI 10.1007/978-3-658-07464-7

Die Deutsche Nationalbibliothek verzeichnet diese Publikation in der Deutschen Nationalbibliografie;
detaillierte bibliografische Daten sind im Internet über http://dnb.d-nb.de abrufbar.

Springer Vieweg
Dieses Werk erschien in der ersten Auflage unter dem Titel „Fahrzeugreifen und Fahrwerkentwicklung"
© Springer Fachmedien Wiesbaden 2009, 2015

Gedruckt auf säurefreiem und chlorfrei gebleichtem Papier.

Springer Fachmedien Wiesbaden GmbH ist Teil der Fachverlagsgruppe Springer Science+Business Media
(www.springer.com)

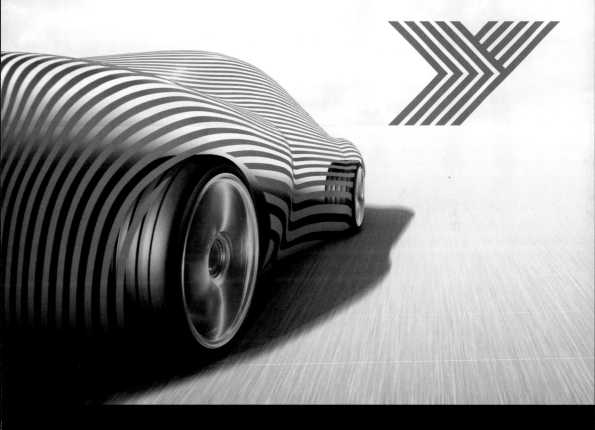

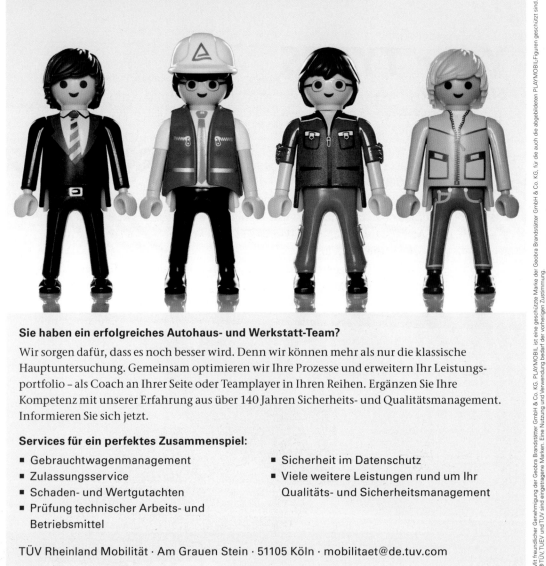

Vorwort zur 1. Auflage

Reifen werden vom Reifenhersteller, Fahrzeuge vom Fahrzeughersteller entwickelt. Dennoch gibt es bei jedem Fahrzeughersteller Ingenieure, Techniker und Werkstätten, die sich mit dem Thema Reifen intensiv auseinandersetzen. Das liegt daran, dass ein Reifen kein einfaches Zubehörteil, sondern ein integraler Bestandteil des Fahrwerks ist. Daran ändert weder die Tatsache, dass der Reifen aus Sicht des Gesetzgebers ein Normteil, noch dass kommerzieller Sicht der Reifen eine Commodity ist, etwas. Aus diesem Grunde ist eine enge Zusammenarbeit zwischen Reifen- und Fahrzeugherstellern unabdingbar. Wenn keine klaren Schnittstellen und Vereinbarungen zwischen diesen beiden Entwicklungspartnern getroffen sind, kann die optimale Performance von Fahrwerken nicht erreicht werden, Abb. A.1. Die Erfahrung zeigt, dass es kein Fahrwerk gibt, das ungünstige Reifeneigenschaften kompensieren kann.

Der Reifen ist zudem eine der wenigen Komponenten im Fahrzeug, die eigenständig intensiv beworben werden. So werden für Reifen regelmäßig Markt- und Performanceuntersuchungen durchgeführt, was dazu führt, dass viele Kunden eine Vorliebe bzgl. Reifenfabrikate haben. Auch das muss ein Fahrzeughersteller bei der Wahl seiner Ent-

Abb. A.1 Handshake zwischen Fahrzeug- und Reifenhersteller

wicklungspartner berücksichtigen. Daher ist es von größter Bedeutung, dass beide Partner die Wechselwirkungen von Reifen, Fahrwerk und Fahrbahn genau kennen. Dieses Buch soll hierzu die notwendigen Hilfestellungen und Anregungen geben.

Es werden bewusst die Grundlagen der Reifentechnik weitgehend ausgespart. Hierzu gibt es sehr gute Fachbücher. Schwerpunkt sind vielmehr die Prozesse, die sich um die Reifenentwicklung herum abspielen. Nur die physikalischen Zusammenhänge, die für diese Prozesse eine wesentliche Rolle spielen, sind aufgeführt.

Ich möchte mich an dieser Stelle bei den Reifenfirmen Bridgestone, Continental, Dunlop, Goodyear, Michelin und Pirelli für die Zusammenarbeit und die vielen Ideen, die in diesem Rahmen entstanden sind. Ferner gilt mein Dank allen Firmen, die mich bei diesem Buchprojekt unterstützt haben und die ich auch als kompetente Entwicklungspartner schätzen gelernt habe.

Die Leser dieses Buches werden gebeten, ihre Anregungen, Verbesserungs- und Ergänzungsvorschläge unter der Email-Adresse fahrzeugreifen@guenter-leister.de mitzuteilen, damit diese bei der weiteren Entwicklung dieses Buches berücksichtigt werden können.

Schwaigern, im November 2008   Günter Leister

Vorwort zur 2. Auflage

Die zweite Auflage dieses Buches hat einige wesentliche Veränderungen erfahren. Zum einen wurde das Thema Reifen neu überarbeitet und strukturiert. Zum andern wurden die Räder mit ihren Unterkapiteln Stahlräder, Leichtmetallgussräder, Leichtmetallschmiederäder und Radverbund mit einbezogen. Es sind zudem Kapitel über die Radverschraubung und die Komplettradmontage hinzugekommen.

In dieser zweiten Auflage haben mich die Rad- und Radverbundexperten Stefan Beyer, Siegbert Dehm, Roland Eisenkolb, Norbert Oberschmidt und Jörg Ludwig als Mitautoren kräftig unterstützt. Ohne diese Beiträge hätte das Buch in dieser Form nie entstehen können. Die zunächst eigenständigen Beiträge wurden bewusst nicht in Form von Einzelkapiteln umgesetzt, sondern in dem Kapitel Räder integriert.

Beim Thema Räder gilt mein besonderer Dank auch meinen langjährigen ehemaligen Kollegen Rainer Braun und Dieter Renz. Sie haben mir mit ihrem profunden Wissen vieles über Räder beigebracht, was in diesem Buch Eingang gefunden hat.

Außerdem gilt mein Dank Herrn Ewald Schmitt vom Springer Vieweg Verlag, der mich motiviert hat, eine zweite, völlig überarbeitete Auflage zu konzipieren und seinem Team für die professionelle Betreuung.

Schwaigern, im März 2015   Günter Leister

Engineering
peace of mind

Mitarbeiterverzeichnis

Dr.-Ing. Stefan Beyer	Deutscher Schraubenverband e. V., Hagen	Abschn. 3.10
Dipl.-Ing. Siegbert Dehm	SÜDRAD GmbH Radtechnik, Ebersbach an der Fils	Abschn. 3.2
Dipl.-Ing. Roland Eisenkolb	Daimler AG, Sindelfingen	Abschn. 3.5, 3.6, 3.7
Dr.-Ing. Günter Leister	Daimler AG, Sindelfingen	Kap. 1, 2, Abschn. 3.1, 3.4, 3.5, 3.9, Kap. 4, 5, 6
Dipl.-Ing. Jörg Ludwig	Otto-Fuchs KG, Meinerzhagen	Abschn. 3.3.3
Norbert Oberschmidt	RONAL AG	Kap. 3, Abschn. 3.1, 3.3, 3.8

Effektive Wasserverdrängung.
Wie auf Bridgestone Reifen.

Bridgestone Touringreifen wurden speziell so entwickelt und gebaut, dass sie Oberflächenwasser in umlaufenden Rillen sammeln und abführen können. Damit Sie auch bei Regen und Nässe alles unter Kontrolle haben. Das ist besonders wichtig – denn wir sind der einzige Teil des Sicherheitssystems Ihres Autos, der tatsächlich die Straße berührt.

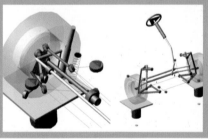

Inhaltsverzeichnis

Einleitung

1

Die Räder und Reifen haben sich in den letzten Jahren rasant weiterentwickelt. Am Beispiel der S-Klasse von Mercedes-Benz wird das deutlich. Während der W116 im Jahre 1972 mit einer Reifenbreite von 185 mm auf 14-Zoll-Felgen ausgeliefert wurde, hat heute die aktuelle S-Klasse W222 als Einstiegsbereifung 245 mm Reifenbreite und eine 17-Zoll-Felge, Abb. 1.1, Die Entwicklung der Reifenaußendurchmesser, der Felgendurchmesser, der Reifenflankenhöhe und der Reifenbreite zeigen Abb. 1.2, 1.3 und 1.4.

Die Räderentwicklung hat sich genau so rasant verändert. Viele neuartige Konzepte wurden in Serie gebracht, haben sich bewährt oder sind wieder vom Markt verschwunden. Abbildung 1.5 zeigt einige Meilensteine der Radentwicklung bei Mercedes-Benz der letzten 45 Jahre.

Während der W108 ein einziges 14 Zoll Rad hatte, hat die heutige S-Klasse eine Vielzahl an Angeboten für die Kunden um das Fahrzeug zu attraktiveren, Abb. 1.6. Diese Varianz stellt auf der einen Seite die Entwickler vor große Herausforderungen, auf der anderen Seite verbirgt sich dahinter auch ein großes Geschäftsfeld für die Fahrzeug- und Radhersteller. Diese Räder sind zusammen mit Erstausrüstungsreifen im Ersatzgeschäft in den Werkstätten der Fahrzeughersteller (OEMs) erhältlich und werden auch eigenständig beworben, Abb. 1.7.

© Springer Fachmedien Wiesbaden 2015
G. Leister, *Fahrzeugräder – Fahrzeugreifen*, ATZ/MTZ-Fachbuch,
DOI 10.1007/978-3-658-07464-7_1

W116 / 1972 -1979	W126 / 1979 -1991	W140 / 1991 -1998	W220 / 1998 -2005	W221 / 2005-2013	W222 / ab 2012
185/82 R14 H 205/70 R14 H 215/70 R14 V	195/70 R14 S,H,V 205/70 R14 S,H,V 205/65 R15 H,V,Z 215/65 ZR15	225/60 R16 V 235/60 R16 H,V,Z 255/45 ZR18	225/60 R16 V,W 225/55 R17 W,Y 245/45 R18 W,Y 265/40 R18 Y	235/55 R17 W 255/45 R18 Y 275/45 R18 Y 255/40 R19 Y 275/40 R19 Y	245/55 R17 W 245/50 R18 W 275/45 R18 W 245/45 R19 Y 275/40 R19 Y 245/40 R20 Y 275/35 R20 Y

Abb. 1.1 Dimensionsentwicklung bei der Mercedes S-Klasse

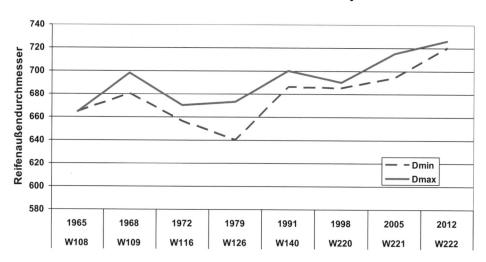

Abb. 1.2 Außendurchmesserentwicklung bei der Mercedes S-Klasse

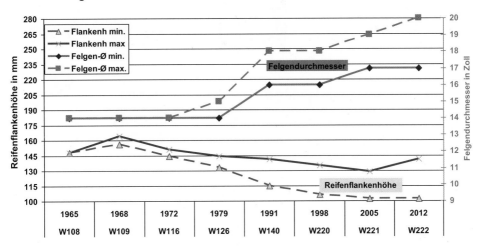

Abb. 1.3 Felgendurchmesser und Flankenhöhenentwicklung bei der Mercedes S-Klasse

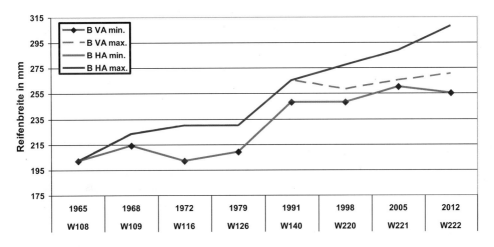

Abb. 1.4 Reifenbreitenentwicklung bei der Mercedes S-Klasse

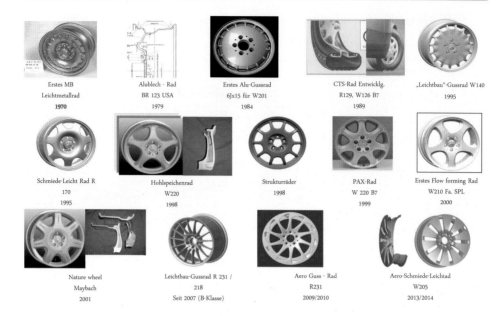

Erstes MB Leichtmetallrad **1970**	Alublech - Rad BR 123 USA 1979	Erstes Alu-Gussrad 6Jx15 für W201 1984	CTS-Rad Entwicklg. R129, W126 B7 1989	„Leichtbau"-Gussrad W140 1995
Schmiede-Leicht Rad R 170 1995	Hohlspeichenrad W220 1998	Strukturräder 1998	PAX-Rad W 220 B7 1999	Erstes Flow forming Rad W210 Fa. SPL 2000
Nature wheel Maybach 2001	Leichtbau-Gussrad R 231 / 218 Seit 2007 (B-Klasse)	Aero Guss - Rad R231 2009/2010	Aero-Schmiede-Leichtad W205 2013/2014	

Abb. 1.5 Meilensteine der Mercedes Aluminium-Radentwicklung

Abb. 1.6 Radvielfalt am Beispiel der S-Klasse W222 zur Markteinführung 2012

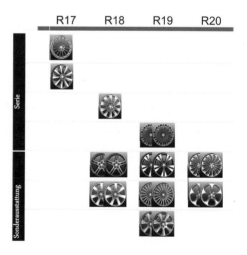

Abb. 1.7 Werbung für Erstausrüstungsreifen im Ersatzmarkt beim OEM

Reifen

2

Der Reifen ist ein rotationssymmetrischer, nicht isotroper, aus mehreren untereinander verbundenen verschiedenen Gummikomponenten bestehender Verbundwerkstoff, der durch textile bzw. Stahl-Verstärkungsmaterialien bezüglich seiner Festigkeitseigenschaften bestimmt wird. So lautet die formale Beschreibung eines Reifens in einem Lexikon.

Reifen müssen Radlasten aushalten, um Fahrzeuge zu tragen, Seitenkräfte aufbringen, um Fahrzeuge sicher, um die Kurve zu führen, Längskräfte aufbringen, um sowohl die Motorleistung als auch die Bremskräfte auf der Straße absetzen zu können. Dabei sollten die Reifen unter allen Witterungsbedingungen eine möglichst große Straßenhaftung aufweisen. Reifen müssen auch Federungs- und Dämpfungseigenschaften haben und sie müssen das Lenkverhalten durch entsprechende Ansprecheigenschaften unterstützen. Der Reifen muss eine gute Laufleistung bei möglichst geringem Rollwiderstand und Geräuschentwicklung haben und muss natürlich über seine Lebensdauer dimensionsstabil, sicher und langlebig d. h. strukturfest sein. Der Reifen selbst darf im Fahrbetrieb nicht von der Felge springen und muss eine entsprechende Robustheit gegen äußere Einflüsse aufweisen und natürlich möglichst luftdicht sein.

Da aber alle diese Eigenschaften nicht konfliktfrei sind, ist ein optimaler Kompromiss das Ziel jeder Reifenentwicklung. Die Festlegung des optimalen Kompromisses ist dabei Aufgabe der Fahrzeughersteller, die technische Umsetzung muss der Reifenhersteller durchführen, [1, 2].

Für moderne Personenkraftwagen werden heute ausschließlich Stahlgürtelreifen eingesetzt. Im grundsätzlichen Aufbau unterscheiden sich Stahlgürtelreifen unterschiedlicher Fabrikate nur unwesentlich, Abb. 2.1.

Mit dem oberhalb des Wulstkabels befindlichen und aus Synthesekautschuk hergestellten Kernprofil lassen sich die vertikale Federsteifigkeit und damit der Komfort beeinflussen. Außerdem sorgt das Kernprofil, ebenso wie der Wulstverstärker aus Nylon oder Aramid für Lenkpräzision und Fahrstabilität.

Der Seitengummi ist aus Natur- oder Synthesekautschuk und schützt die Karkasse vor seitlichen Beschädigungen und Witterungseinflüssen. Die aus gummiertem Polyester oder

© Springer Fachmedien Wiesbaden 2015
G. Leister, *Fahrzeugräder – Fahrzeugreifen*, ATZ/MTZ-Fachbuch,
DOI 10.1007/978-3-658-07464-7_2

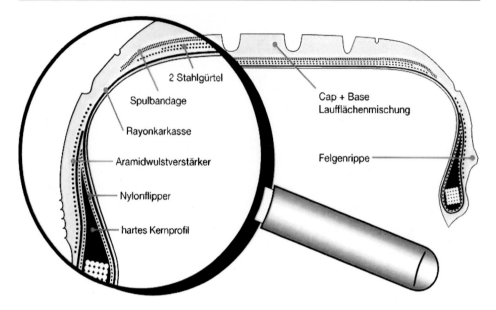

2 Stahlgürtel

Spulbandage

Rayonkarkasse

Aramidwulstverstärker

Nylonflipper

hartes Kernprofil

Cap + Base
Laufflächenmischung

Felgenrippe

Abb. 2.1 Grundsätzlicher Aufbau eines Reifens (Quelle: Continental)

Rayon gefertigte Textilcordkarkasse ist der wesentliche Festigkeitsträger gegenüber dem Reifeninnendruck.

Die Stahlcord-Gürteleinlagen bestehen aus gummiertem Stahlcord und sorgen für Fahrstabilität, verbessern den Rollwiderstand und erhöhen die Laufleistung. Die Spulbandage aus Nylon verbessert die Hochgeschwindigkeitstauglichkeit.

Ein Stahlgürtelreifen kann aus über 20 verschiedenen Gummimischungen bestehen. Eine wichtige Beschreibungsgröße der Gummimischungen, insbesondere des Laufstreifens ist die Shorehärte. Sie ist im Wesentlichen vom Rußtyp, vom Ruß-Weichmacherverhältnis sowie von der Dosierung des Vulkanisationsmittels abhängig.

Der Gürtel, der dem Stahlgürtelreifen seinen Namen gegeben hat, besteht aus mindestens zwei übereinander gelegten Stahlcord-Gürteleinlagen, gefertigt aus verdrillten Stahldrähten, die zum Teil mit Messing überzogen sind. Er befindet sich unterhalb der Lauffläche, durch die Nylonbandagen bedeckt. Die Stahlfäden liegen nicht in Laufrichtung, sondern in einem definierten Winkel dazu. Seitlich sind die Gürteleinlagen entweder gefaltet oder geschnitten.

Die Karkasse besteht in der Regel aus einer oder auch mehreren radialen Lagen Kunstfasern oder Rayon. Die Seitenwand oder auch Reifenflanke dient als Schutz gegen Beschädigung der Karkassfäden z. B. bei Bordsteinüberfahrten. Sie hat aber auch wesentlichen Einfluss auf die Fahreigenschaften und den Komfort. Die Eigenschaften sind auch hier durch Materialbeschaffenheit und Geometrie festgelegt.

Der Laufstreifen ist umgeben von den Reifenschultern und ist wesentlich für die Fahreigenschaften verantwortlich. Er besteht aus einer Mischung von Elastomeren, Füll-

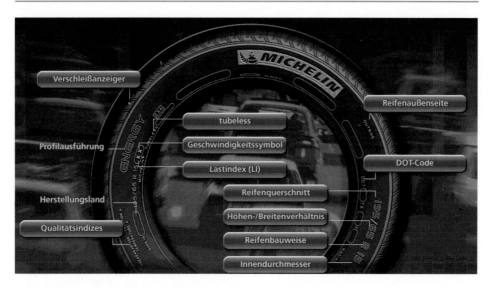

Abb. 2.2 Reifenbeschriftung (Quelle: Michelin)

stoffen, Verstreckungsölen, Alterungsschutzmitteln und Vulkanisationsmitteln. Ein hoher Anteil an Naturkautschuk bewirkt eine reduzierte Wärmebildung im Laufflächenbereich. Synthetische Kautschuke bewirken dagegen eine verbesserte Abrieb- und Rutschfestigkeit. Ruß und Kieselsäure sind die wesentlichen Füllstoffe des Laufstreifens. Sie dienen dazu, das Abriebverhalten zu verbessern, bewirken aber auch eine Versteifung der Lauffläche. Verstreckungsöle dienen zur besseren Verarbeitbarkeit der Mischungen. Alterungsschutzmittel sollen Schädigungen durch Ozoneinwirkungen vorbeugen. Vulkanisationsmittel, im wesentlichen Schwefel, aber auch Stearinsäure und Zinkoxid fördern die Vernetzung bei der Vulkanisation. Ein weiteres wichtiges Merkmal der Lauffläche ist die Profilierung. Diese bestimmt wesentlich das Geräuschverhalten, das Aquaplaning- und Nassrutschverhalten, aber auch das Winterverhalten mit.

Informationen, die sich auf der Seitenwandbeschriftung Abb. 2.2, finden, sind Breite des Reifens in Millimetern, gemessen von Seitenwand zu Seitenwand. Der Reifenquerschnitt bezeichnet das Verhältnis zwischen Seitenwandhöhe und Breite der Lauffläche. Die Reifenbauart gibt Auskunft über die Konstruktionsweise des Reifens. Das R steht für Radial, d. h., die Cordlagen verlaufen radial von Wulst zu Wulst. Damit liegen sie im Winkel von 90 Grad zur Laufrichtung des Reifens. Der Durchmesser der Felge wird in Zoll angegeben.

Die Last- oder Tragfähigkeitsindex (LI) gibt an, welche Last der Reifen bei richtigem Luftdruck maximal tragen kann. Diese Angabe findet man auch an anderer Stelle auf der Reifenflanke (in Pfund und Kilogramm). Der Geschwindigkeitsindex (SI) zeigt die zulässige Höchstgeschwindigkeit für einen Reifen an.

Das „Department of Transportation" verlangt eine Reihe von Angaben zum Aufbau des Reifens, die in Form von Zahlencodes auf der Seitenwand zu finden sind. Meistens ist damit jedoch mit dem Begriff der DOT-Nummer das Herstellungsdatum des Reifens gemeint. Das Reifenalter wird verschlüsselt angegeben. Ab dem Jahr 2000 werden die Bauwoche und das Baujahr eines Reifens vierstellig dargestellt. Das bedeutet, die letzten vier Ziffern geben Bauwoche und Baujahr des Reifens an.

Die UTQG-Klassifizierung (Uniform Tire Quality Grading), ist eine von der Verbraucherinformationsbestimmung in den USA vorgeschriebene Markierung und beinhaltet Angaben über Laufleistung (Treadwear), Bodenhaftung (Traction) und Erwärmungsverhalten (Temperature).

Die Reifen müssen um den ganzen Umfang der Lauffläche mit Profilrillen versehen sein. Die Profiltiefe muss in den Hauptrillen gemessen werden, die bei modernen Reifen mit Abnutzungsindikatoren (TWI) gekennzeichnet sind.

Ein umfassender Überblick über das Thema Reifenbeschriftung ist z. B. in [3, 4] und den Internetseiten der Reifenhersteller zu finden. Zudem finden sich wie wichtigsten Informationen häufig auch in den Hinweisen und den Bedienungsanleitungen der Fahrzeughersteller, [5].

2.1 Reifenfertigung

Die Reifenfertigung ist ein eigenständiges Aufgabengebiet der Reifenhersteller, welche aber auch der Fahrzeughersteller kennen muss, [2]. Diese Anlagen müssen vom Fahrzeughersteller auditiert und freigegeben werden. Der grundsätzliche Ablauf einer Reifenfertigung ist in Abb. 2.3 und 2.4 dargestellt.

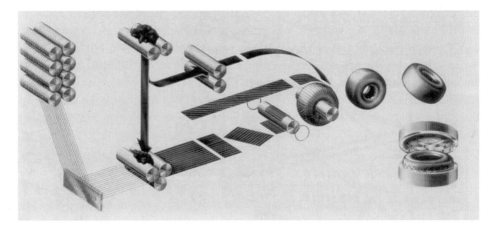

Abb. 2.3 Aufbau eines Reifens in einer Reifenfabrik (Quelle: Michelin)

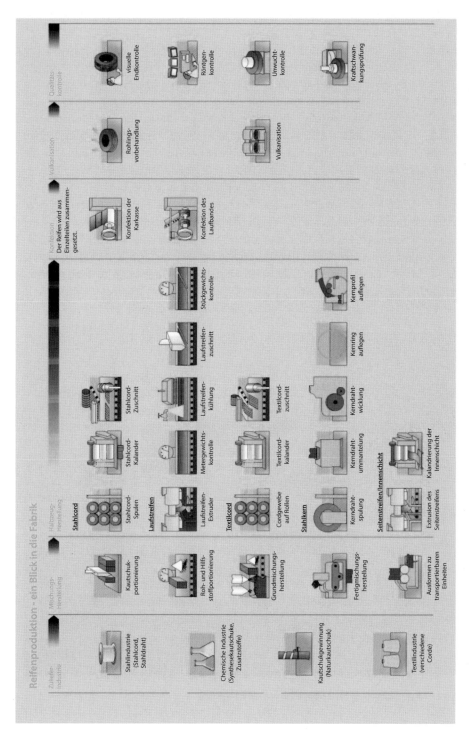

Abb. 2.4 Schematischer Ablauf in einer Reifenfabrik (Quelle: Continental)

2.1.1 Mischung

Ein Grundmaterial im Reifenbau ist die Gummimischung. Diese Mischungen werden auf speziellen Maschinen gemischt, gespritzt, gewalzt und geschnitten. Dieser gewalzte Grundwerkstoff wird als Mischungsfell bezeichnet. Die Grundzutaten sind im Abb. 2.5 dargestellt.

Bevor das fertige Mischungsfell die Mischabteilung verlässt, hat eine mehrphasige Mischprozedur stattgefunden. Die Mischung ist je nach Verwendungszweck im Reifen unterschiedlich. Vor allem die Lauffläche benötigt Füllstoffe wie Ruß und Silika für die Widerstandsfähigkeit des Reifens gegen Abrieb, wobei gerade Silika als hochwertige Verbindung im Reifen für kurze Bremswege vor allem auf nasser Fahrbahn sorgt.

Natürlicher und synthetischer Kautschuk ist das Grundmaterial. Chemische Zusätze wie Antioxidationsmittel sind u. a. zuständig für die Haltbarkeit. Beim Mischvorgang kommen weiterhin noch Kreide, Öle, Harze, Reaktionsbeschleuniger und Schwefel hinzu. Je nach Reifentyp oder Bauteil werden die Durchgänge und Zusätze variiert, bis die gewünschte Materialeigenschaft erreicht ist. Das fertige Mischungsfell wird dann zur Weiterverarbeitung verwendet, Abb. 2.6.

Abb. 2.5 Bestandteile einer Mischung (Quelle: Continental)

Abb. 2.6 Verarbeitung zu Mischungsfellen (Quelle: Continental)

Abb. 2.7 Innerliner nach der Extrudierung (Quelle: Continental)

2.1.2 Innenschicht

Das Mischungsfell für den Innerliner wird beim Auswalzen, geformt, geschnitten und auf eine Transportrolle gewickelt, Abb. 2.7. Die Innenschicht ist eine dünne möglichst luftundurchlässige Gummischicht (Butylkautschuk) und bildet die erste Lage des Reifens. Sie übernimmt die Aufgabe der Abdichtung gegenüber dem Reifeninnendruck. Zwei verschiedene Felle liefern in der Regel die Fertigmischung für die Innenschicht. Mithilfe eines Kalanders wird die Mischung zu einem Mischungsstreifen ausgeformt. Danach erfolgt der Zuschnitt passend für die jeweilige Reifendimension.

2.1.3 Einlage

Aus der Textilcord-Einlage entsteht beim fertigen Reifen die Karkasse. Diese Einlage wird in einem Kalander mit einer Mischungsschicht überzogen, Abb. 2.8. Dann erfolgt

Abb. 2.8 Karkassgewebeher-
stellung (Quelle: Continental)

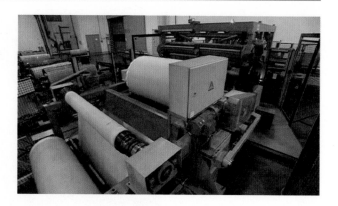

der Schnitt so, dass der Fadenverlauf später im Reifen quer zur Fahrtrichtung, also radial steht. Nach dem Schnitt wird das Gewebe dann quer zur Fadenrichtung zusammengefügt und zur Weiterverarbeitung aufgewickelt. Das Textilgewebe, das in eine Mischungsschicht eingebettet ist, übernimmt als zweite Lage im Reifen direkt über der Innenschicht die Funktion des Festigkeitsträgers. Der radiale Fadenverlauf erhöht die Festigkeitseigenschaften der Einlage. So entscheidet die Textilcord-Einlage wesentlich über Tragfähigkeit des Reifens und über Komfortmerkmale wie Federungsverhalten.

2.1.4   Kern und Apex

Der Kern fixiert den Reifen auf der Felge. Er besteht aus Stahldraht, der mit einer Mischungsschicht ummantelt ist und zu einem Ring gewickelt wird, Abb. 2.9. Er wird vom extrudierten, d. h. schneckengepressten Apex (Kernreiter) umhüllt, Abb. 2.10. Die Herstellung des Apex findet parallel an einer weiteren Fertigungsstrecke statt. Der Apex bildet quasi die Hülle für den Kern. Nach dem Extrudiervorgang wird der Apex über Rollen dem

Abb. 2.9 Wulstkabelaufbau
(Quelle: Continental)

Abb. 2.10 Gummierte Wulst-
kabel (Quelle: Continental)

Zuschnitt zugeführt und anschließend mit dem Kern verbunden. Der Apex beeinflusst im fertigen Reifen die Fahrstabilität sowie das Lenk- und Komfortverhalten wesentlich.

2.1.5   Gürtel

Beim Bau des Gürtels werden viele Stahldrähte von Rollen in der Spulenkammer zu einer feinen Stahlcordlage zusammengefügt (Abb. 2.11) und in einem Kalander von einer Mischung umgeben.

Anschließend wird der Stahlcord in einem je nach Spezifikation individuell festgelegtem spitzen Winkel geschnitten, Abb. 2.12.

Anschließend wird auch der Gürtel wieder senkrecht zu den Schnittkanten aneinandergefügt und zur Weiterverarbeitung aufgewickelt. Der Gürtel aus Stahlcord sorgt für die

Abb. 2.11 Einzeldrähte in
der Spulenkammer (Quelle:
Continental)

Abb. 2.12 Kalandrierter Stahlcord (Quelle: Continental)

Steifigkeit der Lauffläche in Längs- und Querrichtung. Damit werden beim Fahren die
Längskraftübertragung und die Seitenführung erhöht und auch der Abrieb verringert.

2.1.6 Laufstreifen

Nach dem Extrudiervorgang wird der Laufstreifen in der benötigten Länge geschnitten. Er
hat Kontakt mit der Fahrbahn und hat damit entsprechend hohe Anforderungen an seine
Eigenschaften, Abb. 2.13. Bis zu vier verschiedene Mischungen werden üblicherweise
verarbeitet. Mit einem Farbcode markiert wird diese Reifenschicht, die später das Profil
erhält. Der Laufstreifen ist verantwortlich für gute Haftung, geringen Abrieb und einen
niedrigen Rollwiderstand.

Abb. 2.13 Laufstreifenextru-
dierung (Quelle: Continental)

2.1.7   Zusammenbau

Beim Zusammenbau wird zunächst die Karkasse zugeschnitten. Der Kern und Apex werden mit Innenschicht und Einlage auf der Bautrommel verbunden. Mit der Befestigung der Seitenwand ist das Paket Karkasse komplett, Abb. 2.14. Das Gürtelpaket besteht aus Gürtellagen, Bandagen für die Hochgeschwindigkeitsreifen und der Laufstreifen und wird unabhängig vom Karkassaufbau zusammengefügt. Die beiden Reifenkomponenten Karkasse und Gürtelpaket werden an der Station Zusammenbau vereinigt, Abb. 2.15. Gürtelpaket und Karkasse werden im letzten Schritt ineinander geschoben und nach ihrer „Hochzeit" in der Bombierstation mittels Luftdruck zusammengefügt. Die endgültige Verbindung findet in der Vulkanisation statt.

Abb. 2.14 Aufbringen des Karkassmaterials an der Baumaschine (Quelle: Continental)

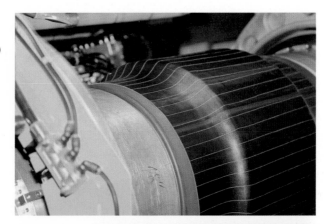

Abb. 2.15 „Grüner" Reifen vor der Vulkanisation (Quelle: Continental)

2.1.8 Vulkanisation

Der Rohling wird in eine Form gelegt und anschließend bei einer Temperatur von über 170 °C vulkanisiert, Abb. 2.16. Als profilierter Reifen verlässt er die Station. Diesen Vorgang bezeichnet man als Vulkanisation oder im Fachjargon als „Backen". Dies ist der letzte Produktionsschritt der Reifenherstellung. Der Rohling bekommt sein Profil und wird vernetzt. Damit sind die Bauteile nun unlösbar miteinander verbunden. Nachdem sich die „Backform" geschlossen hat pumpt sich ein Balg im Innern des Rohlings auf und presst ihn in die Form. Die „Backzeit" beträgt ca. 10 Minuten bei 170 °C und 200 °C, Abb. 2.17. Der Druck beträgt dabei bis zu 22 bar. Die Werte sind vom Reifentyp und seiner Dimension abhängig.

Abb. 2.16 Reifenheizform
(Quelle: Continental)

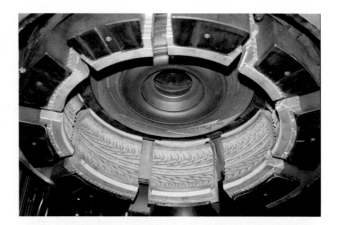

Abb. 2.17 Fertig „geba-
ckener" Reifen (Quelle:
Continental)

2.1.9 Qualitätsprüfung

Die visuelle und die sensorische Kontrolle sind die letzten Instanzen im Produktionsprozess. Die Reifenprüfung Mensch und Maschine ergänzen sich auf der letzten Stufe,
der Qualitätskontrolle. Nach der visuellen Kontrolle erfolgt in der abschließenden Mess-
Straße die sensorische Überprüfung der Reifenqualität, Abb. 2.18.

Hierbei entscheidend sind Messungen wie die Einhaltung der Werte bei Durchmesser
und Breite, die Kontrolle der Rundlaufeigenschaften, d. h. Unwucht und Kraftschwankung
und die stichprobenartige Röntgenkontrolle zur Beurteilung der richtigen Position einzelner Bauteile des Reifens. Erst nach dem Bestehen dieser Endkontrolle werden die Reifen
für den Transport vorbereitet, Abb. 2.19.

Abb. 2.18 100 % Endkontrolle (Quelle: Continental)

Abb. 2.19 „Brezellagerung"
zum Transport (Quelle: Continental)

2.2   Entwicklungsprozess

Der Entwicklungsprozess Reifen ist ein äußerst komplexer Vorgang. Er beginnt bei einem
neuen Fahrzeugmodell mit der Reifenauslegung. Hierbei werden die Reifendimensionen
festgelegt, welche primär von Kriterien wie Achslast, Fahrzeughöchstgeschwindigkeit,
Bremsenbauraum und Achskonzept aber auch von der Fahrzeugpositionierung abhängig
sind.

Die generelle Reifenperformance, Abb. 2.20, hat sich in den letzten Jahren in allen Eigenschaften dramatisch verbessert. Mindestens drei bis vier Jahre vor Markteinführung
eines neuen Fahrzeuges werden gemeinsam mit den Entwicklungspartnern aus der Rei-
fenindustrie intensive Untersuchungen mit Musterreifen durchgeführt. Die Reifen werden
dabei sowohl beim Reifenhersteller als auch beim Fahrzeughersteller geprüft. Meist sind
dabei mehrere Entwicklungsschleifen erforderlich, bis die Lastenheftvorgaben erfüllt werden.

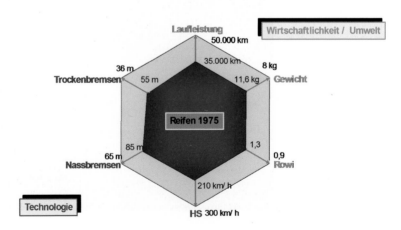

Abb. 2.20 Performanceentwicklung von Pkw-Reifen in den letzten 25 Jahren (Quelle: Continental)

Jeder Fahrzeughersteller setzt eigene Prioritäten bei den technischen Eigenschaften. Zum Beispiel werden Reifen für Mercedes-Benz Fahrzeuge auf höchste fahrzeugspezifische Sicherheit inklusive Fahrstabilität sowie einen ausgeprägten Komfort hin entwickelt ohne den Rollwiderstand dabei zu vernachlässigen. Bei sicherheitsrelevanten Anforderungen gehören dazu beispielsweise Hochgeschwindigkeitstests auf einem Rollenprüfstand mit maximaler Radlast, maximal möglichem fahrzeugspezifischen Sturz und Minderluftdruck. Dabei überschreitet die Prüfgeschwindigkeit den Speed-Index des Reifens um bis zu zwei Stufen, d. h. die Strukturfestigkeit der freigegebenen Reifen muss über viel mehr Reserven verfügen als nach internationalen Normen üblich.

2.2.1 Geometrie und Tragfähigkeit

Die Geometrie eines Reifens ist in erster Näherung ein Torus, der über Innendurchmesser, Außendurchmesser und Breite spezifiziert ist. Der Innendurchmesser ist in Zoll, die Breite in mm und der Außendurchmesser ist indirekt über das Höhen/Breiten-Verhältnis in Prozent beschrieben. Die tatsächlichen Abmaße inklusive der zugehörigen Toleranzen sind in den Normenwerken der ETRTO (European Tyre and Rim Technical Organisation) eindeutig beschrieben. Diese Werte sind auch maßgeblich bei der Zertifizierung von Fahrzeugen und bilden damit auch die Grundlage für die Reifenfreigängigkeit, das Sichelmaß, sowie den Abstand von Karosserie und Reifen im Fahrbetrieb.

Nach der Montage der Reifen auf die Felge bekommen die Felgeneigenschaften Maulweite und Einpresstiefe eine wichtige Bedeutung, Abb. 2.21. Die Einpresstiefe (ET) bezeichnet den Abstand zwischen der Reifenmitte und der inneren Auflagefläche der Felge. Die Einpresstiefe ändert am Gesamtfahrzeug die Spurweite, aber nicht die Reifeneigen-

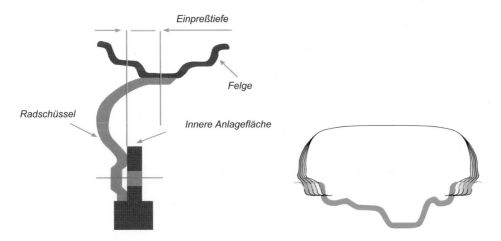

Abb. 2.21 Einflussgrößen der Radgeometrie Einpresstiefe und Maulweite (Quelle: Continental)

schaften. Die Felgenbreite ändert die Reifenkontur in der Breite durch unterschiedliche Felgenmaulweiten (ca. 5 mm Reifenbreite pro halbes Zoll Maulweite), [6]. Damit lassen sich sowohl Komfort als auch Handlingeigenschaften verändern.

Die ETRTO setzt sich aus Reifen-, Räder- und Reifenventilherstellern zusammen und fördert die Angleichung nationaler Normen, um die Austauschbarkeit von Reifen, Felgen und Ventilen europaweit zu erreichen. Weiterhin werden gemeinsam Abmessungen sowie Last/Luftdruckzuordnungen und Anwendungsrichtlinien festgelegt. Die ETRTO ist das europäische Äquivalent zur JATMA (Japan), TRA (USA) und ADR (Australien). Die nationalen Forderungen und Empfehlungen werden zwischen den verschiedenen nationalen Organisationen abgestimmt und münden letztlich als Auslegungsvorschriften für Reifen in der ISO-Norm (International Standard Organisation). Dieser Normenausschuss legt die Reifenabmessungen mit dazugehöriger Reifentraglast und Reifenluftdruck sowie die Prüfbedingungen fest. Die ETRTO Abmessungen definieren die am Markt zulässigen Durchmesser- und Breitentoleranzen für die genormten Reifendimension. Da diese Toleranzen relativ groß sind, schreiben die Lastenhefte der Fahrzeughersteller häufig engere Toleranzen vor. Die Neureifen sollten möglichst nah an der ETRTO Normkontur sein, um optisch ansprechende Radausschnitte zu erreichen. Zur Sicherstellung, dass die ETRTO Normmaße im Fahrzeugbetrieb und über die Fahrzeuglebensdauer nicht überschritten werden, sollte ein Sicherheitsabstand gegenüber den ETRTO Normmaßen eingehalten werden. Der Sicherheitsabstand wird aufgrund der Verformungen im Fahrbetrieb, durch Luftdruck und bleibende Verformungen angesetzt und wird vom Fahrzeughersteller individuell festgelegt, Abb. 2.22. Die Eingrenzung gegenüber den ETRTO Maßen hilft auch

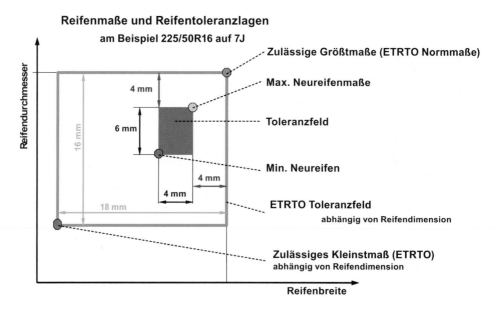

Abb. 2.22 Reifenabmaße

RONALGROUP

Unser Ziel: Das Rad neu erfinden.

Geht es um Leichtmetallräder, kommt keiner an uns vorbei. Die RONAL GROUP ist sowohl im Erstausrüstungs- als auch im Zubehörmarkt für Pkw und Nutzfahrzeuge einer der führenden Anbieter weltweit. Als Partner aller namhaften Automarken setzen unsere Innovationen neue Maßstäbe. Wir verbinden Spitzentechnologie und kreatives Design mit höchster Qualität. Unser internationales Unternehmen beschäftigt über 6000 Mitarbeitende aus 30 Nationen – bringen auch Sie Ihre Karriere ins Rollen.

www.ronalgroup.com

Systemen, welche die Raddrehzahl als Eingangssignal benötigen, z. B.: ABS, ESP und der Plattrollwarner. Von besonderer Wichtigkeit ist es bei allradgetriebenen Fahrzeugen, die Raddrehzahldifferenzen zwischen der Vorder- und der Hinterachse zu kennen, damit die Belastungen an den Differenzialen nicht zu stark werden.

Die Neureifenmaße finden für Packageuntersuchungen, Reifengebirge, Radausschnitte und Achsfreigängigkeit Verwendung. Die Fliehkraftwirkung, welche eine radiale Aufweitung bis zu 8 mm radial bewirken kann, kommt bei der Optik nicht zum Tragen. Diese muss aber separat bei den Freigangsuntersuchungen berücksichtigt werden. Typische Produktions- und Gummitoleranzen müssen bei der Durchmesservorgabe ebenfalls berücksichtigt werden. Damit ist in der Regel auch die Auslegungsphilosophie der Reifenhersteller für individuelle Reifenkonstruktion (1-lagig, 2-lagig oder unterschiedliche Karkassverstärkungen usw.) abgedeckt. Es gibt neben der reinen ETRTO Normreifenkontur aber auch noch weitere Konturen, die bei der Auslegung von Fahrzeugen berücksichtigt werden müssen: Das sind im Besonderen „Reifen mit Toleranzzuschlägen", „Reifen mit Schneekette" sowie „Reifen mit Schneekette und Toleranzzuschlägen". Es wird auch zwischen dem theoretisch maximal möglichen Normreifen und dem realen Reifen unterschieden. Zudem, werden für unterschiedliche Lastfälle jeweils individuelle Zuschläge festgelegt, Abb. 2.23.

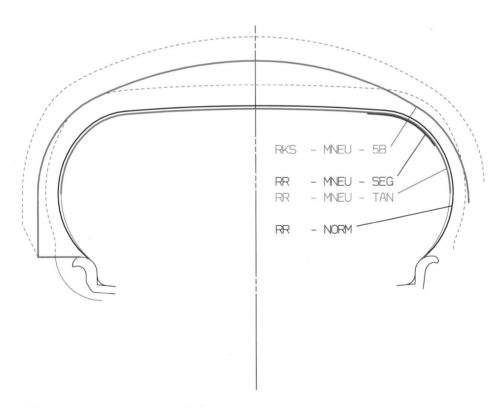

Abb. 2.23 Freigangskontur eines Reifens

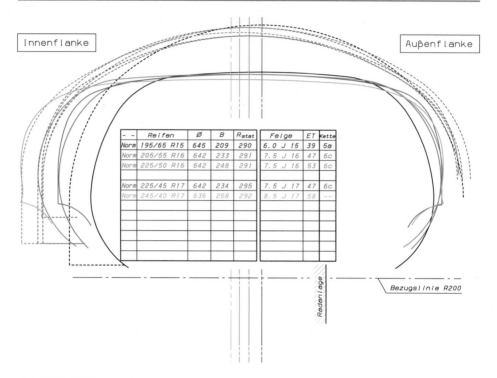

Abb. 2.24 Reifenszenario

Die Tatsache, dass der Reifendurchmesser sich indirekt aus Breite und Flankenhöhe ergibt, führt dazu, dass meist kein einheitlicher Außendurchmesser für ein Fahrzeug darstellbar ist. Unterschiedliche Breiten können nur durch ET-Anpassungen angeglichen werden. Ein Fahrzeughersteller ist an einem Reifenszenario interessiert, welches mindestens drei verschiedene Felgengrößen bei entsprechender Reifenbreite zulässt. Neben der Außenbündigkeit, die letztendlich aufgrund der Breitenunterschiede zu unterschiedlichen Einpresstiefen führt, muss natürlich der Außendurchmesser vergleichbar sein, damit Wegstreckenzähler zuverlässig arbeiten und der Tachometer nicht voreilt. Der tachometerrelevante Abrollumfang muss sich daher immer am größten Abrollumfang des Reifenszenarios orientieren. Es muss also bei jedem Fahrzeug das gesamte Reifenszenario freigeprüft werden, Abb. 2.24. Dieses Bild zeigt 5 Reifendimensionen, die auf einem Fahrzeug eingesetzt werden können und die zugehörigen Freigangskonturen. In der Gesamthüllkurve muss dann auch betrachtet werden, bei welchen Reifendimensionen z. B. Schneeketten zulässig sind.

Für einen Fahrzeughersteller ist bei der Dimensionierung der Reifen die Tragfähigkeit ein Hauptauslegungskriterium. Das Fahrzeug wird im Wesentlichen von der Luft in den Reifen getragen. Durch den Innendruck des Reifens werden die Karkassfäden gespannt. Entsprechend der Last des Fahrzeuges und des Luftdruckes im Reifen wird die Karkas-

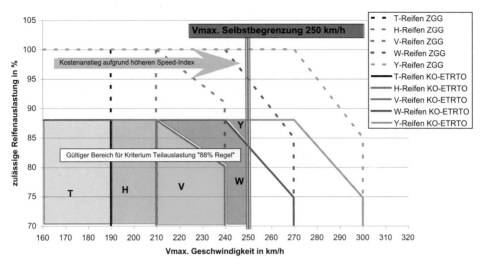

Abb. 2.25 Lastabschlag

se dann eingefedert. Die zunächst gleichförmig angreifenden Zugspannungen verändern sich zyklisch in der Aufstandsfläche, wenn der Reifen rollt. Zusätzlich zu den Zugspannungen treten zyklische Biegespannungen auf. Ein weiterer Effekt, der vorwiegend bei dynamischer Belastung auftritt, ist der Traganteil aufgrund des Biegemoments, der über den unteren Teil der Seitenwand auf den Wulstbereich übertragen wird.

Physikalisch resultiert die Belastung aus der Einfederung. Bei der zyklischen Verformung wird ein Teil der hineingesteckten Arbeit in Wärme umgesetzt (Hysterese). Wenn die Wärme nicht mehr abgeführt werden kann, kommt es zum Versagen des Reifens. Die Wärmemenge selbst hängt von der Verformungsfrequenz durch die Fahrgeschwindigkeit und von der Amplitude, verursacht durch Einfederung und Sturz, ab. Letztlich spielt die Einfederung die zentrale Rolle bei der Normung von Reifen.

Neben analytischen Betrachtungen gibt es auch empirische Faktoren. Die nominelle Tragfähigkeit eines Reifens ist in erster Näherung proportional zum tragenden Luftvolumen, wobei das ETRTO-Regelwerk mit einfachen Volumenformeln eines Torus mit rechteckigem Querschnitt arbeitet. Es gibt dabei einen Freiheitsgrad, das ist der k-Faktor. Je nach Technologie, Materialien etc. ist der k-Faktor zwischen Reifen- und Kfz-Hersteller abzustimmen bzw. zu normen. Für Norm-Pkw-Reifen gibt die WdK-Leitlinie 99 eine Zusammenstellung der geltenden Festlegungen als Basis für die Vereinbarungen zwischen Reifen- und Fahrzeugherstellern.

Eine weitere wichtige Kenngröße eines Reifens ist der Geschwindigkeitsindex. Dieser gibt an, wie schnell ein Reifen gefahren werden darf. Dieser Wert wird durch Prüfläufe abgesichert. In der Praxis wird der Reifen so lange optimiert, bis die Zielgeschwindigkeit inklusive der vom Reifenhersteller und Fahrzeughersteller geforderten Reserven erreicht wird. Daher resultieren auch die Druckaufschläge oberhalb bestimmter Geschwindigkeiten für Sturzwerte $> 2°$. Die Grundregel bei allen Bereifungsdimensionierungen lautet: Die Belastung darf nie größer als die Belastbarkeit sein. Konkret bedeutet das, die Anforderungen von Radlast, Geschwindigkeit, Sturz und Einsatzbedingungen müssen durch Reifengröße, Bauart und Luftdruck übererfüllt sein. Abbildung 2.25 zeigt die maximale Auslastung der Reifen in Abhängigkeit der Fahrgeschwindigkeit und des Speed-Indexes. Zusätzlich ist noch die Grenzlinie der 88 % Regel eingezeichnet, die besagt, dass ein Fahrzeug mit der „typischen" Beladung, die in der ETRTO genau spezifiziert ist, nicht mehr als 88 % der maximalen Tragfähigkeit ausnutzen darf.

2.2.2 Reifenlastenheft

Zur genauen Spezifikation von Reifen für neue Fahrzeuge ist ein Reifenlastenheft erforderlich. In diesem Reifenlastenheft müssen alle Anforderungen, die an den Reifen gestellt werden, definiert sein. Die Anforderungen lassen sich systematisch in Sicherheits-, Komfort-, Handling- und Ökonomische Aspekte unterteilen, Abb. 2.26. Die Sicherheitsaspekte sind Bremswege bei trockenen und nassen Fahrbahnen, aber auch die Schnelllauf- bzw. High-Speed-Eigenschaften (HS). Beim Komfort wird zwischen mechanischem und akustischem Komfort unterschieden. Beim Handlingverhalten spielen die Reifeneigenschaften Schräglauf- und Quersteifigkeit eine entscheidende Rolle, besonders wichtig ist auch das sichere Fahrverhalten bei hohen Geschwindigkeiten.

Die Anforderungen sind oft für unterschiedliche Märkte oder Witterungsbedingungen zu spezifizieren, Abb. 2.27, [7]. So sind bei All-Season-Reifen die Komforteigenschaften von besonderer Bedeutung, bei Winterreifen die Traktionseigenschaften unter winterlichen Bedingungen. Bei Winterreifen haben die Hochgeschwindigkeitseigenschaften keine herausragende Bedeutung, da Fahrzeuge mit Winterreifen ohnehin häufig über einen vom Gesetzgeber geforderten M&S-Aufkleber geschwindigkeitsbegrenzt sind.

Die Erstellung eines Lastenheftes ist eine schwierige Aufgabe. Dies liegt zum Teil daran, dass im Allgemeinen nicht bekannt ist, wie die unterschiedlichen Trade-offs der einzelnen Teilaspekte jeweils zu bewerten sind. So ist es auf den ersten Blick nur sehr schwer abzuschätzen, ob eine Verbesserung des Rollwiderstandes zu Lasten der Nasseigenschaften insgesamt eine Verbesserung oder eine Verschlechterung der Reifeneigenschaften bedeutet. Wichtig ist zu wissen, dass anzustrebende Kompromisslösungen sich dadurch auszeichnen, dass ein Kriterium nur dadurch verbessert werden kann, wenn zugelassen wird, dass sich mindestens ein anderes Kriterium verschlechtert.

Auch kann ein Lastenheft nicht für den Reifen alleine aufgestellt werden, sondern es muss zusammen mit den Anforderungen an das Fahrzeug spezifiziert werden. Abbildung 2.28 zeigt die typischen Disziplinen, die in einem Lastenheft vorgegeben werden. Entwicklungsprozesse sind dynamische Prozesse. Die Wichtungsfaktoren für die Einzel-

Sicherheit
- Bremsen (trocken & nass)
- Nässeverhalten
- Aquaplaning
- Schnelllauf

Handling
- Reifeneigenschaften
- Fahrverhalten bei
  hohen Geschwindigkeiten

Komfort
- Mechanischer Komfort
  (Flat spot)
- Akustischer Komfort

Economy
- Verschleiß
- Rollwiderstand

Abb. 2.26   Allgemeine Anforderungen an einen Reifen

Abb. 2.27   Unterschiedliche Zielwerte von Sommer-, Winter- und All-Season-Reifen (Quelle: Continental)

kriterien müssen bei jeder Neuentwicklung neu evaluiert werden. Diese sind einem starken zeitlichen Wandel durch Umfeldeinflüsse unterworfen. Während der Entwicklungszeit für ein Fahrzeugprojekt können sich die Randbedingungen ändern. Die Treiber hierfür sind im Wesentlichen die Gesetzgebung und vor allem neue Trends. Das kann dazu führen, dass es erforderlich wird, bei der Bereifung „nachzulegen". Dies bedeutet häufig breitere Reifen, größere Felgen oder gar größere Außendurchmesser und dies ist im laufenden Entwicklungsprozess extrem aufwändig.

Deshalb muss die Festlegung von Reifen und Rad im Lastenheft sorgfältig und gesamtheitlich erfolgen, damit die Festlegung der Dimension bis zur Serieneinführung bestehen

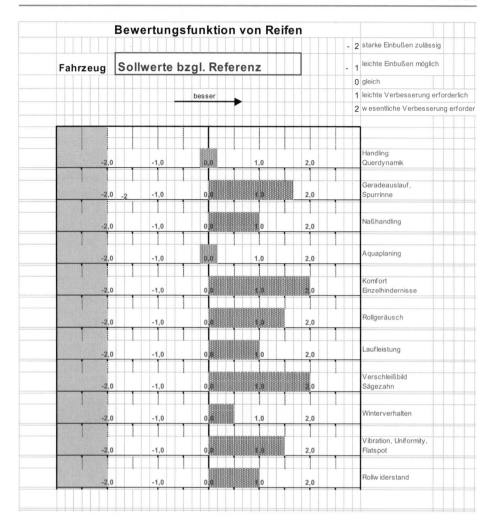

Abb. 2.28 Lastenheft einer Reifendimension

bleibt. Hierzu ist es notwendig, dass die Reifen- und Radfestlegung frühzeitig in einem simultanen Prozess mit allen beteiligten Fachbereichen wie Design, Einkauf, Vertrieb, Entwicklung und Reifen- und Räderherstellern erfolgt. Nur so sind die Terminpläne einzuhalten und der Reifegrad sicherzustellen.

Die Grundregeln für eine „gesunde Dimensionierung" sind relativ einfach. Reifentragfähigkeiten sollten mit Ausnahme von Kombis keinesfalls auf 100 % Auslastung dimensioniert werden. Eine geringe Auslastung des Reifens ist der einzige Weg, bei dem der Zielkonflikt zwischen Handling und Komfort durchbrochen werden kann. So sollte das zulässige Gesamtgewicht kleiner als 90 % der Reifentragfähigkeit (Ziel ist 85 %) sein, bei Teilbeladung mit 5 Personen kleiner als 80 % der Reifentragfähigkeit sein. Die sta-

tistisch häufigste Beladung sollte die Tragfähigkeit bis zu 65 % ausnutzen. Wichtig ist
außerdem zu erkennen, dass Mehrgewicht bei gleichem Reifenszenario immer zu höheren
Luftdrücken und damit zu Komfortverlust führt. Luftdrücke wiederum können bei bestehenden Fahrzeugen nur durch breitere Reifen, größere Außendurchmesser oder kleinere
Felgen reduziert werden.

Reinforced Reifen oder Extraload (XL) sind bei der Dimensionierung der Basisgrößen
zu vermeiden, da sowohl Komfort als auch die Fahreigenschaften nicht optimal sind. Reinforced Reifen sind bei extrem sportlichen Dimensionen oft unvermeidlich, da sowohl
Fahrzeugbreite, als auch der Reifenaußendurchmesser vorgegeben ist. Im Übrigen führt
die Verwendung von Reinforced Reifen alleine in der Regel nicht zu höheren Luftdrücken.
Es sind primär die höheren Fahrzeuggewichte dafür verantwortlich.

Optisch attraktive Fahrzeuge haben häufig große Felgen und relativ kleine Seitenwandhöhen bei der Bereifung. Auch für die Seitenwandhöhe gibt es herstellerspezifische
Minimalwerte, die vor allem Reifendurchschläge im Feld reduzieren sollen. Die Seitenwandhöhe bei komfortorientierten Fahrzeugen sollte größer als 130 mm, bei sportlichen
Fahrzeugen größer als 95 mm sein. Bei extrem sportlich positionierten Fahrzeugen ist davon auszugehen, dass die Kunden schonender mit den Rädern und Reifen umgehen. Damit
sind dann Seitenwandhöhen bis 85 mm möglich.

Der Außendurchmesser ergibt sich aus Flankenhöhe und letztendlich der Zielvorgabe
der Reifeneigenschaften. Große Außendurchmesser stehen für Komfort, Rollwiderstand,
Außengeräusch, Laufleistung. Ein weiterer Grund für die Begrenzung ist Design, bzw.
Einstiegsverhältnisse im Fond. Die Reifenbreite verbessert die Fahreigenschaften und die
Laufleistung und sollte auf die Motorleistung abgestimmt sein. Als Dimensionierungricht-
linie für die Breite gilt bei frontgetriebenen Fahrzeugen:

KW	40	50	65	80	100	130	155
Breite	145	155	165	175	185	195	205

Bei Standardantrieb bzw. Allradfahrzeugen gilt:

KW	130	150	165	185	200	220	240	260
Breite	185	195	205	215	225	235	245	255

Die Begrenzung der Reifendimension in Richtung kleiner Zolldurchmesser ist meist
durch die Vorderachsbremse verursacht. Nachteilig auf Reifenseite sind dann die reduzierten Komforteigenschaften aufgrund des reduzierten Reifenfederungspotentials. Daher
ist dafür zu sorgen, dass die Bremse möglichst klein und vor allem möglichst weit innen
liegt, damit der Bremsenbauraum nicht zu große Felgen erzwingt. Damit wird auch klar,
dass im optimalen Fall zur Differenzierung schwererer und schnellerer Fahrzeuge größere
Reifen mit höherem Load Index und nicht ein Konzept mit höherem Luftdruck der richtige Weg ist. Je größer die Motorenvielfalt innerhalb einer Plattform ist, umso größer ist

der Zwang zu weiterer Reifendimension(en), angepasst an geändertes Gewicht, Massenverteilung und Motordrehmoment.

Extrem kundenrelevant sind ordentliche Reifenlaufstrecken entsprechend der Fahrzeugleistung. Als ordentliche Reifenlaufstrecken sind in Europa etwa 30.000 km aufwärts anzusehen. Eine sinnvolle Kalkulationsformel bei gleicher Reifentechnologie ist über das verschleißfähige Gummivolumen möglich: Profiltiefe × Breite × Umfang. Eine in sich stimmige Strategie zur Reifenfestlegung unter Einhaltung des Abrollumfanges liefert folgende Systematik zwischen Basisbereifung und Sonderausstattung (SA).

	Breite	H/B	Durchmesser	Udyn	Ergebnis
Basis	x	y	Z	c	
SA1	x + 20 mm	y − 5 mm	Z	~ c	Optik hinten
SA2	x	y − 5 mm	z + 1 Zoll	~ c	Optik Seite
SA3	x + 20 mm	y − 10 mm	z + 1 Zoll	~ c	Optik Seite und hinten + Sport
SA4	x + 20 mm	y − 15 mm	z + 2 Zoll	~ c	Optik + Sportcharakter

Ein Faktor, der bei Bauraumbetrachtungen eine Rolle spielt ist die Radmaulweite. Die ETRTO lässt bis zu 4 Maulweiten für eine Reifendimension zu. Von der Normseite betrachtet ist die Nennmaulweite ein wichtiger Wert. Bei der Nennmaulweite sitzt der Reifen „optimal" auf der Felge. Die Veränderung der Maulweite führt gemäß ETRTO-Norm nicht zu anderen Luftdrücken, ändert aber das Komfortverhalten, wobei kleinere Maulweiten komfortabler aber auch weniger stabil sind. Wenn Fahrzeuggewichte, Fahrgeschwindigkeiten und maximale Sturzwerte für alle Motorisierungen bis Modellauslauf feststehen, ergibt sich folgender Idealablauf zur Reifenfestlegung:

- Maximale Felgengröße bis zum Modellauslauf festlegen
- Minimaler Reifenaußendurchmesser über erforderliche „Durchschlagfestigkeit" bestimmt
- Reifenaußendurchmesser festlegen aus Fahrzeuglastenheftvorgabe und Reifentragfähigkeit
- Maulweite und Einpresstiefe festlegen aus Vorgabe Gesamtfahrwerklastenheft.
- Bremsendurchmesser den Motorisierungen zuordnen, wobei der minimale Felgendurchmesser über Fahrleistung bestimmt wird.
- Felgendurchmesser den Bremsen in Abhängigkeit der Motorisierung zuordnen
- Minimale Reifenbreiten aus Tragfähigkeiten und Motormoment ableiten
- Reifenszenario abgleichen, d. h. ~ Gleiche Außendurchmesser und Abrollumfänge

Für die Konzept- und Bauraumabsicherung des Räder/Reifenszenario eines Fahrzeugs sind zunächst die Zusammenhänge aus gesetzlicher Sicht, Design und Packaging zu betrachten. Als gesetzliche Belange sind mindestens die unterschiedlichen Radabdeckungsvorschriften für Europa und Japan zu berücksichtigen. Aus Designsicht sind die Kotflü-

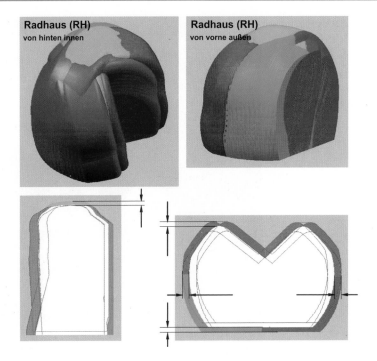

Abb. 2.29 Reifengebirge

Abb. 2.30 Reifengebirgs-
package im Gesamtfahrzeug

Abb. 2.31 Reifenfreigangs-
messungen am Fahrzeug
mit 3D-Messmaschine

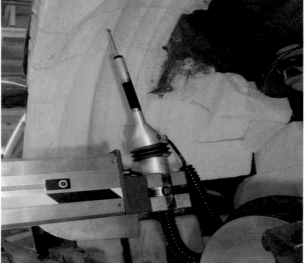

gelüberhänge, die Radsicheln, das Verhältnis Radsichel Vorderachse zu Hinterachse und
die Reifenansicht von hinten wichtige Kriterien.

Im Packaging ist ein realistischer Bauraum abzusichern, der alle freigegebenen Rä-
der/Reifenkombinationen, an angetriebenen Achsen teilweise mit Schneekette, mit allen kundenrelevanten Fahrmanövern berücksichtigt. In diesem Bauraum enthalten sind
Toleranzen, Federwege, Lenkbewegungen und die elastokinematischen Bewegungen der
Achsen und Reifen. Die Basis für das Packaging sind entsprechende digitale Reifen-
konturen, welche möglichst gut den realen Bauraum simulieren. Eine Absicherung des
Räder/Reifenszenario ist zu einem möglichst frühen Entwicklungsstadium sinnvoll und
notwendig, um zeit- und kostenintensive Änderungen an der Hardware zu vermeiden,

Abb. 2.32 Reifenfreigangs-
messungen am Fahrzeug mit
Wachsplatten

Abb. 2.29. Die Erstellung eines Reifengebirges ist relativ aufwändig. Zunächst wird auf
Basis der Reifenkontur ein Rotationskörper erzeugt. Dieser wiederum wird mit der entsprechenden Lenkkinematik, Radkinematik und Elastokinematik im CAD-System bewegt. Die Hüllkurve ergibt dann abschließend die Reifenhüllkontur. Der gesamte Prozess
sollte automatisiert ablaufen, so dass man den Bauraumbedarf mit dem Fahrzeugpackage
abstimmen kann, Abb. 2.30.

Zusätzlich ist eine möglichst frühe Bestätigung der Auslegung durch Erprobung im
realen Fahrzeug notwendig. Hierzu kann ein Fahrzeug im Bereich des Radhauses entweder komplett ausgeschäumt oder an den Engstellen mit Wachsplatten versehen werden.
Nach dem Freifahren wird dann mit einer 3D Messmaschine die freigefahrene Fläche aufgenommen. Damit kann die konstruktive Auslegung validiert werden, Abb. 2.31 Schnee-
kettenfreigänge werden entweder durch Geräuschprüfung, Sichtprüfung oder Wachsplat-
tenanalysen mit Restdickenmessung an den Engstellen abgesichert, Abb. 2.32.

2.3 Projektmanagement

Das Projektmanagement dient dazu, die bei einem Reifenprojekt im Lastenheft geforderten Eigenschaften des Reifens termingerecht in den Zielbereich zu bringen. Zusätzlich sind Kosten-, und Gewichtsbetrachtungen sowie Projektreviews fester Bestandteil
der Kommunikation zwischen Fahrzeug- und Reifenhersteller. Qualitygates dienen zur
Absicherung der Zeitpläne. Hierzu sind entsprechende Zwischenziele festgelegt. Diese
Überwachung dieser Zeitplanung ist wesentlicher Bestandteil der Bemusterungsgespräche mit den Reifenentwicklungspartnern.

Die Funktion „Technischer Key Account" beim Reifenhersteller ist die Schnittstelle
zwischen dem Fahrzeughersteller und den eigentlichen Reifenentwicklern beim Reifenhersteller. Er hat eine Moderationsaufgabe und trägt die Verantwortung für den Prozess
beim Reifenhersteller. Der Einkauf kommuniziert vorwiegend mit dem Kaufmännischen
Key Account des Reifenherstellers, der üblicherweise dem technischen Key Account vor-
gesetzt ist.

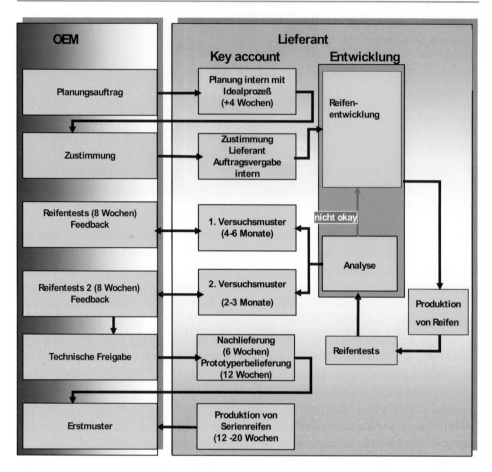

Abb. 2.33   Ablauf einer Reifenentwicklung

Die Versuchsfreigabe erfolgt, nachdem alle relevanten Prüfungen abgeschlossen sind. Der Grundablauf einer Reifenentwicklung mit seinen typischen Iterationsschleifen ist in Abb. 2.33 beschrieben.

Von den Entwicklungspartnern bei den Reifenfirmen ist bei den Themen Gewicht wenig und bei den Kosten kaum Unterstützung zu erhalten. Projekt- und Terminpläne sind zwar vorhanden, aber häufig passen diese nicht mit den Entwicklungsabläufen eines Fahrzeugherstellers zusammen. Bei der Steuerung der Reifenentwicklung sind daher sowohl auf Seiten eines Fahrzeugherstellers als auch auf Seiten des Reifenherstellers gleichermaßen Kompetenzen in Projektarbeit, Fahrbeurteilung und im Prüffeld erforderlich, Abb. 2.34.

Unter die Projektarbeit beim Fahrzeughersteller fallen die Vorbereitung der diversen Beschlussgremien und die Erstellung von Lastenheften und Übersichten. Aber auch die Festlegung des vom Fahrzeugsturz und Fahrzeuggewicht abhängigen Luftdrucks und die

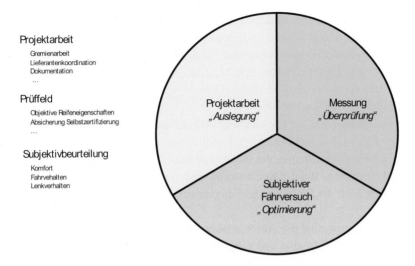

Projektarbeit
Gremienarbeit
Lieferantenkoordination
Dokumentation
...

Prüffeld
Objektive Reifeneigenschaften
Absicherung Selbstzertifizierung
...

Subjektivbeurteilung
Komfort
Fahrvehalten
Lenkverhalten

Abb. 2.34 Ganzheitliche Reifenentwicklung

Terminverfolgung sind wichtige Aufgaben. Neben Datenbankpflege müssen Bemusterungsgespräche durchgeführt und gemeinsame Fahrbeurteilungstermine vereinbart werden.

Die Hauptarbeit ist jedoch die Vorbereitung für die Reifenerprobung. Hierzu müssen mit Reifenherstellen Termine vereinbart werden und es muss das Versuchsmaterial disponiert aber auch Fahrzeuge organisiert und bereitgestellt werden. Die subjektive Fahrbeurteilung muss geplant und durchgeführt werden, hierzu ist es wichtig in gemeinsamen Fahrbeurteilungen ein gemeinsames Verständnis der Ziele zu erarbeiten. Weiterhin muss der Dauerlauf hinsichtlich Verschleiß und Geräusch beurteilt werden und auch die Prüfstandsmessungen (Rollwiderstand, High Speed, Uniformity, Flatspot, . . .) müssen beauftragt werden.

Die Zusammenarbeit mit den Entwicklungs-Partnern muss kollegial erfolgen. Das kann so weit gehen, dass auch eine Handlingbeurteilung eines Entwicklungspartners akzeptiert wird, also eine Selbstzertifizierung erfolgt.

2.3.1 Kosten

Eine realistische Kostenbewertung (gläserne Kalkulation) von Reifenherstellern kaum verfügbar, [5]. Das liegt im Wesentlichen darin, dass ein Teil des Deckungsbeitrages für einen Reifenhersteller üblicherweise nicht aus dem OE-Bereich kommt, sondern im Ersatzmarktgeschäft erarbeitet wird. In welchem Umfang das Ersatzmarktgeschäft das OE-Geschäft subventioniert, hängt wiederum von der Wiederkaufsrate der Kundschaft ab. Üblicherweise haben Premium-Fahrzeughersteller eine höhere Wiederkaufsrate was die

Reifenfabrikate anbetrifft als Kunden, die im unteren Preissegment Fahrzeuge kaufen. Für Fahrzeughersteller äußert sich das im Besonderen auch darin, dass Exoten (aber auch Notreifen und Faltreifen) vergleichsweise teuer sind. Ein zweiter Grund liegt sicherlich in der Komplexität eines Reifens. Neben dem Materialeinsatz ist auch der Produktionsprozess mit seinen sehr speziellen Reifenbauanlagen und vor allem aufgrund des Energieeinsatzes bei der Produktion ein Kostentreiber.

Die Kostentreiber bei der Entwicklung sind die im Lastenheft verankerten Anforderungen des Fahrwerks, die notwendige Performance, z. B. Rollwiderstand, Nässeverhalten und Handlingeigenschaften, die Dimension selbst mit Tragfähigkeitsreserve und Geschwindigkeitsreserve. Bei der Konstruktion sind die Anzahl und die Qualität der Abdeckungen, aber auch die Profiltiefe und die verwendeten Gummimischungen kostenrelevant.

Im Herstellprozess sind die Anforderungen an die radiale aber auch laterale Reifengleichförmigkeit, die Konizität und die zulässige Unwucht entscheidende Kostentreiber. Hierbei kommt es auch auf die Anforderungen an die Baumaschinen, die Stückzahl und die Komplexität der Konstruktion an.

Für einen Fahrzeughersteller wichtiger als die Kosten sind die Preise eines Reifens. Preise werden aus den Kosten unter Berücksichtigung der Randbedingungen wie Wettbewerb, Image, Wechselkurse etc. abgeleitet. Bei der Preisbildung werden auf Basis der Herstellkosten Aufschläge berechnet. Diese ergeben sich aus dem gesamtwirtschaftlichen Umfeld, der Markenpositionierung. Aber auch Transportkosten, Technologieaufschläge, Preisbausteine aufgrund eines Profilstylings und des allgemeinen Erscheinungsbildes sind üblich. Auch sind Servicekosten wie Garantie und Kulanz und auch Risikozuschläge in Bezug auf Sicherheit und Wechselkursrisiken im Preis enthalten.

Solange die Kosten eines Reifens nicht transparent sind, müssen die Preise als Basis der Kalkulation verwendet werden.

2.3.2 Gewicht

Beim Reifengewicht ist ein analytischer Zugang zielführend. Hierzu können repräsentative Reifen in 3 Einzelteile aufgeschnitten werden: das Laufstreifenpaket inklusive Stahlgürtel, das Seitenteil ohne Wulstpaket und das Wulstpaket selbst. Über einen einfachen Ansatz der Flächenberechnung eines Torus lassen sich für die Bauteile spezifische, auf die Dimension bezogene Gewichte ermitteln und mit einem Ähnlichkeitsansatz einfach die Gewichte von Nachbargrößen berechnen. Die Gewichtsberechnung aus Einzelteilen mit den entsprechenden Geometrieformeln ist dann einfach, Abb. 2.35.

Empirische Reifen-Gewichtsbestimmung							
Basisreifen:		195/55 R 15	205/55 R 16	225/55 R 16	235/55 R17	275/50 R18	255/55 R 18
Einzelteile gewogen:							
1. Komplettreifen	G1 (kg)	8,68	9,76	10,97	12,10	14,52	15,21
2. Laufstreifenpaket mit 2-Lagen Stahlgürtel	G2 (kg)	5,7	6,4	7,21	8,14	10	10,21
3. Seitenteil mit Wulstkabel (2-Lagen-Karkasse)	G3 (kg)				1,98		
4. Seitenteil ohne Wulstpaket	G4 (kg)	0,98	1,1	1,25	1,44	1,47	1,85
5. Wulstpaket mit Stahlkabel	G5 (kg)	0,48	0,58	0,63	0,54	0,77	0,65
Gewichtsberechnung aus Einzelteilen:							
G1 = G2 + 2 x (G4 + G5) =		8,62	9,76	10,97	12,10	14,48	15,21

G2 =	(8,14 x Da x PI / 2165) x (Bnenn / 235)
G4 =	(1,44 x H/B x Bnenn / 0,55 / 235) x (D rad / 17)
G4 =	(1,44 x (Da/2^2-(25,4*Rrad/2)^2)/(688/2^2-(25,4*17)^2)
G5 =	0,54 x Drad / 17
Da=	Reifenaussendurchmesser
Drad, Rrad=	Raddurchmesser, -radius
Bnenn=	Reifennennbreite

Abb. 2.35 Gewichtsanalyse zur Bestimmung spezifischer Teilgewichte

2.3.3 Termine

Im Reifenentwicklungsprozess sind die Terminvereinbarungen von entscheidender Bedeutung. Vereinbart werden müssen die zeitlichen Abläufe, die sich an den Fahrzeugterminplänen orientieren. Hierzu ist es notwendig von den Zielterminen rückwärts zu rechnen.

Prototypenentwicklung (Fahrzeugprototyp wird aufgebaut)	**Vorlauf**
Planung Lieferant	10 Mon.
Zustimmung Entwicklungsauftrag	9 Mon
Anlieferung 0. Versuchsmuster	3 Mon
Feedback 0. Versuchsmuster	1 Mon
Serienentwicklung (Erste Fahrzeuge aus Serienteilen werden gebaut)	**Vorlauf**
Planung Lieferant	20 Mon
Zustimmung Entwicklungsauftrag	19 Mon
Anlieferung 1. Versuchsmuster	13 Mon
Feedback 1. Versuchsmuster	11 Mon
Auftrag 2. Versuchsmuster	11 Mon
Anlieferung 2. Versuchsmuster	8 Mon
Feedback 2. Versuchsmuster	6 Mon
Freigabe	5 Mon
Produktion (Nullserie startet)	**Vorlauf**
Auftrag Produktionstest	2,5 Mon
Auftrag Produktionstestbelieferung	5 Mon
Nachlieferung Produktionstest	0,5 Mon

2.3.4   Reifendatenbank und Dokumentation

Die Reifenzeichnung beinhaltet auch das Lastenheft und beschreibt Anforderungen an den
Reifenhersteller. Diese Zeichnung ist für jeden Fahrzeughersteller spezifisch, Abb. 2.36.
Die Beschreibung der Entwicklungsziele erfolgt ist im Lastenheft relativ zu einem Re-
ferenzfahrzeugs und Referenzreifens. Das Lastenheft selbst beinhaltet die Vorgaben z. B.
in Flatspot, Schnelllauf, Verschleiß, Geräusch, Rollwiderstand, Bremsweg, Nasshaftung
etc. Sind die Reifen entwickelt, werden die Entwicklungsstände dokumentiert. Hierbei ist
eine gegenüberstellende Darstellung wichtig, der so genannte Spidergraph. Dieser wird
automatisch aus der Datenbank generiert und erlaubt schnelle Übersichten, Abb. 2.37.

Zur Dokumentation der Ergebnisse sind Entwicklungsübersichten notwendig, die
ebenfalls über eine Entwicklungsdatenbank gespeist werden. Hieraus sollte auch die
Freigabedokumentation mit allen Ergebnissen erfolgen, Abb. 2.38. Das Entscheidende
ist die Durchgängigkeit des Entwicklungsprozesses. Aus der Entwicklungsdatenbank
heraus müssen z. B. Werkstattbeauftragungen, Versuchsfahrtenlisten, Übersichten (auch
graphisch) und Freigabedokumentation generiert werden können. Ebenfalls muss daraus
auch die Bedienungsanleitung mit allen Rad-Reifenkombinationen und Luftdrücken erstellt werden, [5]. Auch dieser Prozessschritt muss mit höchster Sorgfalt durchgeführt
werden, da dies produkthaftungsrelevant ist.

2.4   Mobilitätsstrategie

Reifen sind Verschleißteile, die extremen Belastungen unterliegen. Reifen kommen mit
der Außenwelt in Berührung, d. h. mit Fremdkörpern wie Nägel, Scherben etc. Reifen
sind bei Missbrauch (Überfahren hoher Bordsteine) extrem gefordert und können dabei
versagen. Wenn das betroffene Fahrzeug keinen weiteren Schaden hat, hängt die Mobilität letztlich vom Reifen ab. Daher ist für Kunden die Vermeidung von Reifenpannen
wünschenswert, obwohl statistisch gesehen Reifenpannen relativ selten sind. Dieser Sachverhalt erzeugt immer wieder die Diskussion über die Sinnhaftigkeit von Reserverädern.
Eine Statistik in Abb. 2.39 zeigt, dass in Europa mit ca. 80 % Gegenstände in der Lauffläche Ursache für eine Reifenpanne sind. Ventil- und Raddefekte sind mit ca. 10 % Ursache
für eine Panne, wobei der Ventildefekt meist auf schlechte Montage und der Raddefekt
häufig auf Missbrauchsmanöver, wie heftige Bordsteinrempler, zurückzuführen sind.

Eines der großen Ziele der Reifen- und Automobilindustrie ist seit Jahren die Realisierung notlauffähiger Rad-Reifen-Systeme, mit denen man nach einem Reifenschaden
selbst im drucklosen Zustand sicher ausreichende Distanzen zurücklegen kann. Nach einem Reifenschaden muss man dann bei schlechtem Wetter oder an gefährlichen Straßen
nicht mehr aus dem Fahrzeug steigen, um das Reserverad zu montieren. Stattdessen kann
man je nach Randbedingungen weiterfahren und somit die nächste Werkstatt oder einen
sicheren Ort erreichen. Auch bei einem plötzlichen Luftdruckverlust ist das Fahrzeug dann
besser kontrollierbar.

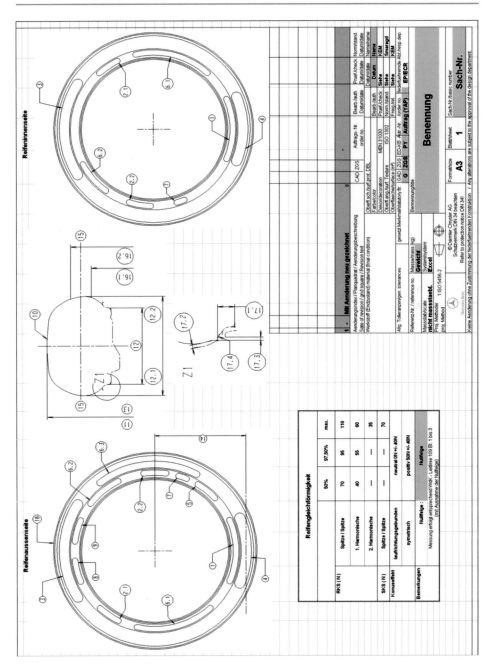

Abb. 2.36 Reifenzeichnung

Dimension	Hersteller	Nasshaftung Abw. Bew. Asph.	Abw. Asph.	Bew. Bet.	Aqua-planing Bewertung	Flatspot Fläche	Rollwiderstand 60	90	120	Abrollumfang Udyn bei 60	Udyn bei 90	Udyn bei 120	Shore-Härte	Nachweise H/B	Umwelt-zeichen
245/45 R17	Reifen A	10,30% O++	9,20% O−		103,3%	1310	11,9	11,8	11,9	1981	1988	1994	70	0,428	ja
245/45 R17	Reifen B	7,80% O+	17,80% O++		95,4%	1298	11,3	11,6	11,8	1989	1995	2000	72	0,450	ja
245/45 R17	Reifen C	8,50% O+	11,70% O+		103,3%	1317	10,7	11,2	11,8	1984	1991	1996	70	0,440	ja
245/45 R17	Reifen D	4,00% O	8,90% O		127,3%	1147	12,1	12,1	12,5	1979	1985	1989	67	0,454	ja
245/45 R17	Reifen E	6,40% O	12,20% O		103,3%	1208	10,8	11,0	11,4	1975	1981	1987	69	0,450	ja
245/45 R17	Reifen F	9,86% O++	9,54% O		104,6%	1140	12,4	12,5	12,7	1980	1987	1993	72	0,446	ja

245/45 R17   95   W   XYZ

Fabrikat:	Profil:	Brand-Nr.:
Reifen A	Profil A	H33-38
Reifen B	Profil B	H5-8
Reifen C	Profil C	J45-50
Reifen D	Profil D	H1-6
Reifen E	Profil E	G7-12
Reifen F	Profil F	H7-12

Reifeneigenschaften

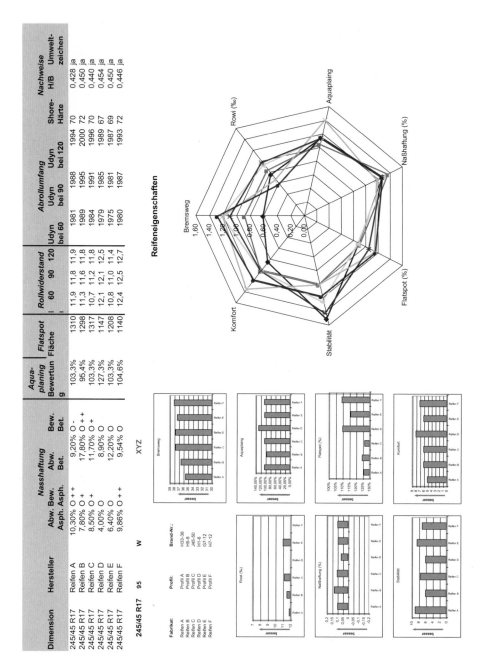

Abb. 2.37 Spidergraph, generiert aus Entwicklungsdatenbank

Baureihe:	**209**		Reifentyp:	**A.S.**	
225/50 R16 92 H			**Pirelli**		**Germany**
Dimension und Kennzeichnung nach ECE			Hersteller		Land
Eingang	Reifen.Nr.		**P 6 Four Seasons**		Profilbezeichnung

Anzahl	von	bis	Versuchnummer (DOT-Nr.)	Datum	Bemerkungen zu Einzelbemusterung
2	**H11-12**		**V: 14-589-001 (2601)**	**25.07.2001**	**Gelbsatz mit 205/55-16 H7-8**

Nachlieferung: **H13-14**

Ausgang		Bemerkungen:	
Hersteller informiert			Status / Rückgabe / Schrott
Freigabe vorläufig		Freigabe endgültig	**01.03.2002** **frei**

Abmessungen und Gewichte

neu

Reifen-Nr.	Außen-Ø D[mm]	Breite B[mm]	Felgen-breite	Abroll-umfang bei 60 km/h	Abroll-umfang bei 250 km/h	Gewicht G[kg]	Querschnitts-verhältnis H/B	Erkennungsrippe/Felgenschutzrippe	Laufrichtungsgeb/Asymmetrie	Profilhöhe [mm]	Shore-Härte	Flatspot F/p	Flatspot	Dauerlauf	Federkenn. F/p	Federkennlinie Einfederung
H12	633,1	241	8	1914		10,0	0,470	ja	asym.	7,3-8,5	63,0	500	111%	ja von PIR	500	27,5
Soll-werte	max 634	max 244	8	1930		11,4						2,2			2	

Trockenhandling | Naßrutschen µ-quer

I.O.	Datum	Bemerkungen	Fzg. / Datum	Belag	korrigierter µ-Meßwert	Abweichung zum Vergleichs-Reifen	Beurteilung
ja	10.09.2001	gut, 203-1138 Holoch	202	Asphalt		-5,7%	O-
	08.08.2001			Beton		-1,6%	O

Rollwiderstand | Wulstkennung

		Beiwert / Abrollumfang	10,3		Hersteller:			Wulstanpreßkraft [dN]		

Reifen Nr.	H12	km/h	60	90	120	150	180	210	240	250	außen	innen
F [kg]	410	‰	9,8	10,2	10,9	11,7	13,7	17,2			324-345	301-325
p	2,1	Udyn	1914	1921	1926	1933	1941	1953			(Mittelwert von 5 Stk.)	

Weitere Prüfungen / Messwerte

	Ergebnis	Datum		Ergebnis	Datum
Wintertest			Naßhandling		
Aquaplaning			Notlauf		
Lagen Sidewall / Tread	1Rayon	1R.+2S.+2N.	Umweltzeichen	nein	
Bremsweg[m]			Prüfnachweise Schnellauf	a)+b)PIR	
Meßbus µ-max trocken			Beschriftung von Hersteller	ja	

Versuchsreifen-Prüfung

Entwicklung PKW
EP/GS Versuch
Reifen und Räder

Abb. 2.38 Freigabedokument, generiert aus Entwicklungsdatenbank

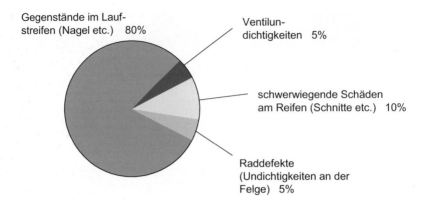

Abb. 2.39 Häufigkeit von Reifenpannen (Quelle: Dunlop)

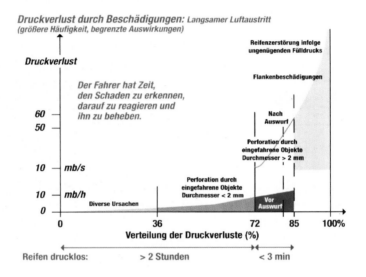

Abb. 2.40 Statistik der Leckage (Quelle: Michelin)

Zusätzlich ergeben sich noch Vorteile für den Kunden im Hinblick auf Gewicht und Kosten. Auch hat er ein größeres Kofferraumvolumen zur Verfügung aufgrund der konstruktiven Ausnutzung des „gewonnenen" Raumes durch den Wegfall des vollwertigen Reserverades.

Statistiken über die Leckageraten bei einer Panne weisen darauf hin, dass über 70 % der Luftverluste schleichend sind, Abb. 2.40. Gelingt es z. B. über eine Reifendruckkontrolle oder einen Plattrollwarner dem Kunden die Panne zu signalisieren, kann der Kunde frühzeitig reagieren, bevor es zum kompletten Versagen des Reifens kommt.

Allerdings sind in der Praxis nicht nur Wahrscheinlichkeitsbetrachtungen notwendig, bei der Reserveradstrategie sind auch psychologische Effekte zu beachten. Ein Kunde, der schon eine oder mehrere Pannen hatte, betrachtet das Thema Ersatzrad anders als einer, der bisher verschont blieb, oder einer, der beispielsweise mit einem Reparaturset wie Tirefit eine Pannensituation meistern konnte. In diese Betrachtung muss auch einbezogen werden, ob die Panne „unverschuldet", d. h. durch einen nicht erkennbaren Fremdkörper auf der Straße, oder im Bereich der „Unachtsamkeit" liegt. Kunden sind bei ersichtlichem Eigenverschulden meist toleranter wenn die Mobilität nicht mehr gewährleistet ist.

Notlaufsysteme mit denen ohne Reparatur eingeschränkt weitergefahren werden darf, sind aus Sicherheitsgründen nur in Verbindung mit einem Luftdruckkontrollsystem gesetzlich zugelassen, da der Kunde ohne diese Warneinrichtung unter Umständen den Druckverlust nicht bemerken würde. Da ein druckloser Reifen geringere Längs- und Querkräfte übertragen kann als ein vorschriftsmäßig befüllter Reifen, ist es sinnvoll ein Fahrzeug mit Notlaufreifen mit einer elektronischen Stabilitätskontrolle (ESP) auszurüsten. Damit kann in unerwarteten Situationen, wie plötzlichem Über- oder Untersteuern aufgrund eines platten Reifens, die notwendige Sicherheit gewährleistet werden.

Das Fahren mit Minderluftdruck ist vor allem bei einer Fahrt mit höherer Geschwindigkeit (Autobahn, Schnellstraße etc.) gefährlich, da der entlüftete Reifen bei Geschwindigkeiten über 80 km/h wesentlich stärker beansprucht wird und dann die Gefahr eines plötzlich auftretenden Reifenplatzers stark ansteigt. Direkt messende Reifendruckkontrollsysteme funktionieren mittels eines Sensors am Rad, mithilfe dessen der Reifenluftdruck angezeigt wird. Dadurch können Reifenschäden, die sich durch einen schleichenden Luftdruckverlust ankündigen, rechtzeitig vom Autofahrer bemerkt werden. Das andere, so genannte indirekte System, nutzt das bestehende ABS-System im Fahrzeug und warnt ohne Angabe der betroffenen Radposition bei einer Fülldruckabweichung von ca. 30 %. Diese Abweichung wird auf rein rechnerischem Weg aus dem Abgleich der Raddrehzahlen unter Beachtung von Querbeschleunigung, Gierrate, Motormoment und -drehzahl, Bremsdruck und sonstiger Regeleingriffe, ermittelt. Dabei wird die Tatsache genutzt, dass sich bei sinkendem Fülldruck der Abrollumfang geringfügig verkleinert und das von Luftverlust betroffene Rad sich dadurch schneller dreht.

2.4.1 Vollwertige Ersatzreifen

Lösungen mit vollwertigen Reifen haben keinerlei Einschränkungen im Betrieb bezüglich Radlast und Fahrgeschwindigkeit. Sie sind aber nachteilig im Gewicht und Platzbedarf. Außerdem besteht noch die prinzipielle Gefahr überalterter Reifen. Der Kunde hat theoretisch 25 % mehr Laufleistung und der Fahrzeughersteller keine weiteren Entwicklungskosten. Beim Kunden ist diese traditionelle Lösung die beliebteste – wenn er dafür keine Mehrkosten hat. Faktisch sind aber die Kunden vor allem bei Mittel- und Oberklassefahrzeugen in Verbindung mit großen Rädern mit dem Reifenwechsel oft überfordert. Wenn diese Lösung als optionale Sonderausstattung gegen Bezahlung angeboten wird, ist die Ausstattungsquote relativ gering.

Abb. 2.41 Minispare-Reifen

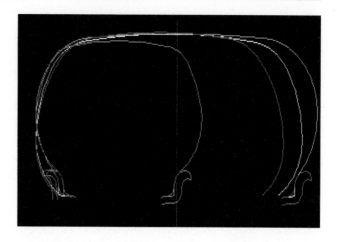

2.4.2   Notlaufsonderreifen Minispare und Faltrad

Notlaufsonderreifen haben in der Gesamtbilanz geringeres Gewicht, das mit einem Platzgewinn bei der Reserveradmulde einhergeht. Eingeschränkt sind die Fahrgeschwindigkeit
(maximal 80 km/h) und die Fahreigenschaften. Auch müssen die Regelsysteme abgesichert werden. Ein weiteres Problem ist die Unterbringung des Laufrades im Pannenfall. Es kommen Minispare-Reifen (schmaler Hochdruckreifen), Abb. 2.41 und Faltreifen,
Abb. 2.42 in Betracht. Der Minispare-Reifen ist ein Hochdrucknotrad, welches eine deutlich geringere Breite hat. Die minimale Breite beträgt 60–70 % der Normalbereifung und
muss aber letztlich durch einen Fahrversuch abgesichert werden. Wichtig ist es dabei
vor allem, die Hinterachsstabilität und die Asymmetrie des Eigenlenkverhaltens abzuprüfen. Das Faltrad kommt ebenfalls auf 60–70 % der Nominalbreite und hat zudem einen
Platzgewinn beim Umfang der Reserveradmulde, aber auch die Notwendigkeit eines zusätzlichen Kompressors und weiterer Montageschritte, wie das Aufpumpen. Das Faltrad
ist immer eine relativ teure Lösung.

2.4.3   Tirefit und Self-Sealing-Reifen

Lösungen ohne Reifen bergen immer ein erhöhtes Risiko der Immobilität. Mit einem Rei-
fendichtmittel wie Tirefit und einem Kompressor sind neben Platz- und Gewichtseinsparung auch die Fahreigenschaften weitestgehend unbeeinträchtigt, Abb. 2.43. Es ist kein
Radwechsel notwendig und das System ist zudem kostengünstig. Dem gegenüber stehen
Nachteile bei Einfüllen des Dichtmittels auch das höhere Restrisiko der Immobilität. Ist
der Kunde mit der Bedienung des Systems vertraut, ist die Reparaturzeit vergleichsweise
gering (meist kleiner 30 Minuten). Weiterhin ist die Fahrgeschwindigkeit eingeschränkt,
da die Unwucht durch das Dichtmittel im Notlaufbetrieb erlebbar ist. Auch ist der Reifen
nicht mehr bzw. sehr schwer reparabel, so dass das System nur bis zur nächsten Werkstatt

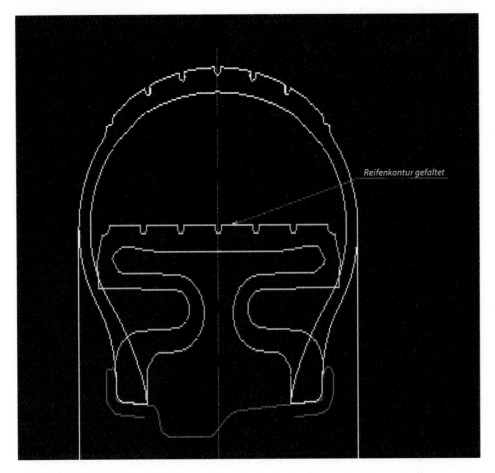

Abb. 2.42 Faltreifen

eingesetzt werden sollte. Statistiken, welche Aufschluss darüber geben, wo Reifenschäden durch Nägel stattfinden, zeigen, dass Tirefit in ca. 80 % der Fälle eine ausreichende
Lösung ist.

Eine Sonderanwendung ist der so genannte Self-Sealing Reifen, der das Dichtmittel
vorab im Bereich der Lauffläche verteilt hat. Hierbei ist ein dicker Belag aus hochelasti-
schen Polymeren im Bereich der Laufstreifeninnenseite angebracht. Dringt ein Nagel oder
eine dicke Schraube in den Reifen ein, dann umschließt diese Schicht den Gegenstand und
verhindert so einen Druckverlust. Selbst wenn der Gegenstand aus dem Profil herausge-
zogen wird, hält der Self-Sealing Reifen die Luft. Diese Anwendung hat technisch großes
Potential, hat allerdings im Markt ein Problem: Der Kunde weiß in der Regel nicht, ob
er die Self-Sealing-Eigenschaften in Anspruch genommen hat, und wird daher beim Wie-
derkauf nicht unbedingt darauf zurückgreifen. Zudem hilft das System, ebenso wie auch
Tirefit, bei Beschädigungen im Seitenwandbereich nicht.

Abb. 2.43 Tirefit

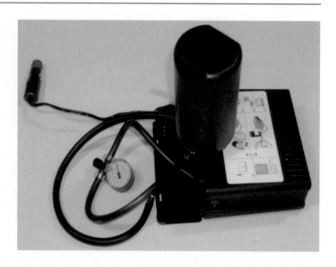

2.4.4 Seriensonderreifen, Sonderfelgen, Stützelemente

Diese Systeme haben in der Regel hohe Notlaufeigenschaften und vergleichsweise hohe Tragfähigkeit, was eine besondere Eignung für Sonderschutzfahrzeuge ergibt. Beim Pannenfall ist kein Radwechsel notwendig und ein unfreiwilliger Reifenabwurf ist auch weitestgehend ausgeschlossen. Derartige Systeme gibt es heute nur noch mit integriertem Stützelement. Bei all diesen Systemen ist es wichtig, dass zum einen eine zuverlässige Schmierung im Notlaufbetrieb stattfindet und zum anderen im regulären Fahrbetrieb kein Kontakt mit dem Stützring auftritt. Die Schmierung ist notwendig, da sich der Abrollumfang der Felge bzw. des Stützringes von dem des Stahlgürtels unterscheidet. Dies hat zur Folge, dass ohne Schmiermittel ständig Schubspannungen aufgebaut werden würden, die eine thermische Überlastung zur Folge hätten. Im regulären Fahrbetrieb darf auch bei zweifacher Radlast im stationären Fahrbetrieb kein Kontakt mit der Felge oder dem Stützring stattfinden. Dynamisch darf ein Durchschlag, wie er beispielsweise bei einer zügigen Bordsteinüberfahrt stattfindet den Reifen nicht beschädigen. Eine Reifendruckkontrolle ist bei allen Systemen von Vorteil. Werden Reifen luftleer betrieben, verändern sich auch die Quersteifigkeiten und die damit verbundenen Auslenkungen der Seitenwand. Bei Fahrzeugen müssen zwingend die Bauräume für luftleere Reifen vorgehalten werden.

Das Michelin PAX-System, Abb. 2.44, ist derzeit das einige im Markt befindliche System für hohe Geschwindigkeiten. Das System hat mit Platzgewinn für Bremse, hervorragender Stabilität bei extrem großer Tragfähigkeit und herausragenden Notlauffahreigenschaften ein sehr gutes Potential. Das System benötigt allerdings ein Sonderrad. Diese Technologie wurde 1998 vorgestellt und ermöglicht bei einer Reifenpanne die Weiterfahrt über eine Distanz von bis zu 200 km bei 80 km/h durch einen auf der Felge montierten Stützring, der bei völligem Druckverlust das Fahrzeuggewicht trägt. Im Falle eines Druckverlustes übernimmt nicht der Reifen die tragende Funktion, sondern der auf die

Abb. 2.44 Michelin PAX

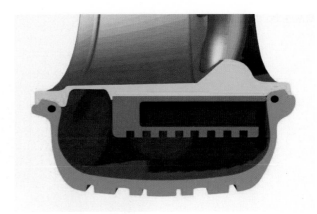

Felge aufgezogene Ring. Dieser ermöglicht eine Abstützung des Reifens im drucklosen Zustand auf der Aufstandsfläche des Stützringes. Der Verankerungsbereich ist auf einen „Verankerungspunkt" reduziert, wodurch die nötige Abwurfsicherheit erreicht wird. Die Flanken sind kurz und straff konstruiert, und nur so hoch, wie es für eine gute Einfederung erforderlich ist. Damit stellt der Reifen mit seiner geringeren Höhe bei gleicher Tragfähigkeit eines der auffälligsten Merkmale des PAX-Systems dar.

Die Felge nimmt nicht nur wie üblich den Reifen auf, sondern darüber hinaus den stützenden Innenring. Das Rad ist breiter und hat einen größeren Durchmesser als das vergleichbare Standardrad. Außerdem ist es asymmetrisch aufgebaut, d. h. der Durchmesser auf der Innenseite der Felge ist größer als auf der Außenseite. So lässt sich der Stützring bei der Montage relativ leicht auf die Felge aufschieben und es besteht mehr Raum für Bremsanlage und Achskonstruktion. Auch dieses System ist heute als gescheitert anzusehen, obwohl es für Sonderfahrzeuge das wohl beste und sicherste war. Die Hauptgründe für das Scheitern waren das immense Zusatzgewicht des Stützringes, die Kosten und vor allem Nichtkompatibilität mit normaler Bereifung, was den Bauraum anbetrifft.

Reifen mit Stützelementen und zweiteiligen Rädern haben häufig gute Notlaufeigenschaften, aber auch deutliches Zusatzgewicht und vor allem eine extrem aufwändige Montage. Diese Systeme werden vorwiegend für militärische Anwendungen und im niedrigen Geschwindigkeitsbereich eingesetzt.

2.4.5 Runflat-Reifen

Das Prinzip des Runflat- oder „Selbsttragenden" Reifens (self supporting tire) beruht auf den verstärkten Reifenseitenwänden, die je nach Auslegung des Reifens eine Dicke von 4–9 mm besitzen. Abbildung 2.45 zeigt den Vergleich eines Normalreifens auf der linken Bildhälfte und eines Runflat-Reifens auf der rechten Bildhälfte. Die Verstärkungen sind aus besonders temperaturstabilen Gummimischungen gefertigt, um die Hitzebeständigkeit

Abb. 2.45 Selbsttragende
Reifen

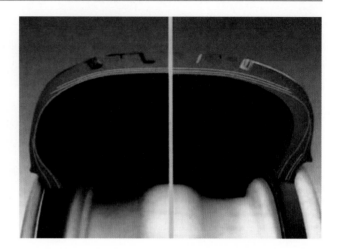

zu verbessern. Dies ist nötig, da sich der Reifen, bzw. die stark beanspruchte Reifensei-tenwand, im Notlaufbetrieb auf über 180 °C erhitzen kann.

Selbsttragende Reifen mit einer verstärkten Seitenwand haben auf den ersten Blick den größten Charme. Es ist kein Radwechsel bei Panne notwendig, keine Reserveradmulde notwendig, man hat eine rel. große Notlaufstrecke bei konventioneller, Felge und konven-tioneller Montage. Man hat auch ordentliche Fahreigenschaften im Notlaufbetrieb.

Nachteile waren lange Zeit deutliche Abstriche im Federungskomfort und im Roll-widerstand, [8, 9]. Inzwischen gibt es verschiedene Auslegungen von Notlaufreifen, die sich im Wesentlichen in der Notlaufstrecke unterscheiden. Je geringer die Notlaufeigen-schaften sind, desto weniger Komfortnachteile hat der Reifen. Notlaufreifen der ersten Generation verfügen über mindestens 80 km im voll ausgelasteten Zustand, Notlaufreifen der zweiten Generation haben Notlaufstrecken im Bereich von 30 km im vollbeladenen Zustand erreichen aber bei einer durchschnittlichen Beladung auch mehr als 80 km. Diese Reifen sind auch unter dem Namen MOE-Reifen (Mercedes Original Extended) oder Soft Runflat bekannt. Solche Reifen haben mit konventionellen Reifen in den Gebrauchseigen-schaften fast gleichgezogen.

Selbsttragende Reifen sind nicht in allen Dimensionen sinnvoll. Ziel der selbsttragen-den Seitenwand ist es, dass der Innerliner im Bereich der Lauffläche beim Betrieb ohne Luft nicht am Bereich des Wulstes scheuert. Das heißt, letztlich muss die Seitenwand ohne Luft immer so ausgelegt sein, dass der Reifen unter Last nicht kollabiert. Abbil-dung 2.46 zeigt, welche Dimensionen bei Notlaufreifen sinnvoll sind. Man erkennt, dass die Eignung bei teureren Reifen bzw. größeren Felgen besser wird. Hintergrund ist, dass es bei kleineren Seitenwandhöhen einfacher ist, den luftleeren Reifen abzustützen. Da-mit ist auch klar, dass die Unterschiede zwischen Notlaufreifen und Normalreifen mit zunehmender Felgendimension (bei gleichem Außendurchmesser) abnehmen. Im Gegen-zug heißt das automatisch, Normalreifen mit einer Seitenwandhöhe < 90 mm haben immer gewisse Notlaufeigenschaften.

Runflat	15 Zoll	16 Zoll	17 Zoll	18 Zoll	19 Zoll
Standard	195/ 65 R 15	205/ 55 R 16	225/ 45 R 17		
Reise		205/ 60 R 16	245/ 45 R 17		
Luxus-Sport			255/ 45 R 17	255/ 40 R 18	
Luxus		235/ 60 R 16	235/ 55 R 17	255/ 45 R 18	255/ 40 R 19
SUV			235/ 65 R 17	255/ 55 R 18	225/ 60 R 19
Luxus					275/ 50 R 19

nicht sinnvoll

machbar

günstig

Abb. 2.46 Sinnvolle Dimensionen bei Notlaufreifen

Abb. 2.47 EH2+-Felge

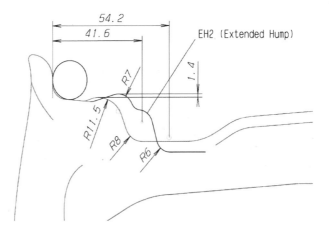

Ein weiteres Problem beim Betrieb von Reifen ohne Luft kann der Reifenabwurf sein. Diesem Problem kann mit einer speziellen Felge EH2+ begegnet werden, die aber bezüglich Reifengleichförmigkeit und beim Reifenspringdruck abgesichert werden muss, Abb. 2.47. Eine weitere Lösung besteht in der Erhöhung der Wulstanpresskraft (Kraft mit der der Reifenwulst durch seine „Vorspannung" in radialer Richtung gegen die Felge gedrückt wird). Dadurch hat man keine Nachteile wie beim EH2+ Konzept bezüglich des höheren Gewichts (ca. 2 kg/Rad), höherer Kosten, schwierigerer Montierbarkeit und reduzierten Bauraums (Bremsscheibendurchmesser muss je nach Bremsenkonstruktion reduziert werden). Daher sind EH2+ Felgen kaum mehr anzutreffen.

Abb. 2.48 Normal- und Notlaufreifen im Vergleich

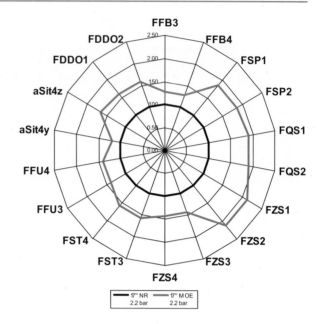

Beim Vergleich verschiedener Bewertungskriterien zwischen einem Standardreifen und einem Notlaufreifen sind die Notlaufeigenschaften, die Resistenz gegenüber dem Reifenabwerfen und die verbesserten fahrdynamischen Eigenschaften eindeutig vorteilhaft. Geringfügig nachteilig ist das Verschleißverhalten (Verschleißbild, Laufleistung, Geräuschentwicklung) aufgrund der leicht veränderten Abrollmechanik eines Notlaufreifens, die schlechteren Komforteigenschaften aufgrund der Zusatzfedersteifigkeit der stützenden Seitenwand (Reifengleichförmigkeit, Flatspot, Vertikalkomfort) und die Auswirkungen des Zusatzmaterials (Gewicht, Rollwiderstand). Auch ist die Spurrinnengängigkeit aufgrund der erhöhten Sturzsteifigkeit tendenziell schlechter. Für den Fahrwerksentwickler ergibt sich bei Notlaufreifen ein eingeschränktes Abstimmungspotential.

Bei der Einführung von selbsttragender Notlaufreifen hat sich gezeigt, dass die Auswirkungen der aufgedickten Seitenwand auf die Betriebsfestigkeit neu bewertet werden müssen, [10]. So besteht beispielsweise ein signifikanter Zusammenhang zwischen der Notlaufstrecke, also der Strecke, die das Fahrzeug mit einem komplett luftleeren Reifen zurücklegen kann und der Auswirkungen auf die Betriebsfestigkeit. Abbildung 2.48 zeigt die Auswirkungen von Notlaufreifen auf die Bauteilschädigung. Man erkennt ähnliche Zusammenhänge wie beim Wechsel der Radgröße oder beim Anheben des Reifenluftdruckes.

Ein Bauteil, das auf diese veränderten Randbedingungen ausgelegt werden muss, ist das Rad. Typischerweise werden die Felgeninnenhörner von Rädern, die für die Verwendung von Notlaufreifen konzipiert sind, verstärkt. Dies findet seine Fortsetzung entlang der gesamten Wirkungskette bis zur Karosserie. Daher ist es notwendig eine einfach messbare Größe zu finden, die mit der potentiellen Bauteilschädigung korreliert.

Ein vielversprechender Ansatz zur Beschreibung des Einflusses auf das Übertragungsverhalten in Bezug auf die Betriebsfestigkeit sind Schlagleistenversuche, [11]. Auf Trommelprüfständen werden Schlagleisten mit definierter Höhe und Form angebracht und die mit Mehrkomponentenmessnaben gemessenen Systemantworten werden bewertet, Abb. 2.103. Dieser Ansatz hat den Charme, dass nicht nur die vertikalen Reifenfedereigenschaften, sondern auch die longitudinalen Eigenschaften berücksichtigt werden.

Nachteilig ist dabei die Komplexität des Prüfaufbaues, welche einen Einsatz als „Einfaches Bewertungsverfahren" nicht ohne weites zulässt. Auf das dynamische Übertragungsverhalten hat die quasistatische Vertikalsteifigkeit den größten Einfluss. Ein Reifen mit einer höheren Federsteifigkeit ist federungsunwilliger und überträgt damit Bodenwellen stärker, als ein vertikal „weicher" Reifen. Diese Zusammenhänge sind seit langem hinlänglich bekannt und bei Fahrzeugen mit Niederquerschnittsreifen wurde immer schon die Vertikalsteifigkeit als Auslegungsmaß für die Lastkollektive herangezogen. Eine gut korrelierende Reifeneigenschaft ist immer schon die vertikale Reifensteifigkeit gewesen, die eine relativ geringe Streuung über die unterschiedlichen Premium-Reifenhersteller aufweist. Die Federrate eines Reifens ist eine vom Reifendruck anhängige physikalische Größe und wird als Quotient aus Kraft und Weg gebildet.

Es ist aber dennoch wichtig, dass bei der Überprüfung der Eigenschaften von Extended-Mobility-Reifen neben der Messung der statischen vertikalen Federsteifigkeit die dynamische vertikale Federsteifigkeit abzuprüfen. Die dynamische Federsteifigkeit von Notlaufreifen nimmt im Vergleich zu Standardreifen jedoch nicht überproportional zu.

Eine Größe, die bei Notlaufreifen deutlich (bis zu 40 %) ansteigt, ist die Quersteifigkeit. Da sich damit auch die Ansprechzeit über die bis zu 20 % kürzere Relaxationslänge reduziert, hat das auch Auswirkungen auf das gesamte Fahrwerkverhalten, z. B.: höhere Gierdämpfung. Wichtig ist es, den Zusammenhang zwischen Notlaufstrecke und den übrigen Eigenschaften zu kennen. Dazu werden die Eigenschaften Gewicht, Federsteifigkeit, Rollwiderstand und Flatspot bezogen auf die mit dem jeweiligen Reifen erreichbare Notlaufstrecke dargestellt, Abb. 2.49.

Durch die Verstärkungen in den Seitenwänden werden Notlaufstrecken im entlüfteten Zustand erreicht. Ziel ist es dabei, eine geringere Einfederung bei entlüftetem Reifen zu erreichen, damit sich Seitenwand und Lauffläche erst bei höheren Radlasten bzw. gar nicht berühren. Dadurch werden die thermischen und mechanischen Belastungen verringert. Der auffälligste Zusammenhang besteht zwischen der statischen Federsteifigkeit (Komfort) und der Notlaufstrecke. Da die Notlaufstrecke von den Seitenwanddicken abhängt, bedeutet das, dass bei Reifen mit Notlaufeigenschaften auch die Einfederkennlinie im entlüfteten Zustand eine besondere Bedeutung hat. Durch die notwendigen Verstärkungen von Seitenwand und Wulstbereich nimmt das Gewicht vom Standardreifen ohne Notlaufstrecke mit der Notlaufstrecke stetig zu.

Die statische, vertikale Federsteifigkeit, welche das Verhältnis von Radlast zu Einfederung bei stehendem Rad darstellt, steigt zunehmender Radlast an, Abb. 2.50. Dies liegt ebenfalls an den zunehmend massiveren Verstärkungen in den Seitenwänden der verwen-

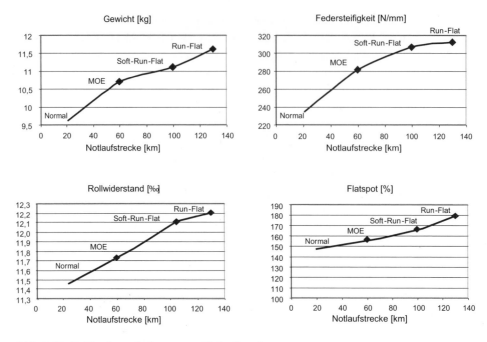

Abb. 2.49 Reifeneigenschaften versus Notlaufstrecke

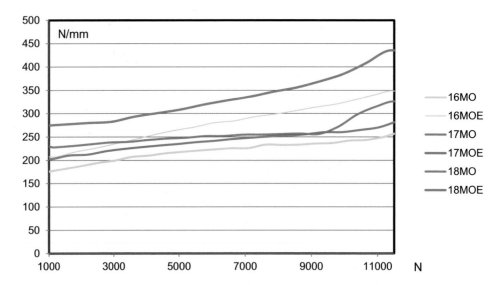

Abb. 2.50 Typische Vertikalsteifigkeiten über der Radlast bei Normal- und Notlaufreifen in 16, 17 und 18 Zoll und gleichem Außendurchmesser

deten Reifenvarianten. Denn durch eine höhere statische Federsteifigkeit federt der Reifen insgesamt weniger ein, wodurch die Seitenwände weniger stark zusammengepresst bzw. geknickt werden. Dadurch kann, wie später noch genauer erklärt werden wird, eine höhere Notlaufstrecke erreicht werden. Der Rollwiderstand ist die Folge von Energieverlusten, die bei der Reifenverformung im Reifeneinlauf und -auslauf entstehen, welche auf die Dämpfungseigenschaften von Gummi zurückzuführen sind.

Bei der Messung des Flatspot werden das Anregungspotential (Kraftschwankung in Z-Richtung) und das Rückbildungsverhalten (Abklingen der Kraftschwankung) des Reifens gemessen. Der Flatspot entsteht durch ein thermisches „Einfrieren" von Deformationen bzw. Relaxationen im Reifen „in der Aufstandsfläche". Dieses Verhalten verstärkt sich mit wachsendem Temperaturunterschied zwischen warmgefahrenem Reifen und kaltem Untergrund. Die Ursache dafür ist ein teilweise nichtelastisches Verhalten von Reifenwerkstoffen. Bei MOE- bzw. Runflat-Reifen steigt die Intensität des Flatspots, bestehend aus Anregungspotential und Rückbildungsverhalten, mit zunehmendem Notlaufstreckenpotential an. Bedingt durch die verstärkten Seitenwände, und damit verbundenem Anstieg des deformierten Volumens und der Dämpfung, bildet sich die Deformation des Materials nach Entlastung weniger schnell zurück, wodurch der Flatspot langsamer abklingt als bei einem Standardreifen. Außerdem kann eine vergrößerte Kraftschwankung in z-Richtung auftreten, da durch die erhöhte vertikale Federsteifigkeit des MOE-Reifens bei gleicher Einfederung eine größere Kraft auftritt.

Durch die steifere Auslegung der Seitenwand ergibt sich bei Notlaufreifen auch eine erhöhte Umfangssteifigkeit, welche ca. 5 % über der eines Standardreifens liegt. Dies führt zu höheren Umfangskräften. Daraus folgt auch, dass der Reifen die auftretenden Kräfte in höherem Maß an das Rad, das Fahrwerk und die Karosserie weitergibt, und diese dadurch stärker belastet werden. Gerade bei „Schlechtwegländern" in denen häufiger mit geringeren Geschwindigkeiten auf schlechteren Fahrbahnoberflächen gefahren wird und der Reifen sich daher öfter im progressiven Bereich der Federkennlinie befindet, ist diese Belastung zu beachten. Bei Notlaufreifen, die sehr große Radialsteifigkeiten aufweisen, kann das dazu führen, dass die Lebensdauer einzelner Bauteile mehr als halbiert wird. Die Verwendung von Notlaufreifen auf Fahrzeugen, die nicht speziell auf Notlaufreifen ausgelegt sind, ist daher nicht zu empfehlen.

Bei Notlaufreifen wird versucht, die innere Dämpfung des Füllers (Verstärkungsmaterial der Seitenwand), die ein Maß für die Wärmeabgabe des Reifens darstellt, so gering wie möglich zu halten, da sich der Reifen im entlüfteten Zustand sonst durch das Walken zu stark erhitzen würde. Andererseits muss die verstärkte Seitenwand jedoch ausreichende Dämpfungseigenschaften besitzen, um einen guten Komfort durch eine schnell abklingende Reifenschwingung garantieren zu können. Dieser Kompromiss zwischen den Anforderungen im Notlaufbetrieb und dem Komfort ist die große Herausforderung, die von den Reifenherstellern bei der Entwicklung angegangen werden muss. Durch die steiferen Seitenwände und die dadurch erhöhte Umfangssteifigkeit kann bei MOE-Reifen eine Erhöhung des Reibwerts festgestellt werden. Außerdem kann durch die geringere Verformung des Reifens bei Beginn des Bremsvorganges ein höherer Reibbeiwert bei gleichem Schlupf im Vergleich zum Standardreifen festgestellt werden.

Durch die höhere Umfangssteifigkeit der MOE-Reifen können die bei einer Bremsung hervorgerufenen Schwingungen wesentlich schneller abklingen. Daraus folgt, dass bei einer Bremsung und den dabei auftretenden Umfangskräften, aufgrund der geringeren Schwingungen die ABS-Regelung stabiler erfolgen kann. Die Ergebnisse der Reibwertmessungen und der steilere Anstieg der Reibwert-Schlupf-Kurve des MOE-Reifens lassen in Verbindung mit der stabileren ABS-Regelung auf eine Verkürzung des Bremswegs schließen. Da bei einer ABS-Regelung der Reibbeiwert aus Gründen der Fahrstabilität nie zu 100 % ausgenutzt wird, ist somit beim MOE Reifen bei „schlupfgeregelter" ABS-Bremsung ein kürzerer Bremsweg durch höheren Reibbeiwert im Vergleich zum Standardreifen möglich. Dies kann bis zu 5 % kürzeren Trockenbremsweg bedeuten.

Ein wichtiger Aspekt ist die Auswirkung der Fahrwerksgeometrie auf den Reifen. Bei voller Beladung, also dem zulässigen Gesamtgewicht an der entsprechenden Achse, ist bedingt durch den vorhandenen negativen Sturz die innere Seitenwand (besonders an der Hinterachse) wesentlich stärker belastet als die äußere. Die Zunahme des negativen Sturzes aufgrund der zunehmenden Achslast ist, bedingt durch die Achskinematik, vor allem an der Hinterachse bei Fahrzeugen mit Stahlfederung zu beobachten. Außerdem hat ein Notlaufreifen eine um bis zu 10–20 % verringerte Laufleistung im Vergleich zu guten Standardreifen. Dies lässt sich mit der höheren Flächenpressung im Schulterbereich und damit erhöhtem Schulterverschleiß im Vergleich zum Standardreifen begründen. Durch den negativen Sturz ist der Schaden am Reifen der Hinterachse, vor allem bei voller Beladung, von außen meistens nicht zu erkennen, sondern nur bei Betrachtung der inneren Seitenwand.

Im luftleeren Zustand kann die Seitenwand nach längerer Beanspruchung im Notlaufbetrieb (also bei wesentlich verringertem Luftdruck bzw. im entlüfteten Zustand) aufbrechen, wodurch letztendlich so intensive Geräusche und Vibrationen verursacht werden, dass spätestens zu diesem Zeitpunkt jeder „Normalfahrer" die Fahrt unterbricht. Da die gesamte Reifenstruktur zu diesem Zeitpunkt schon sehr geschwächt ist, ist die Weiterfahrt auch unter Hinnahme der Geräusche und Vibrationen nicht mehr lange möglich. Das Fahrzeug ist bei vollständigem Durchbruch der Seitenwand (ringsherum) nicht mehr fahrbar, da es auf das Felgenhorn bzw. den stehengebliebenen Wulst absinkt.

Bei heckgetriebenen Fahrzeugen ist die Belastung für den Vorderachs-Reifen durch die größeren, wechselnden Schräglaufwinkel bestimmt. Dabei ist die gesamte Belastung im Notlaufbetrieb durch geringere negative Sturzwerte als an der Hinterachse und fehlendes Antriebsmoment entschärft. Dadurch tritt ein Versagen des Vorderachs-Reifens an der Außenschulter bzw. -seite auf, dagegen versagt der Hinterachs-Reifen aufgrund von Schädigungen der inneren Seitenwand. Eine zusätzliche Belastung für den Reifen stellt das zu übertragende Antriebsmoment dar. Da das Rad stets angetrieben wird, und der Reifen bedingt durch seinen entlüfteten Zustand eine wesentlich höhere Reibung überwinden muss, kann es zu einer „Verdrehung" der Lauffläche gegenüber dem Wulst bzw. Rad kommen, wodurch die Seitenwand zusätzlich belastet wird.

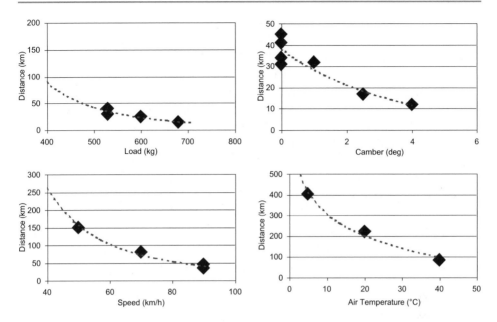

Abb. 2.51 Zusammenhang zwischen Notlaufstrecke, Radlast, Sturz, Geschwindigkeit und Temperatur (Quelle: Bridgestone)

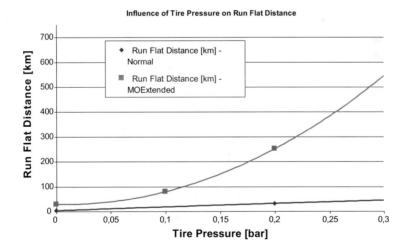

Abb. 2.52 Notlaufstrecke bei Restluftdruck

Zwischen der Notlaufstrecke und den Fahrzeugparametern gibt es ebenfalls wichtige Zusammenhänge. Daher muss bei Messfahrten auf vergleichbare Umwelteinflüsse (Temperatur, Bewölkung etc.) geachtet werden. Die Radlast ist in dieser Abbildung nicht explizit dargestellt, sondern bereits mit der Tragfähigkeitskennzahl (Load Index) des Reifens verrechnet und in % der Ausnutzung angegeben. Deutlich wird der exponentielle Verlauf der Näherungskurve. Damit ist eine Abschätzung der erreichbaren Notlaufstrecke bei verschiedenen Beladungszuständen möglich. Der oben gezeigte Zusammenhang zwischen Notlaufstrecke und Radlast ist vom Verlauf her bei allen Reifendimensionen ähnlich, Abb. 2.51.

Relativ unbekannt ist der Zusammenhang zwischen dem vorhandenen Restluftdruck und der damit erreichbaren Notlaufstrecke. Die wesentlich höhere Notlaufstrecke bei einem Restluftdruck von 0,2 bar hängt mit dem geringeren Einfederweg zusammen, da die statische Federsteifigkeit nur sehr gering erhöht wird. Das gilt auch für normale Reifen, Abb. 2.52, die mit einem Restluftdruck zum Teil überraschend hohe Notlaufstrecken erreicht. Voraussetzung dafür ist jedoch zwingend eine Fahrgeschwindigkeit von maximal 80 km/h.

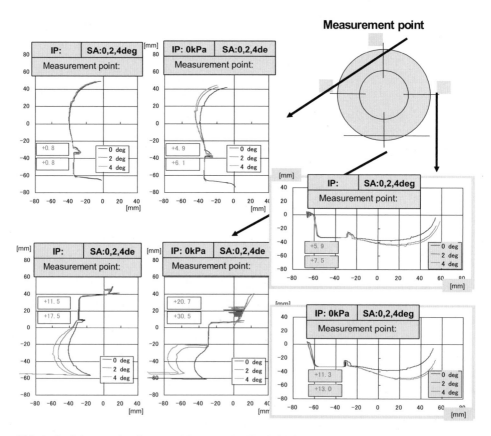

Abb. 2.53 Seitenwandverformung Messung (Quelle: Bridgestone)

Abb. 2.54 Seitenwandverformung Visualisierung (Quelle:
GOM, Gesellschaft für optische Messtechnik)

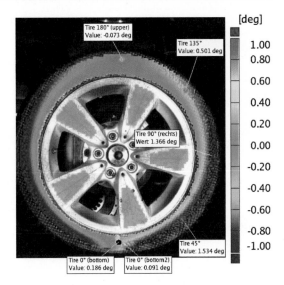

Werden Reifen luftleer betrieben, verändern sich auch die Quersteifigkeiten und die damit verbundenen Auslenkungen der Seitenwand. Bei Fahrzeugen, die für den Gebrauch von Notlaufreifen entwickelt werden, müssen zwingend auch die Bauräume vorgehalten werden. Das gilt natürlich für alle Notlaufkonzepte.

Hierzu ist eine Vermessung der kompletten Seitenwand im Notlaufbetrieb notwendig. Dies kann einerseits mit einem Linienlaser Abb. 2.53 oder mit einer optischen Mess-technik erfolgen, welche die komplette Seitenwandverformung, Abb. 2.54, aufnimmt. Besonders die Messpunkte bei 90 Grad und bei 180 Grad sind zu beachten, da sich in diesen Bereichen Fahrwerks- und Karosserieteile befinden, mit denen ein Kontakt aus-geschlossen werden muss. Solche Berührungen können zu einer schnellen Zerstörung des Reifens oder Radaufhängungskomponenten führen. Die Freigängigkeit muss natür-lich auch am realen Fahrzeug abgeprüft werden.

2.5   Erprobung und Absicherung

Bei der Reifenentwicklung spielt die Überprüfung der im Lastenheft spezifizierten An-forderungen eine bedeutende Rolle. Diese Prüfungen werden sowohl subjektiv als auch objektiv durchgeführt. Die objektiven Prüfungen werden zudem in Laboren (Indoor) als auch auf Teststrecken (Outdoor) absolviert. Es kommt dabei darauf an, einerseits vorge-gebene Kenndaten abzuprüfen und andererseits die Unterschiede zwischen Reifen unter-schiedlicher Bemusterungen zu ermitteln.

Das Ermitteln der Unterschiede wird auch Benchmarking genannt, da damit eine Po-tentialabschätzung verbunden ist. Dieses ständige Monitoring des Wettbewerbes zwischen den Reifenherstellern fließt wiederum in die Lastenheftphase nachfolgender Baureihen ein.

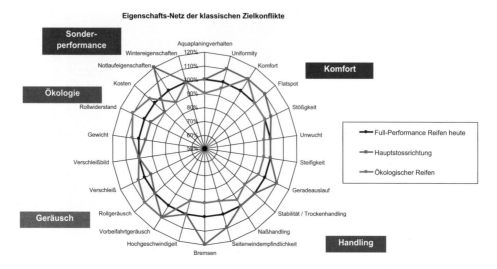

Abb. 2.55 Allgemeine Reifeneigenschaften (Quelle: Continental)

Die Gebrauchseigenschaften lassen sich in Fahrstabilität, Fahrkomfort, Lenkverhalten sowie Fahrsicherheit, Haltbarkeit und Wirtschaftlichkeit einteilen. Diese Punkte lassen sich weiter untergliedern. Die Fahrstabilität beinhaltet die Geradeausstabilität und die Kurvenstabilität, beim Fahrkomfort wird zwischen Federungskomfort, Geräuschkomfort und der Laufruhe differenziert.

Beim Lenkverhalten wird zwischen dem Kleinwinkelbereich, dem Proportionalbereich und dem Grenzbereich unterschieden. Zu den Disziplinen der Fahrsicherheit gehören natürlich die Kraftschlusseigenschaften, aber auch der Reifensitz auf der Felge, wobei auch die Dichtheit des Reifens auf der Felge mit einbezogen ist, Abb. 2.55.

Es gibt einige Reifeneigenschaften, die von besonderer Bedeutung sind. Häufig zeigen sich auch Zielkonflikte, die nur schwer auflösbar sind, [12–14]. Das wichtigste Werkzeug in der Reifenentwicklung ist das Prüffeld. Auch hier ist die vertrauensvolle Zusammenarbeit mit den Entwicklungspartnern notwendig, damit eine Selbstzertifizierung, d. h. Messungen beim Entwicklungspartner letztlich möglich ist. Allerdings ist das nur dann möglich, wenn die Anlagen in ihrem Grundaufbau bekannt bzw. auditiert sind und die Korrelation der Prüfstände untereinander sichergestellt ist.

Eine typische Prüfliste enthält insgesamt rund 50 Parameter. Dazu gehören beispielsweise die Messung der Nasshaftung, des Rollwiderstandes auf dem Rollenprüfstand, Schnelllaufprüfungen, Untersuchungen des Flatspot-Verhaltens am Fahrzeug und auf dem Prüfstand, Verschleißmessungen, Dauerläufe, Aquaplaningtests und Wintertests. Prüfungen der Uniformity und der Maßhaltigkeit sind ebenfalls unverzichtbar. Auf Testgeländen finden Fahrdynamik-Prüfungen bis in den Grenzbereich statt. Darüber hinaus werden Reifenbeurteilungen auf öffentlichen Straßen gefahren, um den kundennahen Fahrbetrieb abzusichern.

Man muss zwischen Anlagen unterscheiden, die ein Reifenhersteller haben muss, und denen die beim Fahrzeughersteller im Einsatz sind. Beim Reifenhersteller sind üblicherweise folgende Anlagen und Prüfverfahren im Einsatz:

- Reifendauerhaltbarkeit
- nach ECE R 30, ECE R 54, DOT 109, DOT 110,
  - Belt und Bead Endurance
- Reifenhaltbarkeit
  - Plunger test
- Berstdruckermittlung
  - Hydraulikanalyse
- Reifensitz
- Abdrückmaschine
- Wulstkennung
- Profiltiefenmessung
- Geometrie
  - Konturmessung
  - Seitenwandverformung
- Reifencharakteristik
  - F&M
  - TU
  - Abrollumfang
- Footprint
  - Flächenpressungsermittlung
  - Footprint
- Elektrischer Ableitwiderstand nach WdK 110
- Shore Härte

- Tomographieanlage
- Rädermessmaschine
- Alterungsbeständigkeit
  - Alterungsofen
- Temperaturverteilung
- Thermographie
- Energieverlust
  - Rollwiderstandsmessung
- Druckverlust
  - 30 Tage Luftdruckverlust
- Ungleichförmiger Verschleiß
- Geräusch Harshness
  - Innentrommel
  - Geräuschanlage
- Subjektivbeurteilung, Ride, Comfort dry, Handling
- Wet Handling
- Vorbeifahrgeräusch
- Innengeräusch
- Aquaplaning
- Reibbeiwerte
- Reifenschiessen
- Wintertest (Eis und Schnee)

Für den Fahrzeughersteller sind physikalische Kennwerte wichtig, wie beispielsweise vertikale, laterale und Umfangselastizitäten, Abrollumfang und Rollwiderstand sowie Eigenfrequenzen des Gürtels gegenüber der Felge und deren zugehörige Dämpfungen. Extrem wichtig sind auch die Qualitätsmerkmale von Reifen, wie Kraftschwankungen oder Unwuchten. Diese sind auf Reifen nicht angegeben und müssen messtechnisch ermittelt werden. Typische Prüfverfahren beim Fahrzeughersteller sind:

- Schnelllauf,
- Neureifen-Abmessungen (Breite und Querschnitt) und Reifenkontur auf festgelegter Felge,
- Reifengewicht,
- Profilhöhenangabe,
- Rollwiderstand 60–120 km/h,
- Abrollumfang (je nach Reifen bis 250 km/h),
- Einfederungskennlinie,
- Wulstkennung,
- Reifenaufstandsfläche (Profilabdruck bei festgelegter Prüflast),
- Reifenkennfelder (Seitenkraft, Rückstellmoment; Längskraft, etc.),

- Durchschlagfestigkeit (nur bei Niederquerschnitt),
- Reifenabziehen (bei max. Querbeschleunigung solange Luftdruck reduzieren, bis der Reifen abgeworfen wird),
- Reifengeräusch (beschleunigte Vorbeifahrt EG 92/97),
- Reifendauerlauf (Abrieb, Haltbarkeit und Geräusch),
- Bremsweg mit ABS trocken,
- Seitenwindverhalten,
- Tire-Uniformity-Prüfung (Low-speed und high-speed),
- Flatspot Messung,
- Montierbarkeit (Springdruck),
- Subjektive Reifenbeurteilung,
- Benchmark Nasshaftung auf Asphalt und Beton,
- Benchmark Wintertest (Traktion/Bremsen auf Schnee und Eis),
- Benchmark Flatspot-Prüfung (Prüfstand und Fahrzeug),
- Benchmark Aquaplaning quer,
- Benchmark Nasshandling.

Es gibt im Wesentlichen drei Versuchsabläufe, die bei der Reifenmessung eine wichtige Rolle spielen:

Objektive Absolutwertmessung: Die objektive Absolutwertmessung kann eingesetzt werden, wenn sichergestellt werden kann, dass sich die Umfeldbedingungen nicht ändern – und wenn die Anlagen regelmäßig kalibriert werden, z. B. mit Referenzreifen oder noch besser mit speziellen Prüfkörpern. Das ist beispielsweise bei der Flatspotmessung, Rollwiderstandsmessung oder Geometriemessung gegeben.

Objektive Relativwertmessung: Diese Art der Messung wird dann durchgeführt, wenn die Umfeldbedingungen eine große Rolle spielen. Hierbei muss über Referenzreifen die Messung einsortiert werden. Dies ist beispielsweise bei der Nässemessung, Rundenzeitmessung, Wintereigenschaftsmessung der Fall. Ein idealer Prüfablauf z. B. bei der Nässemessung sieht folgendes Versuchsmuster vor:

1	2	3	4	5	6	7	8	9	10	11
Ref 1	Ref 2	A	B	C	Ref 1	D	E	F	Ref 1	Ref 2

Bei der nächsten Messung wird dann ein neuer Referenzreifen herangezogen und der Referenzreifen 2 wieder verwendet um einen kontinuierlichen Abgleich zu ermöglichen:

1	2	3	4	5	6	7	8	9	10	11
Ref 2	Ref 3	G	H	I	Ref 2	J	K	L	Ref 2	Ref 3

Bei einfachen Messungen, z. B. bei Wintertests, kann auf den Referenzreifen 2 verzichtet werden. Das Ergebnis wird dann auf den Referenzreifen bezogen und mit einer Referenzskala hinterlegt, z. B.:

	Bedeutung	Freigabe
10	sehr gut; besser kann es keiner (=Benchmark (im Markt-Segment))	ja
9	Note als Zwischen-Abstufung nutzbar	ja
8	gut; ohne Beanstandung (Kunde wird zufrieden sein)	ja
7	Zwischenabstufung	ja
6	der Kunde wird sich nicht beklagen.	ja
5	Note als Zwischenabstufung nutzbar.Vereinzelte Kritik seitens sehr kritischer Kunden bzw. Presse möglich.	ja
4	Standard wird nicht 100% erreicht, aber eingeschränkt kundenfähig. Freigabe kann jedoch gerade noch erfolgen	ja
3	Eigenschaft ist nicht kundenfähig. Freigabe kann nicht erfolgen. Mit Reklamationen ist zu rechnen.	nein
2	Zwischenabstufung	nein
1	Note als Zwischenabstufung nutzbar. Mit gravierenden Reklamationen ist zu rechnen.	nein
0	Fast jeder Kunde wird reklamieren. Anlauf kann so nicht erfolgen.	nein

Abb. 2.56 Notenmaßstab Subjektivbeurteilung

[%]	$-0,6$	$-4,5$		$-3,0$		$-1,5$		$1,5$		$3,0$		$4,5$		$6,0$	
$--$		$-$		$0--$		$0-$		0		$0+$		$0++$		$+$	$++$

Subjektive Absolutbeurteilung: Diese Beurteilung erlaubt nur ein sehr pauschales Urteil. Dieser Ansatz kann herangezogen werden, wenn eine systematische Relativbeurteilung vorliegt und nur noch eine Bestätigung, z. B. bei einem Nachbau notwendig ist. Sie kann nicht für eine Freigabe eingesetzt werden. Die Beurteilung erfolgt nur in 2 Stufen: i. O. oder n. i. O.

Subjektive Relativbeurteilung: Hier wird der zu beurteilende Satz im Vergleich zu einem Referenzsatz beurteilt. Dies erlaubt ein differenziertes Urteil der Reifeneigenschaften. Idealerweise steht die Beurteilung des Referenzreifens am Anfang und am Ende der Messreihe. Optimal ist dabei der Blindversuch, d. h. der Fahrer weiß nicht, welchen Reifen er beurteilt, oder der Doppelblindversuch, d. h. auch der Fahrtenleiter weiß nicht, was sich hinter den Reifen verbirgt. Dieses wird allerdings nur sehr selten durchgeführt. Die Beurteilung erfolgt meist in einem abgestuften System, Abb. 2.56.

Diese Art der Beurteilung wird für die subjektive Reifenfreigabe eingesetzt.

2.5.1 Indoor Objektiv

Prüfungen, die in Laboren durchgeführt werden können, sind von wetterbedingten Schwankungen wie Temperatur und Luftfeuchtigkeit unabhängig. Auch finden diese Prüfungen an Prüfständen statt und sind damit fahrzeugunabhängig. Die Ergebnisse sind immer objektiv, d. h. es lässt sich das Ergebnis in Zahlen und Werten dokumentieren.

2.5.1.1   Federpresse

Eine wichtige Kenngröße von Reifen ist die so genannte „Federsteifigkeit", oder „Feder-rate". Diese Eigenschaft beeinflusst das allgemeine Schwingverhalten des Kraftfahrzeu-ges. Dabei wird das zu prüfende Rad über einen Linearantrieb auf eine Waage gedrückt, Abb. 2.57. Durch Erfassen des Eindrückweges und der dazu benötigten Kraft kann ein Kraft-Weg-Diagramm erstellt werden. Abbildung 2.58 zeigt die Federkennlinie bei ver-schiedenen Luftdrücken. Die Federrate eines Reifens ist eine physikalische Größe und wird als Quotient aus Kraft und Weg gebildet.

Die Federrate ist abhängig vom Reifendruck. Allgemein gilt, dass Reifen mit geringer Federrate einen besseren Fahrkomfort bieten, da Aufbaubeschleunigungen und dynami-sche Radlastschwankungen durch den Reifen besser abgefangen werden und nicht an das Fahrwerk weitergegeben werden. Reifen mit hoher Federrate hingegen besitzen ein besseres dynamisches Verhalten, welches insbesondere bei sportlichen Fahrzeugvarianten gefragt ist.

Notlaufreifen mit verdickter Seitenwand haben andere statische und dynamische Ei-genschaften als Normalreifen. Ausgehend von den guten Korrelationsergebnissen bei Nor-

Abb. 2.57 Federpresse
(Eigenbau)

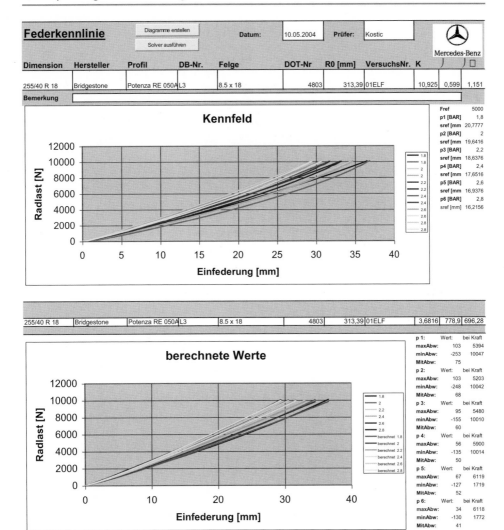

Abb. 2.58 Federkennlinie bei verschiedenen Luftdrücken

malreifen wird bei Notlaufreifen versucht, die zusätzliche Federsteifigkeit, infolge der Notlaufeigenschaften der Aufdickung an der Seitenwand zu beschreiben, Abb. 2.59. Es gelingt die Federsteifigkeit der luftleeren Karkasse von der Gesamtfedersteifigkeit zu subtrahieren und damit die Federsteifigkeit der tragenden Luft zu ermitteln, Abb. 2.60. Diese Bild zeigt reale Messungen von Normalreifen, sowie Notlaufreifen der ersten und zweiten Generation.

Dadurch dass die Karkassfedersteifigkeit oder „Struktursteifigkeit" und die Luftfedersteifigkeiten sich addieren ist es möglich, relativ einfach die Karkassfedersteifigkeit des

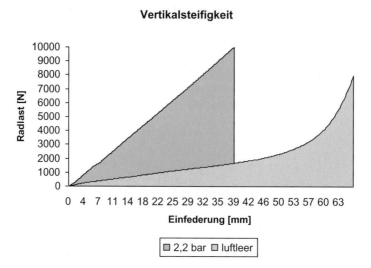

Abb. 2.59 Gesamtfederkennlinie als Summe der luftleeren Karkasse und der tragenden Luft

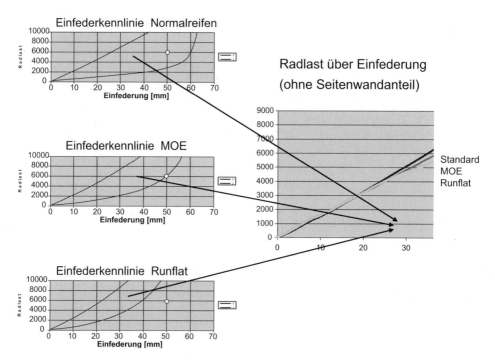

Abb. 2.60 Gesamtfederkennline als Summe der luftleeren Karkasse und der tragenden Luft bei verschiedenen Notlaufreifen

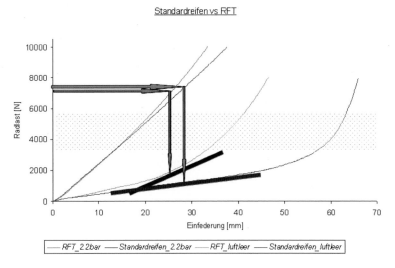

Abb. 2.61 Grundsätzliche Vorgehensweise zur Bestimmung der Karkasssteifigkeit in einem Betriebspunkt

luftleeren Reifens in den unterschiedlichen Betriebspunkten zu ermitteln, Abb. 2.61. Dieser Wert kann als einfaches Kriterium für die schädigende Wirkung der aufgedickten Seitenwand herangezogen werden. Aus diesen Ansatz heraus entwickelte eine Expertengruppe ‚Betriebsfestigkeit' aus dem Kreis der Automobilhersteller und der Reifenherstellern eine Prozedur, die in einem Reifensteifigkeitsindex (TSI) mündet. Dieser Kennwert besteht im Wesentlichen aus der Steifigkeit der Luftfeder und der zugehörigen Karkasssteifigkeit des Reifens bei 80 % und 130 % der Tragfähigkeit.

Dieser Wert kann dann auch als Maß für den technologischen Fortschritt der Reifenkonstruktion verwendet werden, Abb. 2.62.

Mit Hilfe des TSI kann die Kraftschnittstelle zwischen Reifen und Fahrwerk bzw. Fahrzeug zukünftig genauer und für jede Reifengröße und -ausführung gezielt beschrieben und vorgegeben werden.

Der Fahrzeughersteller hat damit beispielsweise zusätzliche Möglichkeiten, gewichtsoptimierte Fahrwerke zu entwickeln und dafür die Reifenspezifikation auch bezüglich der Kräfte genau anzugeben.

Zusätzlich ist es wichtig, automatisiert die Daten in ein geeignetes Reifenmodell zu übertragen.

Zur Beschreibung des Einfederverhaltens kann beispielsweise das mathematische Einfedermodell

$$Z = K \cdot P^{\alpha} \cdot f^{\beta}$$

herangezogen werden. Zur Berechnung der Formelparameter K, α und β wird die Gesamtfehlersumme über alle Teilsummen der Fehlerquadrate der Einfederungswerte minimiert.

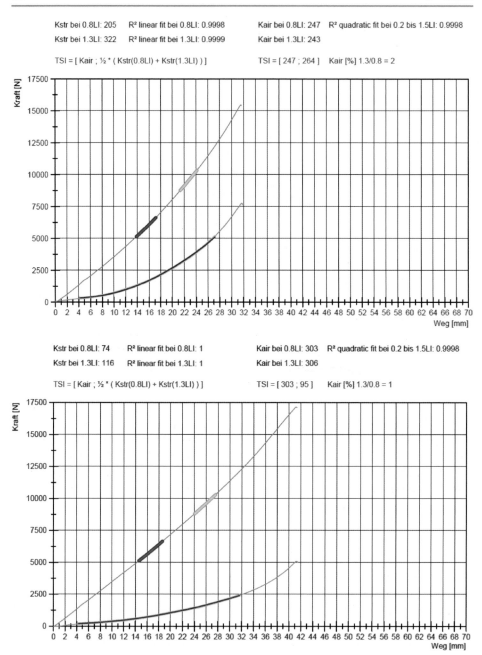

Kstr bei 0.8LI: 205   R² linear fit bei 0.8LI: 0.9998   Kair bei 0.8LI: 247   R² quadratic fit bei 0.2 bis 1.5LI: 0.9998

Kstr bei 1.3LI: 322   R² linear fit bei 1.3LI: 0.9999   Kair bei 1.3LI: 243

TSI = [Kair ; ½ * (Kstr(0.8LI) + Kstr(1.3LI))]   TSI = [247 ; 264]   Kair [%] 1.3/0.8 = 2

Kstr bei 0.8LI: 74   R² linear fit bei 0.8LI: 1   Kair bei 0.8LI: 303   R² quadratic fit bei 0.2 bis 1.5LI: 0.9998

Kstr bei 1.3LI: 116   R² linear fit bei 1.3LI: 1   Kair bei 1.3LI: 306

TSI = [Kair ; ½ * (Kstr(0.8LI) + Kstr(1.3LI))]   TSI = [303 ; 95]   Kair [%] 1.3/0.8 = 1

Abb. 2.62 Messprotokoll dimensionsgleicher Notlaufreifen mit deutlich unterschiedlichem TSI

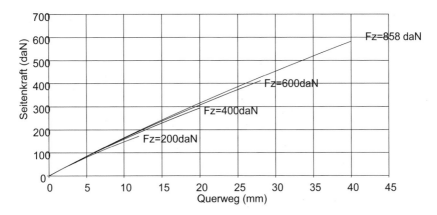

Abb. 2.63 Quersteifigkeitsmessung

Bei Notlaufreifen ist dieser Ansatz um ein geeignetes Reifenmodell für luftleere Reifen additiv zu erweitern, [10]. Der Reifen kann auch auf einen Keil senkrecht zur Rollrichtung eingefedert werden. Diese Steifigkeit korreliert mit der Biegesteifigkeit des Gürtels und stellt ein Maß für den Abrollkomfort dar.

Weitere statische Steifigkeiten beim Reifen sind die Umfangselastizität, die Längselastizität und die Querelastizität. Zur Bestimmung der Elastizität in Umfangsrichtung wird das stehende blockierte Rad in Fahrtrichtung unter Last verschoben. Der Kehrwert, die Längsnachgiebigkeit ist als die Längsverschiebung der Aufstandsfläche relativ zur Felge definiert, bei Aufbringen einer Längskraft.

Die Torsionssteifigkeit ist definiert als Elastizität bei Drehung um die Hochachse im Stand unter Last. Die Torsionsnachgiebigkeit ist definiert als die Verdrehung der Aufstandsfläche relativ zur Felge bei Aufbringen eines Momentes um die Hochachse.

Zur Messung der tangentialen Steifigkeit wird der Reifen mit einer definierten Vorlast auf eine Platte gedrückt. Von dort ausgehend wird die Platte in tangentialer Richtung verfahren und dabei der Weg und die zugehörige Kraft gemessen. Aus der Schräglaufsteifigkeit und der Quersteifigkeit wird oft die Relaxationslänge (die Wegstrecke, welche ein Reifen benötigt um 63 Prozent seines stationären Seitenkraftbeiwerts aufzubauen) abgeleitet. Zur Messung der lateralen Steifigkeit wird der Reifen mit einer definierten Vorlast auf eine Platte gedrückt. Von dort ausgehend wird die Platte in lateraler Richtung verfahren und dabei der Weg und die zugehörige Kraft gemessen, Abb. 2.63. Die Quersteifigkeit ist für die Ermittlung der Relaxationslänge wichtig. Die Relaxationslänge in mm ist näherungsweise der Quotient von Schräglaufsteifigkeit in [N/rad] und Quersteifigkeit in [N/mm]. Physikalisch ist die Relaxationslänge der Weg, der zurückgelegt wird um 63 % ($= 1 - e-1$) der stationären Seitenkraft zu erreichen. Üblicherweise beträgt der Wert ca. 20 bis 30 % bezogen auf den Abrollumfang des Reifens.

Abbildung 2.64 zeigt die Federsteifigkeit auf einem Hydropulsprüfstand. Die Steifigkeit eines Reifens nimmt grundsätzlich mit der Anregungsfrequenz zu (dynamische

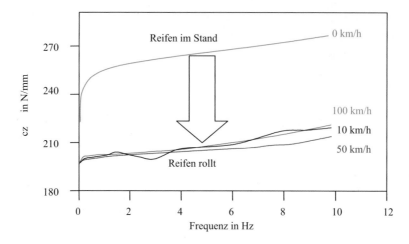

Abb. 2.64 Statische und dynamische Reifensteifigkeit cz (Quelle: Michelin)

Verhärtung), beim rollenden Rad werden die Federsteifigkeiten deutlich geringer, aber das Ranking bleibt weitestgehend bestehen.

2.5.1.2 Flatspot

Eine wesentliche Rolle beim Reifen spielt das Komfortverhalten. Das Fahrzeug wird auf Referenzstrecken beurteilt. Mithilfe von entsprechender Beschleunigungs-Sensorik sollen Rückschlüsse auf das Komfortverhalten gewonnen werden. Insbesondere in der oberen Fahrzeugklasse nimmt der Schwingungskomfort im Bereich von 4 Hz bis 30 Hz, also dem Zittern, Shimmy und Stuckern, immer größere Bedeutung im Gesamtbild eines Fahrzeuges ein. Der Reifen ist ganz besonders dann für die Schwingungen verantwortlich, wenn er Standplatten, auch Flatspot genannt, hat. Hinter dem Begriff Standplatten oder Flatspot verbirgt sich folgendes Phänomen. Wird der Reifen, z. B. durch schnelles Fahren, erwärmt und anschließend abgestellt, so wird sich aufgrund des Temperaturunterschiedes zwischen Fahrbahn und Reifen lokal die Biegesteifigkeit des Laufstreifens und der Karkasse erhöhen.

Wird das Fahrzeug nach einiger Zeit wieder gestartet, so spürt der Fahrer im Lenkrad und im Sitz Schwingungen in der ersten Radharmonischen. Nach einigen Kilometern Fahrt nehmen die Schwingungen, aufgrund der Wiedererwärmung des Reifens, wieder ab. Ein Flatspot ist also ein zeitlich abnehmendes Phänomen der Reifenunförmigkeit. Dieses Phänomen tritt bei Karkassen aus Rayon, die generell formstabiler sind, weniger häufig auf.

Es gibt drei verschiedene Arten von Standplatten: Der Parking-Flatspot wird durch schnelles Fahren auf der Autobahn und Abstellen des Fahrzeuges hervorgerufen (Abkühlphase). Der Transit-Flatspot wird durch den Transport verursacht. Bei Schiffsüberfahrten stehen die Fahrzeuge lange auf derselben Stelle bei relativ hohen Temperaturen, dies kann eine Standplatte verursachen. Und der Tunnel-Flatspot entsteht, wenn Fahrzeuge mit bereits montierten Reifen nach der Lackierung durch einen Heizofen gefahren werden. Dabei kann sich ein irreversibler Flatspot ausbilden.

Die Reifenunförmigkeit kommt aber nicht nur von einer der drei möglichen Flatspot-Arten. Schon durch die Reifenproduktion können Unförmigkeiten auftreten. Über eine Messnabe wird daher am Neureifen die Radial- und die Tangentialkraftschwankung gemessen. Beide Kräfte werden über eine Umdrehung des Reifens aufgetragen.

Die fertigungsbedingte Ungleichförmigkeit äußert sich darin, dass der Reifen an einer Stelle einen Tiefpunkt bei der Radialkraftschwankung hat. Die Lage des Tiefpunktes der Radialkraftschwankung wird am Prüfstand gemessen und die Stelle wird an jedem Reifen gekennzeichnet. Der Reifen wird durch freies Rollen unter Radlast auf Temperatur gebracht und an seinem natürlichen Tiefpunkt für eine Stunde abgestellt. Der Reifen besitzt an dieser Stelle bereits eine leichte (geometrische) Abplattung, durch die Flatspot-Bildung an der gleichen Stelle wird die Abplattung jetzt noch größer. Weist derselbe Reifen jetzt eine Standplatte auf, so ergibt sich wieder ein Tiefpunkt bei der Radialkraftschwankung. Der Verlauf der Kurven ähnelt dem Verhalten ohne Standplatten. Bei näherer Betrachtung ist jedoch zu erkennen, dass der Betrag des Tiefpunktes der Radialkraftschwankung jetzt um fast das Doppelte größer ist.

Diese betragsmäßige Vergrößerung ist für die Schwingungen im Fahrzeug verantwortlich. Ein Flatspot wird deshalb auch als virtuelle Unwucht des Reifens bezeichnet. Das Gebilde Fahrzeug – Reifen kann als von außen periodisch angeregte Schwingung betrachtet werden. Die Radfrequenz ist dann die Erregerfrequenz. In dem vorliegenden Fall wird von einer Einmalanregung durch Standplatten pro Radumdrehung ausgegangen. Eine Messung am Auto zeigt das Phänomen, Abb. 2.65. Die Schwebung kommt daher, dass sich je nach Lage des linken und rechten Vorderachsreifens die Lenkradamplitude auslöschen kann und der Flatspot sich dann in einem Vorbauzittern äußert.

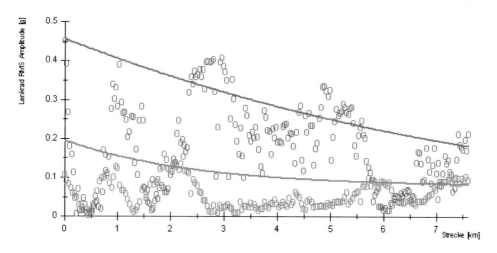

Abb. 2.65 Flatspot-Messung am Fahrzeug

Abb. 2.66 Reifenschwingungsprüfstand (Quelle: Firma HaWiTEC)

Mit folgender Messprozedur am Fahrzeug lässt sich das Flatspot-Verhalten sehr gut ermitteln: Erster Schritt ist die Nullmessung d. h. Fahrzeug wird auf bestmöglichen Zustand gebracht – gute Unwucht und TU-Werte sowie kein Flatspot. Anschließend wird der Reifen bei ca. 20 min. Fahrt auf der Autobahn warm gefahren und eine Stunde abgestellt. Nach der Flatspot-Bildung wird dieser mit Beschleunigungsmesstechnik (Lenkrad und Fahrersitzkonsole) gemessen. Die Messgeschwindigkeit wird dabei so gewählt, dass die Achsen in der Eigenfrequenz angeregt werden. Die Strecke muss leicht kurvig sein, damit sich die Schwebung ausprägen kann, bzw. falls auf einer Geraden gemessen werden muss, dann die Schwebung über eine Luftdruckabsenkung an einem der Vorderräder erzwingen wird.

Es gibt neben der Messung am Fahrzeug die Möglichkeit, den Reifen alleine an einem Hochgeschwindigkeitsprüfstand zu messen, Abb. 2.66. Die Trommel wird bei der Messung auf 200 km/h beschleunigt und beginnt ab 200 km/h zu messen. Ab dieser Geschwindigkeit lässt man die Trommel auslaufen bis zu einer Geschwindigkeit von 30 km/h. Die Unförmigkeit bzw. Gleichförmigkeit des Reifens wird also bei hohen Geschwindigkeiten gemessen, HSU (High Speed Uniformity).

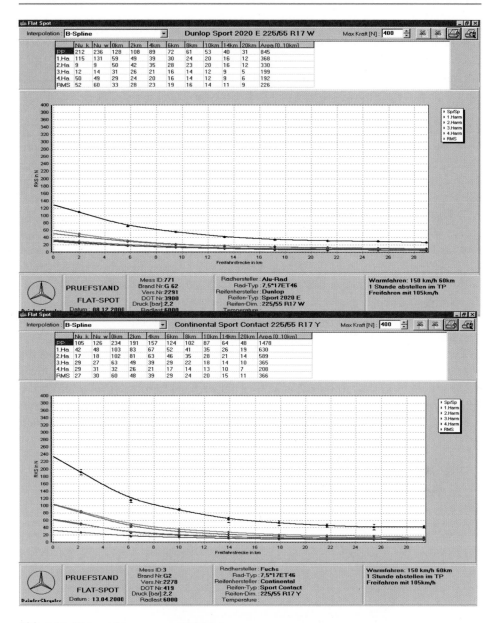

Abb. 2.67 Flatspot-Messung am Prüfstand

Nach der Ermittlung dieses Tiefpunktes wird der Reifen durch Warmlauf (60 km Wegstrecke bei 150 km/h) auf Temperatur gebracht und an seinem Tiefpunkt für eine Stunde abgestellt. Dies ist der schlechteste Fall für die Radialkraftschwankung. Der Reifen besitzt an dieser Stelle bereits eine leichte Abplattung, durch die Flatspot-Bildung an der gleichen

Stelle wird die Abplattung jetzt noch größer. Abbildung 2.67 zeigt im Vergleich zwei sehr gute Reifen, die allerdings einen unterschiedlichen Speed-Index aufweisen. Typischerweise hat der Reifen mit dem höheren Speed-Index auch die schlechteren Ergebnisse. Das liegt im Wesentlichen daran, dass die Reifenhersteller, um die höhere Schnelllauffestigkeit zu erreichen, mehr Festigkeitsträger verwenden müssen.

2.5.1.3 Reifenkontur

Unter der Reifenkontur versteht man den Umriss des Reifens, vom inneren Felgenhorn über die Seitenflanke, die Lauffläche und die zweite Seitenflanke bis zum Felgenhorn auf der äußeren Felgenseite, Abb. 2.68. Nicht von Bedeutung sind die Gummiaustriebe, die bei Neureifen auftreten können, sowie die Rillen des Profils.

Zur Messung und Prüfung der Reifenkontur wird ein berührungsloser Prüfstand eingesetzt. Dabei wird das komplette Rad mit einem Schnellverschluss vertikal auf einen Prüfstand aufgespannt. Die Abtastung der Reifenkontur erfolgt mit einem Laser, basierend auf dem Triangulations-Prinzip. Um zum einen auf dem schwarzen Gummi die benötigte diffuse Reflexion zu erhalten und zum anderen die Profilrillen aus der Kontur zu beseitigen, wird der Reifen an der zu messenden Stelle über die Kontur mit einem hellen, handelsüblichen Klebeband abgeklebt. Der Laser ist an einem Roboterarm angebracht, der über die Kontur des Reifens gesteuert und geregelt geführt werden kann.

Der Prüfstand misst die Kontur eines beliebigen Pkw-Reifens mittels eines Abstandslasers. Nach Eingabe der Rad- und Reifendaten erfolgt die Messung vollkommen automatisch, Abb. 2.69. Die Reifenkontur wird für verschiedene Bereiche innerhalb der Fahrzeugentwicklung sowie der Serienbetreuung benötigt und muss deshalb digital vorliegen, Abb. 2.70. Von besonderem Interesse sind dabei die „nicht in der Norm spezifizierten

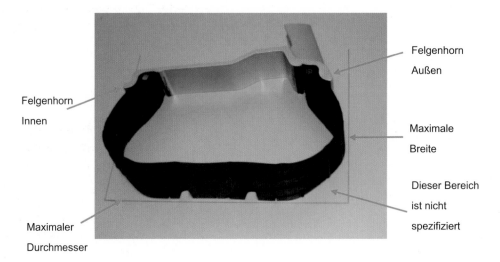

Abb. 2.68 Reifenkontur

Abb. 2.69 Reifenkonturmess-
maschine (Eigenbau)

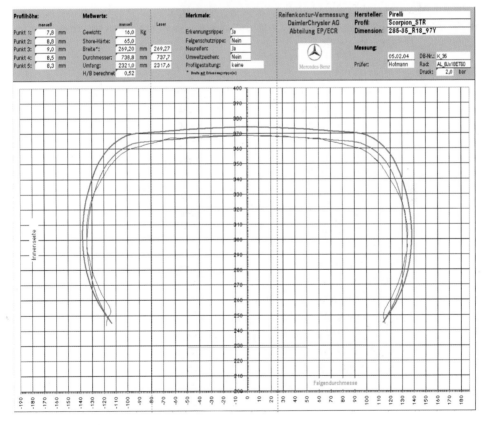

Abb. 2.70 Gemessene und Vorgabe der Min/Max Reifenkontur

Maße" eines Reifens. Während die maximale Breite des Reifens sowie der maximale
Durchmesser genau vorgegeben sind, gibt es für die Übergangsbereiche zwischen den
Seitenflächen und der Lauffläche keine bzw. keine sinnvollen genormten Vorgaben.

2.5.1.4 Rollwiderstand/Abrollumfang

Der Rollwiderstand ist definiert als Längskraft bezogen auf die Radlast bei freiem Rollen.
Er ist abhängig von der Fahrgeschwindigkeit und dem Luftdruck. Das rollende und be-
lastete Rad verursacht eine Kraft entgegen der Bewegungsrichtung, den Rollwiderstand.
Der Rollwiderstand ist die Folge von Energieverlusten, die bei der permanenten Verformung des Reifens beim Durchlaufen der Bodenaufstandsfläche entstehen. Dies ist auf die
Dämpfungseigenschaften des Reifens zurückzuführen, [15]. Dabei wird mechanische in
thermische Energie umgewandelt, was sich in einer Erhöhung der Reifentemperatur bemerkbar macht. Die Reduktion des Rollwiderstandes war in den letzten Jahren immer ein
wichtiges Entwicklungsziel. Abbildung 2.71 zeigt am Beispiel des Mittelwertes der S-, E-
und C-Klasse von Mercedes-Benz wie sich in den letzten Jahren der Reifenrollwiderstand
der ab Werk verbauten Reifen entwickelt hat.

Haftung und Rollwiderstand sind gleichzeitig von Hysterese und Energieverlust betroffen, jedoch spielen sich diese in verschiedenen Frequenzbereichen ab. Hierzu ist es

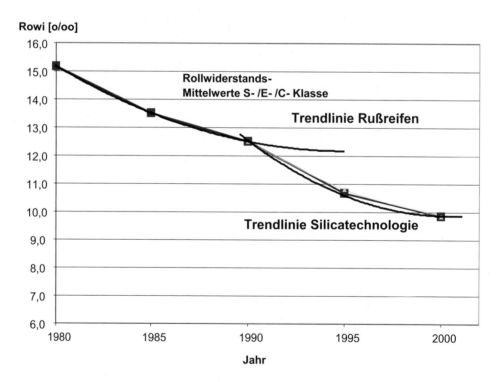

Abb. 2.71 Rollwiderstandentwicklung

WER INNOVATIV IST, KOMMT WEITER.

Wir bei Michelin arbeiten für Mobilität mit Köpfchen. Ständig entwickeln wir neue Technologien, um unser Ziel zu erreichen: Bis zum Jahr 2050 wollen wir bei der Reifenherstellung die Menge der Rohstoffe um die Hälfte reduzieren. Auch die Abrollgeräusche, den Kraftstoffverbrauch und die CO_2-Emissionen wollen wir senken – zum Beispiel indem wir den Rollwiderstand unserer Reifen verringern. So wie Sie intelligente Technologien befürworten, setzt sich Michelin für deren Umsetzung und Einsatz für alle ein.

www.michelin.de

MICHELIN
Wir bringen Sie weiter

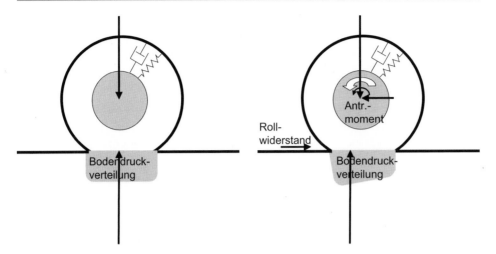

Abb. 2.72 Bodendruckverteilung eines stehenden und rollenden Reifens

notwendig, den Abrollvorgang zu betrachten. Rollt ein Reifen unter einer Last ab, wird die Kontaktfläche deformiert und der Reifen wird zwischen Ein- und Austritt von der runden in eine gerade Form gezwungen. Diese strukturelle Verformung verursacht einen Energieverlust, den Rollwiderstand, Abb. 2.72, welche der Rollbewegung entgegenwirkt.

Die Verformungen der Reifenoberfläche, die das Haftpotential generieren, treten bei Frequenzen zwischen 100 und 1000 Hz auf. Die Verformungen in der Reifenstruktur jedoch erfolgen bei jeder Radumdrehung, was bei einem Pkw-Reifen etwa 15 Hz bei einer Geschwindigkeit von 100 km/h bedeutet.

Der Rollwiderstand eines Reifens lässt sich durch den Rollwiderstandskoeffizienten beschreiben (Längskraft/Radlast). Dieser Wert ist dimensionslos und wird in % oder Promille angegeben. Gelegentlich wird die Rollwiderstandskraft in Kilogramm und die Radlast in Tonnen angegeben, was auf denselben Wert führt. Bei modernen Reifengummimischungen lassen sich die gewünschten positiven Eigenschaften durch gezielte Füllstoffverteilung einstellen. Die Herausforderung liegt weniger in der Komposition rollwiderstandsarmer Mischungen, sondern in der Herstellung von Gummimischungen mit geringem Rollwiderstand, geringem Abrieb und guten Haftungswerten. Silikamischungen ermöglichen es, Haftung und Rollwiderstand getrennt voneinander zu optimieren. Silika als Füllstoff entwickelt im Gegensatz zu Ruß keine starke natürliche Verbindung mit den Polymerketten, sondern neigt eher zu Verklumpungen. Kurze Abstände und eine starke Bindung zwischen den Partikeln führen im rollwiderstandsrelevanten Bereich zu einem hoch dissipativen Material. Bindungs-Hilfsstoffe aus der Familie der Silane lassen Silika und Polymerketten die erwünschte Verbindung eingehen.

Es gibt zwei Nebenverursacher des Rollwiderstandes: der aerodynamische Widerstand des rotierenden Rades durch Luftverwirbelungen und die Schlupfbewegungen zwischen Reifen und Straßenoberfläche und zwischen Reifenwulst und Felge. Beim Eintritt in die

Kontaktfläche zur Straße wirken auf den Reifen drei Verformungen ein: Biegung des Reifenscheitels, der Seitenwände und des Reifenwulstes; Stauchung der Reifenlauffläche; Scherung von Lauffläche und Seitenwänden. Innerhalb der Kontaktfläche werden die Gummiblöcke unter Einwirkung der Radlast zusammengepresst und somit gestaucht. Bei konstanter Geschwindigkeit herrscht Kräfte- und Momentengleichgewicht. Dies kann nur der Fall sein, wenn in Radmitte eine Antriebskraft angreift: Diese Kraft muss entgegengesetzt der Rollwiderstandskraft wirken.

Der Rollwiderstandswert steigt mit Abnahme des Reifenfülldrucks an. Während zwar ein niedriger Fülldruck die rollwiderstandserhöhende Stauchung der Profilblöcke innerhalb der Kontaktfläche reduziert, fördert dieser Minderdruck jedoch geradezu die Biege- und Scherbelastungen innerhalb der deformierten Lauffläche. Der Rollwiderstandskoeffizient sinkt geringfügig bei Erhöhung der Radlast, weil die Visko-Elastizität mit zunehmender Temperatur abnimmt. Andererseits nimmt der Betrag der Rollwiderstandskraft mit der Last zu, da eine Lasterhöhung zu mehr Biege- und Scherbewegungen in der Lauffläche führt. Insgesamt stellt man fest, dass die Widerstandskraft mit zunehmender Auslastung steigt, der Rollwiderstandsbeiwert jedoch abnimmt. Mit zunehmendem Luftdruck nimmt sowohl der Rollwiderstand als auch der Beiwert ab, Abb. 2.73. Der Rollwiderstand eines Pkw-Reifens nimmt bis zu einer Geschwindigkeit von 100 bis 120 km/h moderat zu, bei höheren Geschwindigkeiten steigt er deutlich an. Diese Zunahme be-

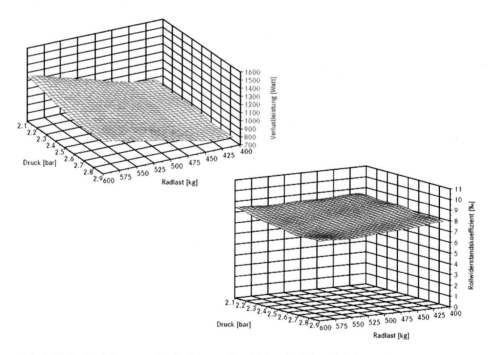

Abb. 2.73 Verlustleistung und Rollwiderstandkoeffizient in Abhängigkeit von Luftdruck und Radlast

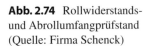

Abb. 2.74 Rollwiderstands-
und Abrollumfangprüfstand
(Quelle: Firma Schenck)

gründet sich mit dem deutlich zunehmenden aerodynamischen Widerstand der rotierenden Räder aber auch der Zunahme starker Reifenschwingungen.

Um eine verlässliche Aussage über den Rollwiderstand von Pkw-Reifen zu bekommen, wurden mehrere Verfahren und Messeinrichtungen zur Rollwiderstandsmessung auf Prüfständen und der Straße konzipiert. Eine sowohl bei den Automobilherstellern, als auch bei Reifenherstellern sehr häufig anzutreffende Messeinrichtung für den Rollwiderstand ist der Außentrommelprüfstand, Abb. 2.74.

Bei der Prüfung spielen Parameter aus der Prüfstandsumgebung, vor allem der Wärmeaustausch zwischen Reifen und Umgebung, d. h. Umgebungsluft und Stahltrommel, eine große Rolle. Auch wenn die Lufttemperatur konstant gehalten wird, bilden sich um den Reifen lokale Hitzefelder, die unterschiedlich entweichen, je nach Luftströmung und Verwirbelung durch den Reifen und die Stahltrommel. Ein Reifen erreicht erst nach ca. 30 Minuten Fahrtzeit eine Betriebstemperatur von 20 bis 60 °C. Es dauert allerdings noch deutlich länger, bis sich eine stabilisierte Temperatur einstellt. Nach dieser ersten halben Stunde gilt die Rollwiderstandsänderung als vernachlässigbar. Aus diesem Grund ist eine Mindest-Einlaufzeit vor Messbeginn sinnvoll. Sollen mehrere Geschwindigkeiten untersucht werden, so muss der Versuchsreifen mindestens 20 Minuten mit jeder weiteren zu wählenden Geschwindigkeit laufen, ehe neue Messungen beginnen können.

Untersuchungen zeigen, dass der Rollwiderstand proportional zur Oberflächenrauigkeit der Fahrbahn steigt. Beim so genannten „Verzahnungseffekt" dringen kleinste Erhebungen in die Profilblöcke ein. Solche lokalen Deformationen führen zum bekannten Phänomen des Energieverlusts.

Bei der Messung der Verzögerung wird das Trommel/Reifen-System langsam auf eine Geschwindigkeit von knapp über 80 km/h beschleunigt. Dann wird der Motor abgekoppelt und das System rollt selbständig bis zum Stillstand aus. Dieses Verfahren beinhaltet die Messung der Systemverzögerung im Bereich von 80 km/h, um hieraus auf den Rollwiderstand schließen zu können.

Bei der Messung der Bremskraft an der Radnabe wird die Mitte der Prüffelge mit einer Vertikalkraftmessdose ausgerüstet. Sobald der Reifen langsamer abrollen will als die Trommel, ist die Trommel bestrebt, den Reifen „nach unten zu ziehen". Diese vertikale Traktionskraft wird in Radmitte gemessen.

Ebenso kann das Drehmoment in der Prüftrommelachse gemessen werden. Dazu wird in der Prüftrommel ein Sensor integriert, der das durch die Rollwiderstandskraft erzeugte Drehmoment erfasst. Zuletzt kann auch die Leistungsaufnahme des Trommelmotors als Maß für den Rollwiderstand herangezogen werden. Damit die Prüftrommel mit konstanter Geschwindigkeit rotieren kann, muss der Elektromotor so viel Leistung abgeben, wie zur Überwindung des Rollwiderstands notwendig ist.

Die Verformung eines rollenden Reifens führt zu Energieverlusten und in Folge zum Rollwiderstand. Auf einer Trommel mit endlichem Radius wird ein Reifen stärker verformt als auf einer Straße. Daher wird der Krümmungsradius des Reifens durch eine Reduktion der Radlast berücksichtigt.

Die konventionelle Ermittlung der Rollwiderstandswerte richtet sich nach einem festgelegten Prüfablauf. Der Reifenluftdruck wird überprüft und dokumentiert. Die Erwärmungsphase vor jeder Messung dient dazu, dass der Reifen für jede Versuchsgeschwindigkeit sein thermisches Gleichgewicht erlangt und sich damit der Rollwiderstand auf einen konstanten Wert einstellt. Da die Reifenhersteller mit unterschiedlichen Prüfständen die Rollwiderstände ihrer Reifen bestimmen, ist ein Vergleich untereinander („Benchmark") nur bei abgesicherten Prüfständen möglich.

Der tatsächliche Rollwiderstand am Fahrzeug ist vom Luftdruck und von der Auslastung abhängig. Innerhalb einer Reifenfamilie gilt empirisch für den Rollwiderstand:

$$\text{Rollwiderstand} = K \cdot p^{(-0,4)} \cdot F_Z^{(0,85)}$$

Darüber hinaus spielen Sturz und Vorspur noch eine wesentliche Rolle. Während der Sturzeinfluss relativ gering ist: 1 Grad Sturz ergeben ca. 1–2 % Rollwiderstandserhöhung; 1 Grad Gesamtvorspur (0,5 Grad Schräglaufwinkel) ergeben ca. 10 % Rollwiderstandserhöhung.

Die Messung des Abrollumfanges, die für die Wegstreckenzähler, Tachometerauslegung und auch für den Plattrollwarner besonders wichtig ist, erfolgt auf demselben Prüfstand in einem gemeinsamen Prüflauf, Abb. 2.75. Unter dem Abrollumfang versteht man die zurückgelegte Wegstrecke je Radumdrehung beim schlupffreien Rollen. Er wird in Abhängigkeit der Fahrtgeschwindigkeit dargestellt. Der Abrollumfang ist von verschiedenen Bedingungen abhängig. Die größte Abhängigkeit ist die von der Radlast, dann kommen Schlupf und Fahrgeschwindigkeit und nicht zuletzt der Verschleiß.

Die Abhängigkeit des Abrollumfanges vom Luftdruck kann für einen Plattrollwarner genutzt werden. Das ist aber nur dann möglich wenn alle anderen Abhängigkeiten bekannt sind und im Plattrollwarnalgorithmus eliminiert sind. Am wichtigsten ist die Berücksichtigung der Beladung. Mit zunehmender Beladung reduziert sich der Abrollumfang.

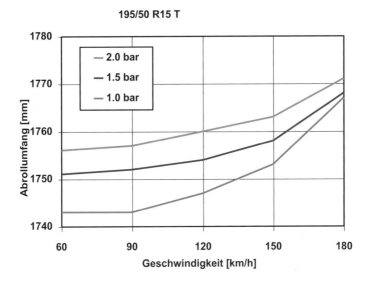

Abb. 2.75 Abrollumfang über der Geschwindigkeit bei verschiedenen Luftdrücken

2.5.1.5 Reifengleichförmigkeit

Die wesentlichen Qualitätsmerkmale von Reifen sind die Unwucht, die Geometrie (Höhen- und Seitenschlag), die Reifengleichförmigkeit und der Konuswert. Diese Größen müssen am Komplettrad mit einer Gleichförmigkeits-Messmaschine geprüft werden, Abb. 2.76. Ursache für „Räderschütteln" sind primär fehlerhafte Wuchtung der Reifen, schlechte Rundlaufwerte der Räder und zerstörte Mittenzentrierungen durch unsachgemäße Montage. Wird durch eine Neumontage des Reifens auf derselben Stelle die

Abb. 2.76 Tire Uniformity-Maschine (Quelle: Firma ZF-Passau)

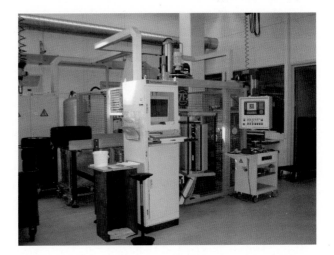

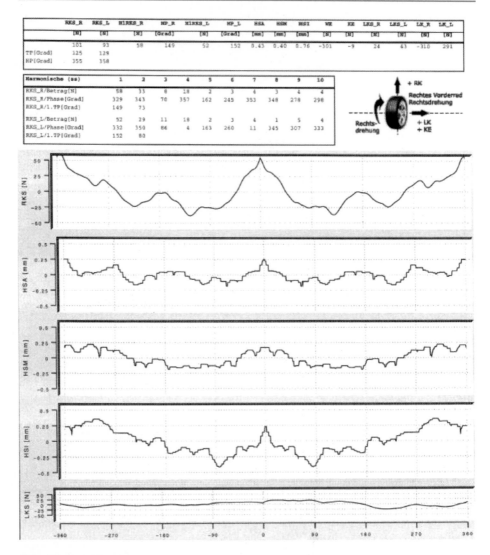

Abb. 2.77 TU-Messung

Reifengleichförmigkeit besser, weist das darauf hin, dass es sich um schlechte Montage aufgrund fehlender Wulstsitzoptimierung handelt. Grundsätzlich darf die TU-Qualität des Komplettrades nicht schlechter sein als der Nullfelgenwert. Das Ergebnis der Messung in, Abb. 2.77 zeigt das Amplituden und Phasendiagramm der Reifengleichförmigkeit in radialer, lateraler und longitudinaler Richtung über der Fahrgeschwindigkeit.

Zunehmend wird auch die Hochgeschwindigkeits-Tire Uniformity mit einem Hochgeschwindigkeitsprüfstand, Abb. 2.66, im Produktionsprozess gemessen. Wichtig ist, dass in einem Prüflauf die Standard Uniformity, die Unwuchtprüfung in zwei Ebenen (statisch

und dynamisch), die Geometriemessung (z. B. mit einem Laser Lichtschnitt Messverfahren) und die High Speed Uniformity bis 200 km/h gemessen wird. Dies erlaubt die
Ermittlung der Zusammenhänge der Gleichförmigkeit, der Unwucht und HSU in einer
Aufspannung. Die HSU-Messung „spreizt" die Messergebnisse. Das ermöglicht eine noch
sicherere Qualitätsüberwachung.

2.5.1.6 Unwucht

Man kann bei einem Körper, der sich in seinem Betriebszustand um eine Achse dreht,
seine Massenverteilung bezogen auf die Drehachse betrachten. Das Ungleichgewicht der
rotierenden Masse bezeichnet man als Unwucht.

Unwuchten verursachen unter Rotation Fliehkräfte, welche Reaktionskräfte in der Lagerung erzeugen. Um aus der Lagerreaktion eine Information über Betrag und Winkellage
der Unwucht gewinnen zu können, werden die von den Schwingungsaufnehmern und vom
Winkellagengeber abgegebenen Signale in der eigentlichen Unwuchtmesseinrichtung verarbeitet.

Eine Präzisionswuchtmaschine ist ein Messgerät, das sehr genau Größe und Winkellage der Unwucht eines Reifens ermittelt. Sie stellt aufgrund der präzisen Arbeitsweise
(horizontale Aufnahme) eine „Mastermaschine" dar, Abb. 2.78.

Bei der Wuchtung sollte nur ein Ausgleichsgewicht je Felgenhorn bzw. je Wuchtebene
verwendet werden. Nach dem Anbringen der Gewichte muss die Restunwucht geprüft
werden. Es sollten sowohl statisch als auch dynamisch 5 Gramm und in der Nachprüfung
8 Gramm Unwucht nicht überschritten werden. Das maximale Wuchtgewicht je Ebene
sollte 60 Gramm nicht überschreiten.

Eine Unwucht am Rad hat wichtige Einflüsse auf die Hochgeschwindigkeits-TU. Dieses Phänomen wird häufig zu Robustheitsuntersuchungen von Fahrwerken herangezogen.
Eine Unwucht von 30 Gramm am Hochpunkt der ersten Radharmonischen erzeugt durch

Abb. 2.78 Präzisionswuchtmaschine (Quelle: Firma
Schenck)

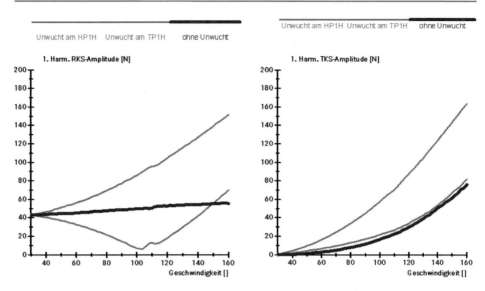

Abb. 2.79 Unwuchteinfluss auf Hochgeschwindigkeits-TU

Corioliskräfte, welche durch die unterschiedlichen Einfedergeschwindigkeiten entstehen, eine zusätzliche Längsanregung eines Reifens. Die Vertikalkraftanregung der 1. Harmonischen wird durch die Fliehkraft bei einer Geschwindigkeit sogar ausgelöscht, indem verhindert wird, dass die weichste Stelle am Reifen stärker einfedert. Es wird dann allerdings die 2. Harmonische dominant.

Die Vertikalanregung wird durch eine 30 Gramm Unwucht am Tiefpunkt der ersten Radialkraftharmonischen dargestellt. Die Fliehkraft greift dann an der weichsten Stelle am Reifen an und verändert die lokale Einfederung deutlich. Die Längskraftschwankung ändert sich dabei nur unwesentlich. Abbildung 2.79 zeigt den Einfluss von Zusatzunwuchten am Hoch- und Tiefpunkt auf die erste Harmonische der Radialkraft und der Tangentialkraft.

Durch spezielle Montagemethoden (Matchen) und nachfolgendes Auswuchten können geringfügige Ungleichförmigkeiten auch kompensiert werden. Anders als ein Reifen stellt das Rad eine steife Struktur dar. Abweichungen von der ideal runden Kontur treten dennoch gelegentlich auf und das kann positiv genutzt werden.

Ist eine Felge erst mit einem Reifen verbunden, führt eine radiale Auswanderung hauptsächlich zu Kraftschwankungen. Bei sorgfältiger Verteilung der Radialauswanderungen von Felge und Reifen lassen sich geringfügige Steifigkeitsschwankungen wechselseitig kompensieren. Beim Matchen wird das Maximum der Radialkraft des Reifens diametral gegenüber der maximalen Radialauswanderung angeordnet. So lässt sich die Radialkraftschwankung der Rad/Reifen-Einheit weitgehend minimieren.

2.5.1.7 Kräfte und Momente

Die durch die Reifen erzeugten Kräfte und Momente verantworten maßgeblich das dynamische Verhalten von Fahrzeugen. So beschreibt die Schräglaufwinkelcharakteristik die Kurvenfahrt, die μ-Schlupf-CharakteristikdasTraktions- und Bremspotential. Die Reifencharakteristik wird auf speziellen Reifenprüfständen gemessen. Die Eingangsgrößen sind Radlast, Schräglaufwinkel, Sturz, Längsschlupf und Fahrgeschwindigkeit. Indoor Prüfstände haben sich aufgrund des hohen Maßes der Reproduzierbarkeit bewährt. Abbildung 2.80 zeigt einen universellen Prüfstand, bei dem Schräglauf und Sturz verstellt werden können. Typische Ergebnisse sind Seitenkraft und Rückstellmoment über dem Schräglaufwinkel, [16].

Bei Außentrommelprüfständen wird der zu messende Reifen gegen eine Trommel gepresst. Übliche Abmaße sind 2 m Außendurchmesser. Der Trommelbelag kann aus einem Metallbelag bestehen, der entweder eine entsprechende Oberfläche hat oder mit Schmirgelleinen (z. B. Safety walk) beklebt ist. Asphalt- oder Betonbeläge sind aufgrund der Fliehkraftwirkung auf einer Außentrommel nicht möglich. Vorteil dieser Bauart ist der geringe Bauraum der Anlage und die einfache Bauart.

Trommelprüfstände haben aufgrund des veränderten Footprints systematische Abweichungen in den Messgrößen. Daher werden immer mehr Flachbandprüfstände bei der Erfassung von Reifenkennfeldern verwendet, [16–19].

Eine weitere Bauart für Charakteristikprüfstände ist eine Innentrommel. Diese weist in der Regel wesentlich größere Abmaße auf, als die Außentrommel. Durchmesser von über 3,50 m sind üblich. Als Fahrbahnbelag kommen hier im Gegensatz zur Außentrommel Asphalt oder Beton zusätzlich in Frage, da der Belag sich nicht aufgrund der Fliehkraft lösen kann. Außerdem können nasse oder sogar verschneite oder vereiste Fahrbahnen untersucht werden, [15].

Bei einem Flachbandprüfstand wird der Reifen gegen ein umlaufendes biegeweiches Metallband gepresst. Das Laufband wird zusätzlich im Bereich der Radaufstandsfläche durch ein Lager gestützt. Hier ist zwar der Kontakt zwischen Reifen und Fahrbahn eben,

Abb. 2.80 Charakteristikprüfstand (ZF Passau)

Abb. 2.81 Reifenmessbus
(Eigenbau)

die Oberfläche des umlaufenden Stahlbandes ist aber problematisch, da der Belag biege-
weich sein muss. Eine der wesentlichen Herausforderungen ist dabei die optimale Quer-
führung und -regelung des Stahlbandes.

Outdoor Prüfstände wie in Abb. 2.81, bieten die Möglichkeit, Reifen auf realen Straßen
und Belägen zu messen, [20]. Bei diesem Messbus wird auf jeder Fahrzeugseite zwischen
Hinter- und Vorderachse je ein Pkw-Rad geführt. Das rechte Rad bildet das eigentliche
Prüfrad, das andere dient zur Kompensation der vom Prüfrad auf den Bus ausgeübten
Kräfte. Abbildung 2.82 zeigt die Längskraft verschiedener Reifen auf Schnee über dem
Längsschlupf.

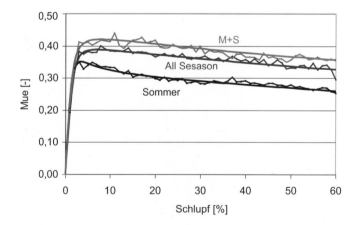

Abb. 2.82 Längskraftmessungen

Zwischen den Prozeduren, die auf Prüfständen implementiert sind, und den realen Bedingungen auf der Straße gibt es große Unterschiede. Dieses ist oft ein Grund für eine unbefriedigende Korrelation von Fahrdynamiksimulation und -messung. Daher ist es von großer Wichtigkeit Messvorschriften zu entwickeln, die so „realistisch wie möglich" messen.

Radlast, Seitenkraft, Geschwindigkeit und Sturz lassen sich am Fahrzeug messen oder können mithilfe der Simulation berechnet werden. Während Radlast, Geschwindigkeit und Sturz auf den Prüfständen vorgegeben werden, wird die Seitenkraft über den Schräglaufwinkel geregelt. Dies erlaubt eine Reproduktion der realen Reifenbeanspruchung auf Prüfständen.

Ein weiterer Ansatz ist die Messung mit konstanter Reifengleitgeschwindigkeit. Reifenkennfelder werden üblicherweise mit konstanter Geschwindigkeit gemessen. Dieses kann unrealistisch große Gleitgeschwindigkeiten am Latsch hervorrufen, [21]. Um dies zu vermeiden, lässt sich die Geschwindigkeit so bestimmen, dass die Gleitgeschwindigkeit konstant bleibt. Dieses führt darüber hinaus zu annähernd konstanten Reifentemperaturen während der Messung.

Ferner kann man sich bei der Messung an den realen am Reifen auftretenden Zuständen orientieren. Bei der Betrachtung des Zustandsraums von Radlast und Seitenkraft kann festgestellt werden, dass lediglich kleine Bereiche überhaupt bei Fahrmanövern erreicht werden können. Diese Bereiche können durch spezielle Prozeduren abgefahren werden, [16].

Der Temperatureinfluss kann in Messungen nachgewiesen werden. Abbildung 2.83 zeigt die Schräglaufsteifigkeit eines Reifens während der Aufwärmprozedur auf einem Prüfstand.

Ein ganzheitlicher Ansatz um diese Probleme zu lösen, ist im TIME-Projekt realisiert, [22, 23]. Das Hauptziel des TIME-Projekts war die Definition einer einheitlichen

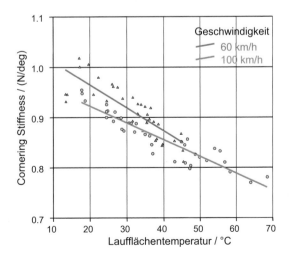

Abb. 2.83 Schräglaufsteifigkeit der Reifentemperatur (Quelle: Universität Karlsruhe)

Prüfprozedur für Prüfstände und Messfahrzeuge, die die vergleichbare Messung der statischen Schräglaufwinkelcharakteristik von PKW-Reifen ermöglicht. Empfindlichkeitsuntersuchungen im Rahmen dieses Projektes zeigten, dass vor allem der Einfluss von Temperatur, Trommelkrümmung, Abrieb und Fahrbahnbelag bedeutend ist und bei der Definition einer Messprozedur berücksichtigt werden muss. Sinnvoll ist es, sich an Bedingungen, wie sie bei realistischem Fahren vorliegen, anzulehnen. Aus diesem Grunde ist als Referenztest nicht der für stationäre Kreisfahrt häufig verwendete ISO-Test (konstanter Radius zunehmende Fahrgeschwindigkeit), sondern eine als „Cruising-Test" bezeichnete Fahrt auf einem Rundkurs mit wechselnden Kurven von konstantem Radius sinnvoll. Dieser Test hat außerdem den Vorteil, dass sich keine einseitige Abnutzung des Reifens während des Tests ergibt und dass die Reifentemperatur nicht mit der Querbeschleunigung korreliert.

Messungen mit instrumentierten Fahrzeugen zeigen, dass bestimmte Kombinationen der Eingangsgrößen Radlast, Sturz und Schräglauf auftreten. Für jedes betrachtete Fahrzeug und jede Achse ergibt sich dabei ein eindeutiger funktionaler Zusammenhang zwischen diesen Größen. Es können die auftretenden Kombinationen für jeden Achstyp als Funktion eines einzigen Parameters, z. B. der Querbeschleunigung, dargestellt werden. Schräglaufwinkel bis 12° und Sturzwinkel bis 6° sind dabei übliche Größenordnungen. Die maximale Radlast liegt bei ca. 1,4-facher Reifentragfähigkeit. Die Messprozedur wird den oben definierten Bereich realistischer Kombinationen von Radlast, Sturz und Schräglauf abdecken müssen. Zur Vermeidung von zu großem Reifenabrieb muss eine möglichst geringe Anzahl von Messpunkten über diesen Bereich verteilt werden. Die Verteilung sollte auch die Belastung des Reifens bei realistischem Fahren widerspiegeln, Abb. 2.84.

Weiterhin ist auch zu berücksichtigen, dass die Ergebnisse der Messung mithilfe von Reifenmodellen in Kennfelder umgewandelt werden sollen, die erst die Anwendung in einer Fahrzeugsimulation ermöglichen. Die mathematischen Anforderungen an die Genauigkeit dieser Modelle müssen ebenfalls berücksichtigt werden:

++++ Schräglaufsteifigkeit, Sturzsteifigkeit bei Nennradlast,
++++ Konuskräfte, Winkelkräfte,
+++   State-Space im Bereich Nennradlast $\pm 0.2 *$ Nennradlast,
+++   Schräglaufsteifigkeit, Sturzsteifigkeit im Bereich Nennradlast $\pm 0.2 *$ Nennradlast,
++   State-Space bis Maximum,
+   übrige messbare Bereiche,
O   Extrapolation in restliche Bereiche.

Das Modell sollte aufgrund der Genauigkeitsanforderungen parametrierbar sein. Außerdem sollte es laufrichtungsabhängig sein. Konizität und Strukturseitenkräfte und -momente müssen korrekt berücksichtigt werden. Die Nullseitenkräfte und Nullrückstellmomente (Konus und Struktur unabhängig voneinander) müssen einfach entfernbar sein. Schräglaufsteifigkeit, Sturzsteifigkeit und Reibbeiwerte müssen einfach skalierbar sein.

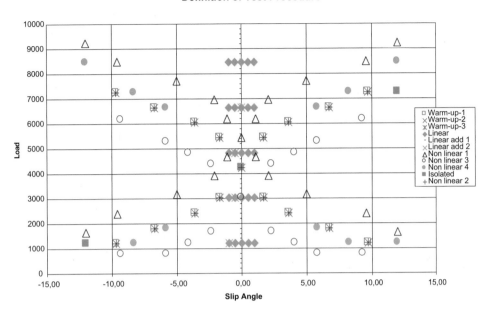

Abb. 2.84   TIME-Prozedur

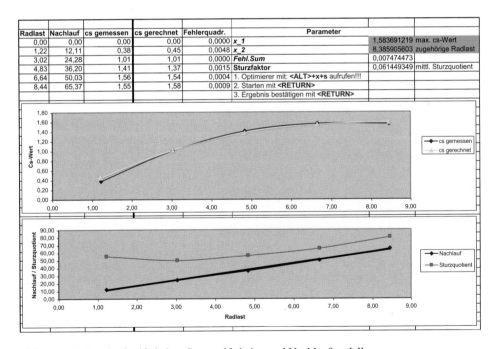

Abb. 2.85   Schräglaufsteifigkeits-, Sturzsteifigkeits- und Nachlaufmodelle

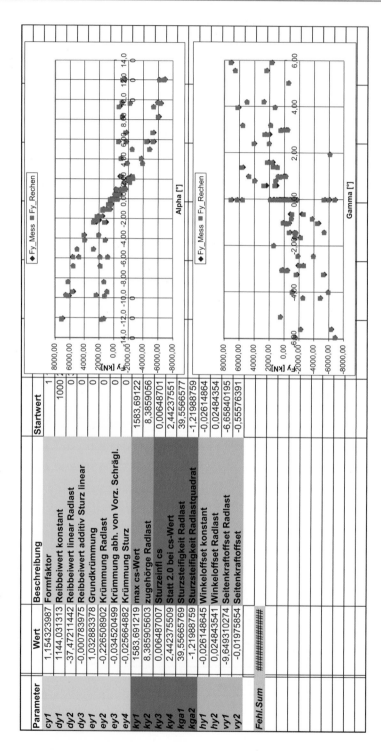

Parameter	Wert	Beschreibung	Startwert
cy1	1,154323987	Formfaktor	1
dy1	1144,031313	Reibbeiwert konstant	1000
dy2	-37,47211442	Reibbeiwert linear Radlast	0
dy3	-0,000783975	Reibbeiwert additiv Sturz linear	0
ey1	1,032883378	Grundkrümmung	0
ey2	-0,226508902	Krümmung Radlast	0
ey3	-0,034520499	Krümmung abh. von Vorz. Schrägl.	0
ey4	-0,025664882	Krümmung Sturz	0
ky1	1583,691219	max cs-Wert	1583,69122
ky2	8,385905603	zugehörge Radlast	8,3859056
ky3	0,00647007	Sturzeinfl cs	0,00648701
ky4	2,442375509	Statt 2.0 bei cs-Wert	2,44237551
kga1	39,55665769	Sturzsteifigkeit Radlast	39,5566577
kga2	-1,21988759	Sturzsteifigkeit Radlastquadrat	-1,21988759
hy1	-0,026148645	Winkeloffset konstant	-0,02614864
hy2	0,024843541	Winkeloffset Radlast	0,02484354
vy1	-9,649310274	Seitenkraftoffset Radlast	-6,65840195
vy2	-0,01975854	Seitenkraftoffset	-0,55576391
Fehl.Sum	#############		

Abb. 2.86 Parameteridentifikation in Schritten

Die Parameter müssen voneinander unabhängig sein, damit die notwendige Regularität bei der Parameteridentifikation gegeben ist.

Es müssen für jeden Parameter genügend Stützstellen verfügbar sein. Die Sensitivität der Parameter sollte bei allen Parametern in einer ähnlichen Größenordnung liegen. Weiterhin sollte die Zahl der Parameter so gering wie möglich sein.

Die Tools zur Identifikation der Parameter müssen mit einer Fehlerbetrachtung gekoppelt sein. Es soll sowohl der Messfehler der jeweiligen Prozedur, z. B.: Messrauschen, Radlastschwankungen ermittelt werden, als auch der Identifikationsfehler in charakteristischen Kennwerten, z. B. Schräglaufsteifigkeit. Ein Modell, das nach diesen Anforderungen entwickelt wurde, ist MF-TIME, [22].

Dieses Reifenmodell ist gemeinsam mit der eigentlichen TIME-Messprozedur so ausgelegt, dass die obigen Voraussetzungen erfüllt sind. Dennoch bleibt die Parameteridentifikation ein relativ aufwändiger Prozess, der nur teilautomatisiert ablaufen kann.

Bevor mit der Parameteridentifikation begonnen werden kann, muss der Messdrift analysiert und eliminiert werden. Hierzu wird während der TIME-Prozedur ständig der Reifen ohne Schräglaufwinkel und Sturz vermessen. Der erste Schritt bei der Parameteridentifikation betrifft die Grundeigenschaften Schräglaufsteifigkeit, Sturzsteifigkeit und den Nachlauf über der Radlast. Hierzu werden aus dem linearen Teil der TIME-Prozedur die Kennwerte (helles Lila) analytisch berechnet und z. B. durch einen least square Ansatz bestimmt und im weiteren Ablauf eingefroren, Abb. 2.85.

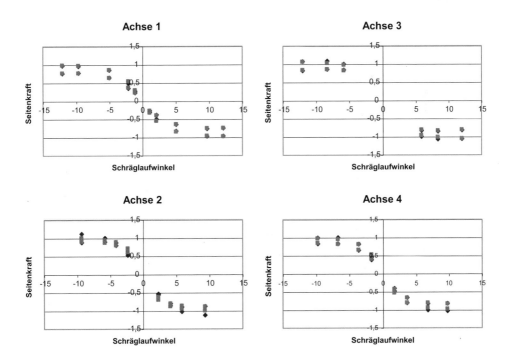

Abb. 2.87 MF-TIME-Messung und Rechnung

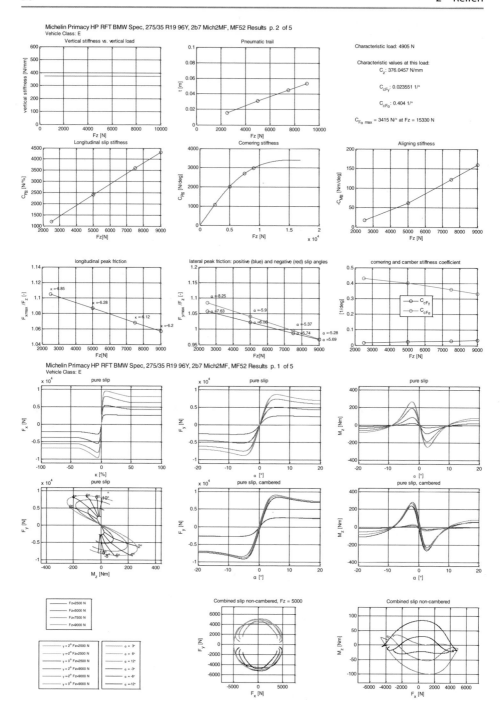

Abb. 2.88 Fingerprint

Im zweiten Schritt werden die Offsets (türkis) und die restlichen „linearen" Parameter (lila) bei kleinen Schräglauf- und Sturzwinkeln bestimmt und wieder eingefroren. Im dritten und letzten Schritt werden die Parameter für große Schräglaufwinkel (gelb) bestimmt, Abb. 2.86. Messung und Rechnung unter Verwendung eines virtuellen MF-TIME-Prüfstandes zeigt Abb. 2.87. Abschließend muss das Ergebnis noch in Form charakteristischer Kurven, Abb. 2.88 dargestellt werden.

Letztendlich lassen sich damit ohne Korrekturfaktoren aus Flachbahnmessungen und einem validierten Fahrzeugmodell die realen Reifenkräfte ermitteln. Wenn in der Konzeptphase eines Fahrzeugs keine Messungen verfügbar sind, müssen Simulationen auf diesem Weg durchgeführt werden.

2.5.2 Outdoor objektiv

Outdoormessungen finden wie der Name schon sagt im Freien statt. Hier wird nochmal unterschieden in Versuche die auf öffentlichen Straßen stattfinden und solchen die ausschließlich auf Testgeländen durchgeführt werden. Durch wechselnde Umweltbedingungen ist die Auswertung der Ergebnisse relativ schwierig. Man muss diese immer dokumentieren und auch zusätzlich vergleichend mit Referenzreifen arbeiten.

2.5.2.1 Verschleiß-Dauerlauf

Reifen werden vor dem Serienfreigabe auf Laufleistung und Betriebsfestigkeit hin untersucht. Auf Testgeländen und auf öffentlichen Straßen werden Reifenverschleißdauerläufe gefahren. Die Verschleißbilder der Reifen müssen erfasst und ausgewertet werden. Diese ermöglichen dem Reifenentwickler eine gezielte Potentialaussage über die jeweiligen Reifen bzw. Profilbilder. Es werden die verschiedenen Parameter (wie Profiltiefe, Reifenluftdruck etc.) graphisch und tabellarisch aufbereitet, ausgewertet und dokumentiert. Abbildung 2.89 zeigt einen Reifensatz der während des Dauerlaufes viermal in seiner Profilhöhe vermessen wurde. Wichtig ist, dass der Verschleiß gleichförmig erfolgt und dass die extrapolierte Laufleistung den Erwartungen entspricht.

Ein Dauerlauf alleine ist wenig aussagekräftig. Die Einflussfaktoren wie Jahreszeit (100 %), Straße (200–300 %), Fahrzeug (100 %) Reifen Kurs und Fahrer (1500 %) sind immens. Daher sollte immer im Konvoi gefahren werden, wobei mit zwei gleich motorisierten Fahrzeugen mit Fahrer und Reifenwechsel gefahren werden sollte. Während des Dauerlaufes muss der Reifen regelmäßig (ca. alle 5000 km) bezüglich Profiltiefe vermessen, und geräuschlich beurteilt werden. Auch wird auf Unregelmäßigkeiten im Verschleißbild wie Mittenabrieb, Sägezahn, Auswaschungen etc. besonders geachtet. Ebenfalls wird nach dem Dauerlauf auf Felgenhornverschleiß, Abb. 2.90, geachtet. Dies ist ein abrasiver Vorgang, bei dem der Felgensitz eine wichtige Rolle spielt.

Auch ist es wichtig, die Lastkollektive im Dauerlauf zu kennen. Analysiert wird das g-g-Diagramm, also die Längsbeschleunigung aufgetragen über der Querbeschleunigung und das a-Quer-V Diagramm, also die Querbeschleunigung über der Geschwindigkeit,

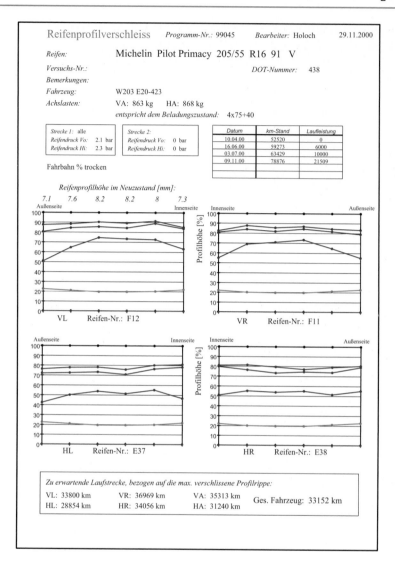

Abb. 2.89 Auswertung Dauerlauf

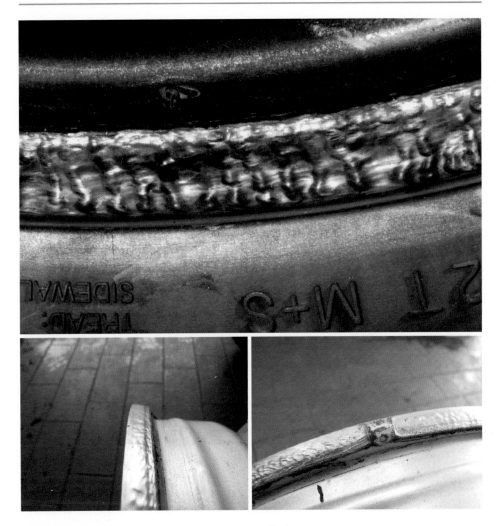

Abb. 2.90 Felgenhornverschleiß am Reifen und am Rad

[24]. Abbildung 2.91 zeigt auf der linken Seite das typische Autobahnkollektiv mit relativ niedrigem Quer- und Längsbeschleunigungsniveau. Deutlich sichtbar auf der linken Seite sind die Autobahn Auf- und Abfahrten. Auf der rechten Seite ist eine kurvige Landstraße mit zügiger Fahrweise. Hier ist der Längs- und Querbeschleunigungsbereich deutlich größer.

Unregelmäßiger Verschleiß entsteht hauptursächlich aufgrund der Fahrwerkseinstellungen und der Fahrwerksauslegung, [25]. Allerdings gibt es Reifen, die mehr oder weniger empfindlich darauf reagieren. Grundsätzlich erzeugt negativer Sturz durch Schrägstellung des Reifens in Bezug auf die Kontaktfläche an der Innenschulter einen längeren Kontaktbereich als an der Außenschulter.

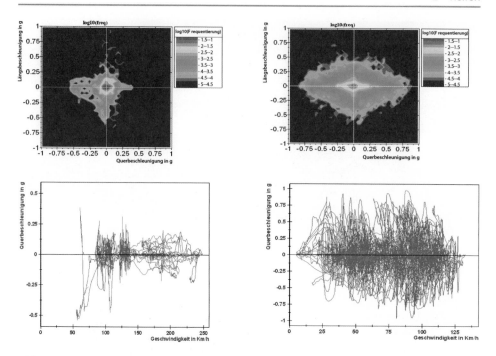

Abb. 2.91 Dauerlaufkollektiv Autobahn und Landstraße

Dadurch hat die Innenschulter beim Durchlaufen des Latsches einen größeren Gleitbereich und damit auch mehr Verschleiß. Eine positive Vorspur erzeugt aufgrund der seitenkraftbedingten Verschiebung des Latsches an der Außenschulter einen längeren Kontaktbereich als an der Innenschulter und damit hat die Außenschulter den größeren Gleitbereich, Abb. 2.92.

Ziel ist es, das richtige Verhältnis aus Vorspur und Sturz zu erreichen und damit einen Ausgleich zu bekommen. Generell sollten weder Vorspur noch Sturz extreme Werte annehmen. Vor allem große Sturzwerte erzeugen in Kombination mit Niederquerschnittsreifen < 35 % einen selbstverstärkenden Innenschulterverschleiß, der durch die Vorspur nicht mehr aufgehalten werden kann. Abbildung 2.93 zeigt die Linien gleicher Verschleißmenge in Abhängigkeit der Fahrwerkeinstellung.

Es zeigt sich also, dass es im Hinblick auf Reifenverschleiß zielführend ist, sowohl Sturz als auch Vorspur nicht zu groß werden zu lassen. Weiterhin erkennt man die Linie rechteckiger Bodendruckverteilung und die Linie mit ausgeglichenen Kräften in Abhängigkeit von Vorspur und Sturz. Hier ist erkennbar, dass die Linien in einem ähnlichen Bereich liegen, d.h. für einen möglichst gleichförmigen Verschleiß sollten Vorspur und Sturz in einem bestimmten Verhältnis liegen, das von der jeweiligen Reifendimension abhängt.

Zusätzlich muss darauf geachtet werden, dass die Innenschulter durch angepasste Spurwinkeländerungen unter Längskraft nicht überbeansprucht wird. Konkret heißt das, beim

Abb. 2.92 Footprint unter Sturz

Bremsen darf das Rad nicht zu sehr in Nachspur gehen und beim Beschleunigen nicht zu sehr in Vorspur. Die Reduktion des Sturzes verhindert den selbstverstärkenden Effekt des Verschleißes beim Geradeausrollen. Die Erhöhung der Vorspur hilft, um das Anfahren der Innenschulter tendenziell zu reduzieren und beim Geradeausrollen den Verschleiß in Richtung Außenschulter zu verlagern, ist aber nur eine Abhilfe.

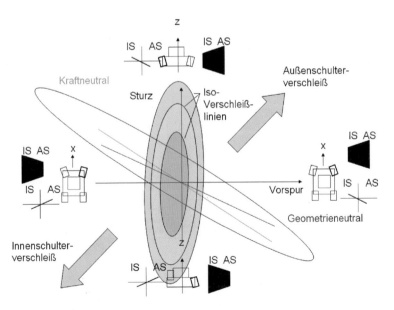

Abb. 2.93 Optimale Einstellung des Fahrwerks hinsichtlich Verschleißes (Quelle: Michelin)

Das Verschleißverhalten kann auch am Prüfstand reproduziert werden, [26]. Es gibt Ansätze zur Darstellung von ungleichförmigem Verschleiß, zum Reproduzieren gemessener Lastkollektive oder zum Nachfahren von Simulationsergebnissen. Wichtig ist bei Prüfstandsmessungen, dass der Reifen vor allem thermisch nicht überfordert wird. Auch ist es notwendig, den Gummiabrieb zu binden, z. B. mit Talkum oder Gesteinsstaub.

2.5.2.2 Nässeeigenschaften

Das Nässeverhalten von Reifen ist eines der wichtigsten Sicherheitsmerkmale. Hintergrund ist einfach die Tatsache, dass Kunden oft unwissentlich bei Nässe durchschnittlich eine viel höhere Kraftschlussausnutzung beanspruchen als bei trockener Straße, Abb. 2.94. Während bei trockener Fahrbahn der typische Abstand des tatsächlich vorhandenen Reibwerts zur genutzten Längs- bzw. Seitenkraft sehr groß ist, ist dies bei nasser Fahrbahn und bei winterlichen Bedingungen keinesfalls mehr so. Zum einen ist es wichtig, diesen Sachverhalt den Kunden durch Aufklärung nahe zu bringen, aber es ist genauso wichtig, die Möglichkeiten zu nutzen, damit der tatsächlich vorhandene Reibbeiwert zwischen Straße und Reifen bei Nässe möglichst hoch ist. Wichtig ist, den Reibbeiwert der Reifen auf zwei verschiedenen Fahrbahnbelägen zu messen (Asphalt/Beton), [27].

Die Nassrutschmessung wird auf einer Kreisbahn durchgeführt, Abb. 2.95. Die Vergleichsgröße bei Kreisfahrten ist der Reibbeiwert, den ein Reifen auf nasser Fahrbahn mit unterschiedlichen Straßenbelägen erzielt. Auf einer bewässerten Kreisplatte mit gegebe-

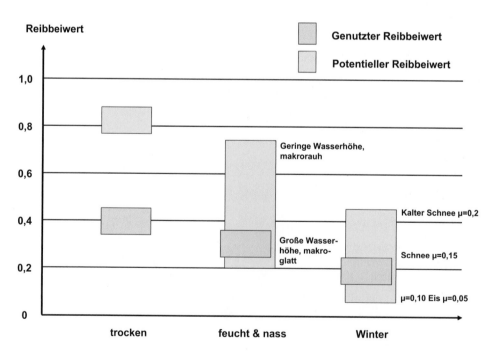

Abb. 2.94 Kraftschlussausnutzung (Quelle: Michelin)

Abb. 2.95 Kreisbahn
Mercedes-Benz Untertürkheim

Abb. 2.95 Kreisbahn
Mercedes-Benz Untertürkheim

nem Durchmesser wird mittels der Lichtschranke die Zeit gemessen, die ein Fahrzeug für einen Umlauf benötigt. Um einen Fahrereinfluss auf die Messung zu minimieren, werden ca. sieben Runden gefahren und aus den schnellsten Fünf ein Mittelwert errechnet. Mit diesem Mittelwert und dem Kreisdurchmesser wird der Reibbeiwert bestimmt.

Um zu verhindern, dass eine Veränderung der äußeren Bedingungen dazu führt, dass man die Messwerte untereinander nicht mehr vergleichen kann, sollten zusätzlich noch zwei Vergleichsreifen gefahren werden. Zu Beginn einer Messfahrt werden zuerst der erste Vergleichsreifen und danach der zweite Vergleichsreifen gefahren, der mit dem ersten fabrikats- und dimensionsgleich sein muss, um eine Korrektur zu ermöglichen. Anschließend werden die Testreifen gemessen.

Dabei wird immer nach drei bis vier Testreifen wieder der erste Vergleichsreifen benutzt, um den Verlauf der Änderung der Testumgebung zu dokumentieren. Weiterhin wird am Ende einer Messfahrt als vorletzter Reifen der zweite Vergleichsreifen und als letzter der erste Vergleichsreifen nochmals gefahren. Der zweite Vergleichsreifen hat die Funktion, die Reibwertänderung des ersten Vergleichsreifens zu korrigieren, da dieser sich im Laufe eines Messtages verändern kann. Das Ergebnis muss noch in Bezug auf die Reifendimensionen klassiert werden, wobei der Durchschnitt des aktuellen Wettbewerbes die 100 % Marke darstellt.

Beim Nasshandling wird ebenfalls eine Zeitmessung durchgeführt, Abb. 2.96. Nasshandlingstrecken sind für Straßenbauer eine besondere Herausforderung, da diese Strecken glatte Asphalte mit möglichst wenig Hysteresereibung haben müssen, damit die Reifenmessung auch selektiv ist. Häufig werden diese Strecken auch mit LKW-Reifen unter Schräglauf oder Spezialbürsten regelmäßig poliert. Die Rundenzeit ist beim Nasshandling nur ein Kriterium, das subjektive Verhalten bei Nässe ist viel mehr entscheidend.

Abb. 2.96 Nasshandlinganlage von Michelin

2.5.2.3 Queraquaplaning

Bei der Untersuchung von Queraquaplaningeigenschaften verschiedener Reifen wird mit einem Fahrzeug eine bewässerte Kurve mit zunehmender Geschwindigkeit durchfahren. Mit Beschleunigungssensoren, die am Fahrzeug angebracht sind, wird gemessen, ob das Fahrzeug genug Bodenhaftung, sprich Querbeschleunigung besitzt oder ob es aufschwimmt und tangential aus der Kurve rutscht.

Diese Messung wird mit steigender Geschwindigkeit solange durchgeführt, bis das Fahrzeug aufschwimmt. Der Wasserfilm entsteht durch fließendes Wasser auf der leicht geneigten Fahrbahn (Neigung ca. 2 bis 3°) und sollte eine Höhe zwischen 5 und 7 mm haben, Abb. 2.97.

Vor allem um eine Vergleichbarkeit verschiedener Reifen bei diesem Test zu gewährleisten, muss der Wasserfilm eine annähernd konstante Höhe besitzen. Beim Fahren durch das bewässerte Becken ist vorzugsweise ein elektronischer Geschwindigkeitsbegrenzer oder der Tempomat zu benutzen. Es werden Pylonen auf die Messstrecke aufgestellt, so dass der Fahrer so früh wie möglich den richtigen Lenkeinschlagwinkel für die Messung einstellen kann und das Fahrzeug die Kurve in einem stationären Zustand durchfährt.

Die Messungen für einen Reifensatz müssen alle hintereinander gefahren werden, da eine eventuelle Pause eine Abkühlung und eine Veränderung der Gummimischung ergeben würde. Alle Messungen müssen in gleicher Weise ablaufen. Die einzelnen gefahrenen

Abb. 2.97 Aquaplaningmessung in Papenburg

Geschwindigkeiten sollten bei allen Reifen gleich sein und in gleichen Intervallen erfolgen. Die Reifen müssen angerollt sein, bevor diese auf das Fahrzeug montiert werden. Vor der ersten Messung und nach dem Messen aller Reifen wird ein Referenzreifen gemessen. Damit ist der Nachweis erbracht, dass die gemessenen Reifen vergleichbar sind.

Als Ergebnis wird die erreichbare Querbeschleunigung über der Fahrgeschwindigkeit aufgetragen. Es ergibt sich ein parabelförmiger Anstieg im niederen Geschwindigkeitsbereich v^2/r. Hier tritt noch kein Aquaplaning auf, der Reifen haftet noch vollständig auf der Fahrbahn. Die maximale Querbeschleunigung stellt das Maß dar, wie viel Wasser der Reifen im Grenzbereich verdrängen kann und damit noch Haftung auf der Fahrbahn hat. Dieser Wert stellt ein Hauptkriterium für die Bewertung eines Reifens dar.

Der Geschwindigkeitswert der maximalen Querbeschleunigung gibt an, ab wann der Reifen ein Aquaplaningverhalten zeigt. Die Steigung der abfallenden Flanke ist ein Maß für das Verhalten des Reifens bei höheren Geschwindigkeiten. Sie sagt aus, ob der Reifen noch in der Lage ist, auch nach Eintreten von Aquaplaning einen Kontakt zur Fahrbahn wiederherzustellen. Der Integralwert unterhalb der Kurve wird ebenfalls als Kriterium verwendet und zeigt am besten die Aquaplaningfähigkeit des Reifens. Ein sehr guter Reifen hätte eine steil ansteigende Flanke, einen hohen Wert der maximalen Querbeschleunigung bei einer hohen Geschwindigkeit und danach eine flach abfallende Flanke bis zum Grenzbereich, Abb. 2.98.

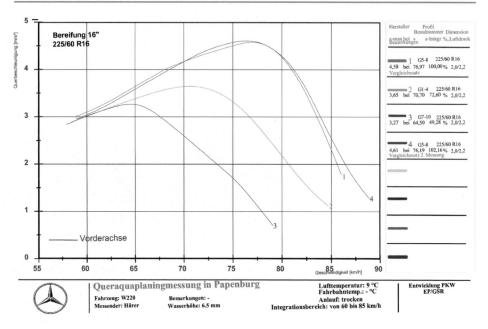

Abb. 2.98 Ergebnis Aquaplaningmessung

2.5.2.4 Notlauf und Reifenabwurf

Zur Ermittlung der Notlaufeigenschaften ist es neben der reinen Notlaufstrecke im Kundenbetrieb ohne Luft wichtig, dass der Reifen auf der Felge bleibt. Deshalb werden verschiedene Reifenabwurftests durchgeführt.

Üblicherweise werden mit Ausnahme der Ermittlung der Notlaufstrecke die Tests mit ESP off und einer Teillastbeladung durchgeführt. Das Ventil ist entfernt, es kann sich also auch durch die Reifenerwärmung kein Luftdruck aufbauen. Die Notlaufstrecke ist eine Kundenstrecke mit Kurvenanteilen, z. T. schlechten Straßen und schnellen Bundesstraßen dargestellt auf Prüfgeländen, wie z. B. Papenburg. Wichtig ist, dass das Lastkollektiv immer gleich ausgeprägt ist (g-g-Diagramm), [24].

Bei den Versuchsfahrten zur Bestimmung der erreichbaren Notlaufstrecke eines Reifens ist die Vergleichbarkeit der Ergebnisse einer Reifendimension von großer Bedeutung. Diese kann man sicherstellen, indem man versucht, die Randbedingungen wie Radlast oder Umgebungseinflüsse (Temperatur, Bewölkung etc.) so konstant wie möglich zu halten. Außerdem sollten zur Freigabeuntersuchung der „worst-case" abgesichert sein, also maximale Beladung und hohe Umgebungstemperaturen bei trockener Straße. Dies ist so entscheidend, da schon durch einen kurzen Regenschauer der Reifen, und insbesondere die stark beanspruchte Seitenwand, aufgrund der auftretenden Verdampfung des Wassers an der Reifenoberfläche gekühlt wird.

Ein wichtiges Ziel ist es dabei zu wissen, wie sich der Reifen unter realen Fahrbedingungen in Verbindung mit dem Fahrzeug verhält. Dabei sind bei allen Erprobungsfahrten u. a. folgende Punkte zu beurteilen:

- Abrollgeräusch auf verschiedenen Fahrbahnbelägen,
- Spurrillenempfindlichkeit,
- Lenkradschwingungen, bzw. Rückwirkungen von Straßenunebenheiten (Platten-Stoß etc.) auf das Lenkrad,
- Auswirkungen von Querfugen oder ähnlichen Straßenbeschaffenheiten hinsichtlich Geräusch,
- Stößigkeiten, Nachschwingen etc.,
- Ansprechverhalten des Reifens auf Lenkradwinkel (Seitenkraftaufbau) und Zentrierung.

Zur Durchführung dieser Versuchsfahrt wird ein Reifen mit Notlaufeigenschaften im entlüfteten Zustand bei einem definierten Beladungszustand auf einer vordefinierten Strecke auf einem Prüfgelände so lange gefahren, bis der Fahrer das Fahrzeug für „nicht mehr fahrbar" erklärt. Dies ist meistens der Fall, wenn die innere bzw. äußere Seitenwandstruktur aufgrund der Belastungen aufbricht, und es dadurch zu verstärkten Vibrationen und Geräuschen kommt. Während der Fahrt ist darauf zu achten, dass nicht zu stark beschleunigt oder gebremst wird und die Kurven entsprechend vorsichtig (normal) gefahren werden, um einen Reifenabwurf von der Felge bzw. ein zu starkes Walken zu vermeiden. Außerdem ist eine Höchstgeschwindigkeit von 80 km/h strikt einzuhalten. Die Fahrt wird abgebrochen, sobald das Fahrzeug, bedingt durch den Reifen, so starke Vibrationen oder Geräusche zeigt, dass eine normale Weiterfahrt nicht mehr möglich ist. Falls der Reifen nach der ersten Runde (50 km) noch in Ordnung sein sollte, wird eine weitere Runde gefahren. Wenn der Reifen nach dieser zweiten Runde (100 km) weiterhin in Ordnung ist, wird die Versuchsfahrt beendet.

Es gibt darüber hinaus eine Anzahl objektiver Abwurftests. Beispielhaft werden hier einige erläutert.

Beim klassischen Abwurftest für Normalreifen „Bead Unseating" wird auf einer Kreisbahn so lange der Luftdruck reduziert, bis der Reifen abgeworfen wird. Der Luftdruck wird dann dokumentiert.

Zum Reifenabwurf wird beim Bead Retention Test das Vorderrad (rechts oder links) entlüftet. Auf nassem Asphalt mit einem Reibbeiwert > 0,5 werden drei Durchgänge mit maximal möglicher Geschwindigkeit gefahren. Bestanden ist der Test dann, wenn kein Abwurf erfolgt, Abb. 2.99.

Beim Ramp-off Test wird das Hinterrad (links bei Fahrt im Uhrzeigersinn) entlüftet. Es wird tangential in einen Halbkreis eingefahren, wobei Lastwechsel durch Gas geben und Anheben des Fahrpedals erzeugt werden, Abb. 2.100. Die Fahrbahn ist trocken, mit einer Startgeschwindigkeit von 40 km/h wird bis zu einer Geschwindigkeit von 60 km/h in Schritten gefahren. Bestanden ist der Test nach drei Durchgängen.

Abb. 2.99 Abwurftest Bead
Retention

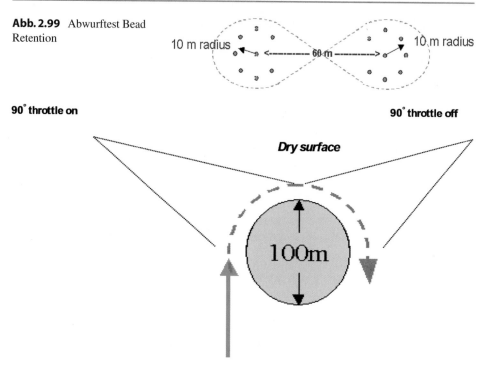

Abb. 2.100 Ramp-off

Beim doppelten Fahrspurwechsel (Double Lane Change) mit entlüftetem Hinterrad wird die Geschwindigkeit von 60 auf 110 km/h gesteigert. Bestanden ist der Test bei 3 Durchgängen mit 80 km/h.

Beim Rim-roll-off test – J-Turn wird mit entlüftetem Vorderrad (rechts bei Linkskurve) mit einer Anfangsgeschwindigkeit von 30 km/h die Fahrgeschwindigkeit in 2,5 km/h Schritten gesteigert. Bei Beschleunigung aus dem Stand mit Volleinschlag und anschließender Vollbremsung bei maximaler Beladung ist der Test bestanden, wenn kein Abwurf erfolgt. Abbildung 2.101 zeigt die Manöver.

Eine Beurteilung zusammen mit dem Gesamtverhalten des Fahrzeuges ist der Rim-roll-off test – Vollbremsung aus 80 km/h, möglich. Hierbei wird subjektiv die Stabilität und objektiv der Bremsweg bewertet. Bestanden ist der Test dann, wenn kein Abwurf bei einem maximalen Bremsweg von 120 % zum Referenzwert erfolgt.

Ein weiteres wichtiges Kriterium ist das Handling mit entlüftetem Reifen. Hier ist ein sanftes und vorhersagbares Verhalten notwendig. Dieses wird beim doppelten Spurwechsel aber auch beim Ermitteln der Notlaufstrecke dokumentiert. Grundsätzlich wird die Durchführung der Reifen-Abwurfmanöver durch Sichtkontrolle am entlüfteten Reifen abgesichert.

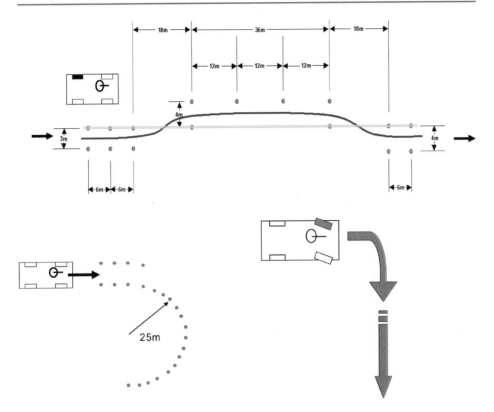

Abb. 2.101 Abwurftest Doppelter Fahrspurwechsel, J-Turn und Beschleunigung bei Volleinschlag

Bei selbsttragenden Reifen muss auch der Missbrauch abgesichert sein. Dabei wird eine definierte Schwelle im Winkel von 45° zur Fahrtrichtung mit der Fahrbahn verschraubt und es werden geschwindigkeitsgesteigerte Überfahrten mit einem Reifen durchgeführt, um eine „Hindernisüberfahrt" durch den Kunden zu simulieren. Nach jeder Überfahrt werden Reifen und Rad auf Beschädigungen kontrolliert, um die Geschwindigkeit festzustellen, bei der es zum Luftverlust kommt. Dieser Test ist von großer Bedeutung, da in der Praxis ein schleichender Luftverlust durch Karkassbruch oder Riss in Rad oder/und Reifen oftmals nicht bemerkt wird und es in Folge dadurch zur völligen Zerstörung des Reifens kommen kann.

Bei Fahrversuchen wurde festgestellt, dass ein Reifen mit verstärkter Seitenwand diesen Test mit höheren Geschwindigkeiten absolvieren kann als ein konventioneller Reifen. Dies liegt an der steiferen Auslegung der Seitenwand, die einen Durchschlag bis auf das Felgenhorn wirkungsvoll verhindert. Vorgeschrieben ist bei dieser Prüfung eine Schadensfreiheit von Reifen und Rad, d. h. keine sichtbaren Schädigungen oder Luftverluste, bis zu einer Geschwindigkeit von einschließlich 40 km/h.

Abb. 2.102 Streckenfahrt
(Kursfahrt und Serpentinen-
fahrt)

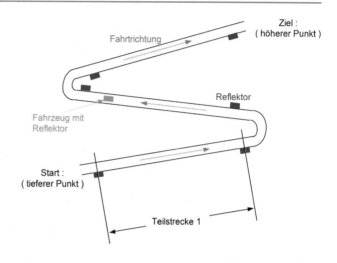

2.5.2.5   Wintertest

Die Wintereigenschaften von Reifen werden sowohl objektiv als auch subjektiv beur-
teilt. Die Objektivmessung wird häufig mit einer Bergfahrtzeitmessung durchgeführt,
Abb. 2.102. Wichtig ist dabei die Präparation der Strecke, die ständig stattfinden muss.
Außerdem muss der Drift der Strecke aufgrund Außentemperatur, Sonneneinstrahlung,
Veränderung der Schneebeschaffenheit ständig durch Referenzmessungen erfasst werden.

Diese Messart wird benutzt, um z. B. die Traktionsunterschiede verschiedener Reifen
auf Schnee zu ermitteln. Enge Kurven sollten nicht mit in die Messung einbezogen werden, da dort keine gleichen Bedingungen garantiert werden können. Es wird die Gesamt-
zeit gemessen, die ein Fahrzeug für eine, aus mehreren Teilen bestehende Strecke benötigt.
Es wird auch hier als erster und als letzter Reifen sowie nach jeweils drei Testreifen ein
Vergleichsreifen gefahren. Objektive Messverfahren sind beispielsweise der Anfahrtest
aus dem Stand bei 2000 U/min, wobei der Weg erfasst wird, der in 1,5 s zurückgelegt
wird. Beim Bremsentest wird aus 40 km/h die Anfangsverzögerung gemessen. Bei der
Kreisfahrt mit konstantem Lenkradwinkel wird die Querbeschleunigung erfasst.

2.5.2.6   Komfort und Geräusch

Für die Komfortmessung auf der Straße wird häufig derselbe Messaufbau wie bei der
Flatspot-Messung verwendet. Es werden am Fahrzeug Beschleunigungssensoren auf dem
Fahrzeugboden und an den vorderen und hinteren Sitzplätzen befestigt. Das Fahrzeug
befährt mit konstantem Tempo eine Referenzstraße. Aus diesen Daten lassen sich dann
die drei achsenzugehörigen Frequenzspektren berechnen.

Im Labor werden Rollenprüfstände zur Ermittlung der Übertragungsfunktion eines
Fahrzeugs verwendet. Ein Referenzreifen wird zunächst isoliert und dann im Verbund mit
dem Automobil charakterisiert. Die beiden Ergebnisse werden miteinander verglichen,
um so die allgemeine Übertragungsfunktion des Fahrzeugs zu ermitteln. Diese stellt eine zweiteilige Funktion dar: Ein Teil bezieht sich auf das Gesamtgeräusch im Innern der

Abb. 2.103 Schlagleistenprüf-
stand (Quelle: Bridgestone)

Abb. 2.104 Geräuschmes-
sung mit Kunstkopf (Quelle:
Michelin)

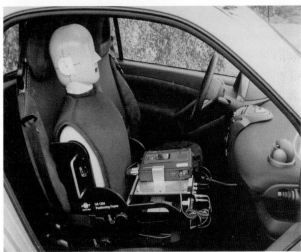

Fahrgastzelle, ein anderer befasst sich mit den Schwingungen an vordefinierten Stellen in
dieser Fahrgastzelle. Eine typische Anregung ist die so genannte Schlagleiste, die auch an
Prüfständen zur Objektivmessung eingesetzt wird, Abb. 2.103.

Bei der Innengeräuschmessung werden Kunstkopfmessungen eingesetzt. Hierzu wird
Rumpf und Kopf eines Dummys auf dem Beifahrersitz positioniert, an dem ein Kunstkopf-
mikrofon angebracht ist, Abb. 2.104. Das Fahrzeug fährt mit konstanter Geschwindigkeit
(z. B. 80 km/h) auf einer Teststrecke. So lässt sich für jeden Reifen der Schalldruckpegel
aufzeichnen.

Die Außengeräuschmessung findet auf genormten Strecken statt, Abb. 2.105. Der Test-
fahrer fährt mit 50 km/h in den Messbereich ein, wobei der zweite oder dritte Gang ein-
gelegt ist. Dann beschleunigt er maximal und hält diese Stellung bis zum Verlassen des
Messbereichs. Während der Vorbeifahrt wird der vom Fahrzeug ausgesandte Schall von
den beiden Mikrofonen aufgenommen.

Abb. 2.105 Außengeräusch-
messanlage (Quelle: Michelin)

Als Messergebnis gilt das Maximum des aufgezeichneten Schallpegels. Diese Tests werden bei maximaler Beschleunigung – wie zuvor beschrieben – durchgeführt, allerdings mit Fahrzeugen, deren Motor und Auspuff mit Schall schluckenden Materialien verkleidet wurden. So lässt sich effektiv der Anteil der Reifen am Gesamtgeräusch erfassen.

2.5.2.7 Objektives Fahrverhalten

Die systematische Beurteilung auf einer Teststrecke funktioniert nach strengen Verfahrensanweisungen. Es wird dabei objektiv, d. h. mit Messtechnik und subjektiv beurteilt. Optional wird nach bestandener „Pflicht" teilweise auch eine „Kür", d. h. freies Fahren ohne Vorgabe eines Ablaufes auf Landstraßen und Autobahnen zur Beurteilung herangezogen.

Eine Reifenbeurteilung kann man nicht von der Gesamtfahrwerk- und Fahrdynamikbeurteilung separieren. Fahrdynamikkriterien, bei denen der Reifen eine wesentliche Rolle spielt, sind u. a. Manöver wie Lenkradwinkelbedarf über der Querbeschleunigung, das Anlenken auf 0,5 g und das Reaktionsverhalten des Fahrzeuges. ESP ändert Reifenranking in der Regel nicht wesentlich, lediglich die Zeiten werden etwas schlechter, dennoch sollten wenn möglich, Reifen ohne ESP aber selbstverständlich mit geregelter Bremskraftverteilung und ABS beurteilt werden.

Weitere wichtige Größen, die als Parameter die Messung beeinflussen, sind die Testbedingungen wie Beladungszustand, Umgebungsbedingungen, Temperatur, Fahrbahn etc. Daher muss vor der Reifenbeurteilung das Fahrzeug verwogen werden, damit die Radlasten bekannt sind. Die Reifen müssen optimal gewuchtet sein und der Luftdruck eingestellt werden. Wichtig ist dabei, dass die Reifen über Nacht geruht haben (nicht auf dem Auto). Die Reifen sollten mindestens 300 km angerollt sein und warmgefahren werden. Weiterhin muss eine Beurteilung immer auf einem einzigen Fahrzeug durchgeführt werden.

Bei den objektiven Reifenmessungen sind die stationäre Kreisfahrt, der Lenkradwinkelsprung, der einmalige Lenkradsinus, der Dauerlenkradsinus und die Impulseingabe wichtige Manöver. Die Ergebnisse werden aufgezeichnet, Abb. 2.106. Abbildung 2.107

Abb. 2.106 Objektive Reifenbeurteilung mit Messtechnik
(Quelle: Michelin)

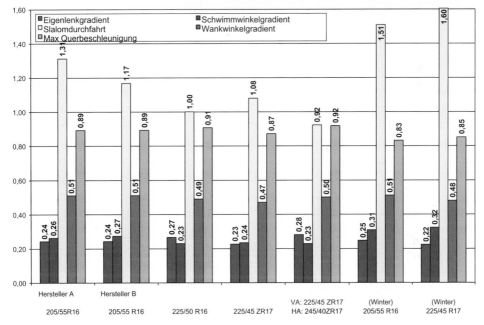

Abb. 2.107 Objektive Fahrdynamik-Reifenmessung, typischer Einfluss

zeigt die typischen Auswirkungen unterschiedlicher Bereifung auf fahrdynamische Größen.

Die stationäre Kreisfahrt ist ein häufig verwendetes Manöver zur objektiven Beurteilung des Fahrverhaltens von Fahrzeugen und Reifen. Das Verfahren lässt die Beurteilung
des Eigenlenkverhaltens bis in den Grenzbereich, des Lenkradwinkelbedarfs mit dem
dazugehörigen Lenkmomentenaufwand sowie die Beurteilung des Verhaltens im Grenzbereich zu. Weiterhin sind Aussagen über die Größe des Schwimmwinkels und des Wankwinkels möglich. Bei der stationären Kreisfahrt wird der eingeschwungene Zustand des

Fahrzeuges bewertet. Wesentliche zustandsbeschreibende Größen ändern sich nicht. Die Fahrbedingungen werden durch den Kreisbahnradius sowie die Fahrgeschwindigkeit und den Lenkradwinkel charakterisiert. Die Versuche finden so statt, dass eine dieser drei Größen konstant gehalten wird und für eine zweite der zeitliche Verlauf vorgegeben wird. Durchgesetzt hat sich die stationäre Kreisfahrt auf konstantem Bahnradius bei variabler Fahrgeschwindigkeit.

Bei der Reifenbeurteilung fällt auf, dass die Reifentemperaturen bei stationärer Kreisfahrt und damit auch die Eigenschaften links zu rechts extrem unterschiedlich sind. Das liegt an den unterschiedlichen Radlasten. Es muss daher immer wieder der Reifen ausgiebig abgekühlt werden und in beide Richtungen des Kreises gefahren werden. Alternativ kann ein so genannter Cruising-Test verwendet werden, der auf einem Handlingkurs durchgeführt wird. Durch die Kombination von abwechselnden Kurven erfolgen die Reifenerwärmung und der Verschleiß gleichförmig und realistisch. Allerdings muss die Messtechnik auf den Kurs abgestimmt sein.

Es gibt einige Voraussetzungen für diese Methode, wie eine fahrzeugfeste Querbeschleunigungsmessung, Bestimmung des Wankwinkels zur Straße und Kenntnis der Straßenquerneigung der Strecke.

Der Lenkradwinkelsprung ist ein Fahrmanöver zur Ermittlung des instationären Fahrverhaltens. Bei diesem Verfahren wird das Fahrzeug ausgehend von einer Geradeausfahrt mit einer vorgeschriebenen Einschlaggeschwindigkeit des Lenkrades in eine Kreisfahrt mit ebenfalls vorgeschriebener Querbeschleunigung eingelenkt. Das Verfahren lässt die Beurteilung der Fahrzeugreaktion auf schnelle Lenkbewegungen zu. Die Fahrbedingungen lassen sich durch die Fahrgeschwindigkeit, die Lenkradeinschlaggeschwindigkeit und durch den Endlenkradwinkel, der zu einer vorgegebenen Querbeschleunigung gehört, charakterisieren. Bei objektiven Reifentests wird eine Querbeschleunigung von 0,5 g aufgebracht.

Der einmalige Lenkradsinus ist ein weiteres Fahrmanöver zur Ermittlung des instationären Fahrverhaltens. Bei diesem Verfahren wird ebenfalls ausgehend von einer Geradeausfahrt das Lenkrad mit einer vorgeschriebenen Amplitude und Frequenz sinusförmig bewegt. In der Regel beträgt die Fahrgeschwindigkeit 80 km/h, die Frequenz 0,5 Hz. Die Lenkradamplitude soll dabei so groß sein, dass eine Querbeschleunigung von 4 m/s^2 erreicht wird.

Die Gierverstärkung wird bei einer Lenkwinkelgeschwindigkeit kleiner als 10 °/s beurteilt. Ziel ist es, dass Giergeschwindigkeit und Querbeschleunigung im Bereich kleiner Lenkwinkel linear mit der Querbeschleunigung steigen. Die Beurteilung des Lenkmomentes über dem Lenkwinkel wird dabei ebenfalls beurteilt. Mit hoher Lenkwinkelgeschwindigkeit von 300 °/s wird die Verzögerung des Querbeschleunigungsaufbaus bewertet. Dabei wird eine Querbeschleunigung von 0,2 und 0,5 g aufgebaut. Ebenfalls wird die Gierstabilität bei 0,5 g nach dem Einlenken bewertet. Weiterhin wird das Übersteuern bei 0,5 g und bei maximaler Querbeschleunigung bewertet. Die Gierdämpfung wird bei 0,5 g beurteilt.

Weiterhin werden die aus der Regelungstechnik bekannten Amplituden- und Frequenz-gänge gemessen, die auf verschiedene Arten erzeugt werden können. Das Fahrzeug wird bei einer bestimmten Geschwindigkeit mit einer sinusförmigen Lenkbewegung beauf-schlagt, wobei mindestens drei Amplituden durchlaufen werden müssen: Für die Lenk-amplitude muss der Betrag so gewählt werden, dass eine vorgegebene Beschleunigung erreicht wird. Die Anregungsfrequenz wird stufenweise gesteigert.

Für die analytische Handlingbeurteilung wurden durch Beobachtung und Analyse des Fahrerverhaltens vom Stadtbetrieb bis hin zum sportlichen Einsatz verschiedene Typen von Beurteilungsabläufen hergeleitet. Die Bedienungsvorgänge sind dabei je nach Fah-rer unterschiedlich und können aber letztlich anhand von drei Parametern beschrieben werden: Fahrgeschwindigkeit, Querbeschleunigung und Drehgeschwindigkeit des Lenk-rades. Die Vielzahl von Empfindungen können verschiedene Reaktionen hervorrufen. Die-se subjektiven Empfindungen lassen sich klassifizieren mit elementaren menschlichen Wahrnehmungen: das Visuelle Erleben des Fahrers, Zeitverzüge, notwendige Lenkkraft; resultierende Querbeschleunigung und Giergeschwindigkeit.

2.5.3 Outdoor subjektiv

Die Reifenbeurteilung ist eine schwierige Aufgabe, obwohl oder gerade deswegen, weil jeder Führerscheinbesitzer ein subjektives Urteil abgeben kann. Zwischen dem Urteil eines normalen Autofahrers und einem guten Subjektivbeurteiler liegen Welten. Nicht um-sonst dauert eine Ausbildung zu einem Subjektivbeurteiler, Talent dafür vorausgesetzt, bis zu drei Jahre. Wichtig sind gemeinsame Beurteilungsfahrten mit den Entwicklungspart-nern. Die Reifenbeurteiler bei den Entwicklungspartnern müssen die Unterschiede zwi-schen verschiedenen Prototypreifen auf bekannten Serienfahrzeugen und Prototypfahr-zeugen „erfahren" und damit Beurteilungsschwerpunkte sowie gemeinsame Referenzrei-fen und Referenzfahrzeuge festlegen. Einen hervorragenden Überblick über die Beurtei-lungskriterien gibt [28].

Es ist aber auch mit Normalfahrern möglich, hervorragende Beurteilungen durchzu-führen, wenn einige Grundregeln beachtet werden. Das ist im Besonderen dann hilfreich, wenn Entscheidungsträger, die z. B. nicht jeden Tag 5 Stunden im Auto sitzen können, für Entscheidungen Beurteilungen nachvollziehen möchten.

Idealerweise werden die Tests von zwei Fahrern auf demselben Fahrzeug unabhängig durchgeführt und es muss immer mit einem Referenzreifen begonnen werden. Am Ende des Versuchs wird die Beurteilung mit dem Referenzreifen wiederholt. Die Beurteilung wird blind durchgeführt, d. h. der Beurteiler weiß nicht, welcher Reifen auf dem Fahr-zeug ist. Welcher Reifen beurteilt wurde, erfährt der Fahrer frühestens nach Abschluss der Bewertung. Dies erlaubt es, den Fahrereinfluss deutlich zu reduzieren und die Beurtei-lungsqualität zu erhöhen. Bei der Beurteilung muss die Fahrzeuggeometrie, Radqualität, Montagequalität wie Auswuchtung bekannt sein. Generell wird vergleichend beurteilt, d. h. es werden immer Reifensätze miteinander verglichen.

Zielführend ist eine zweistufige Beurteilung. In der ersten Stufe werden physikalische Werte wie Amplituden, Zeiten etc. dokumentiert und in der zweiten Stufe wird festgehalten, was dieses für den Gesamteindruck bedeutet.

Vor der Beurteilung muss sichergestellt sein, dass der Beurteiler die Fahrzeugeigenschaften kennt, d. h. er sollte sich vorher ausführlich mit dem Fahrzeug und seinen Eigenschaften vertraut gemacht haben. Außerdem muss die Beurteilung immer nach dem gleichen Schema ablaufen, wobei da die Gegebenheiten der jeweiligen Testumgebung die Reihenfolge festlegt.

Es müssen alle Reifen das richtige Tragbild haben, d. h. auf dem Beurteilungsfahrzeug angerollt sein. Dennoch muss jeder Reifen vor der Beurteilung noch einmal einfahren und aufgewärmt werden.

Üblicherweise schließen sich dann Manöver zur Spurhaltung an. Dies ist die Spurhaltung unter Längskraft. Hierbei wird das Fahrzeug bei geringen Geschwindigkeiten beschleunigt und gebremst. Die Spurhaltung bei konstanter Geschwindigkeit erfolgt bei ca. 130 km/h. Auch die Stabilität bei unebener Fahrbahn wird durch die Amplitude der Abweichung beurteilt.

Die Beurteilung der Giergeschwindigkeitszunahme wird bei 130 km/h und langsamer Drehgeschwindigkeitsänderung des Lenkrades bis 0,2 g beurteilt. Die Beurteilung der Linearität von Lenkradwinkel und Querbeschleunigung wird bis ca. 0,4 g beurteilt. Hierzu ist eine relativ enge Kurve erforderlich. Zur Simulation des Fahrzeugverhaltens bei schnellen Überholvorgängen wird mit schneller Lenkradwinkelgeschwindigkeit bis 0,5 g gearbeitet. Es wird dabei die Stabilisierungszeit, die Veränderung der Giergeschwindigkeit, die Amplitude des dynamischen Übersteuerns und die Dämpfungszeit, z. B. die Rücklaufzeit bei losgelassenem Lenkrad erfasst.

Das Ausweichverhalten in Notfallsituationen wird bis zur Maximalen Querbeschleunigung beurteilt. Die Beurteilung der erforderlichen Lenkradkräfte wird anschließend bei langsamer Lenkradwinkelgeschwindigkeit bis 0,2 g beurteilt. Der Stabilisierungsvorgang nach einer kritischen Situation wird durch einen schnellen Lenkradwinkeleinschlag bis 0,2 g beurteilt. Es wird dabei die Lenkarbeit beurteilt.

Das analytische Verfahren ist zweistufig. In der ersten Stufe werden quantitative Aussagen gemacht (z. B. Amplitude größer/kleiner) in der zweiten werden diese beurteilt (besser/schlechter). Abbildung 2.108 zeigt ein Beurteilungsprotokoll, das eine systematische Relativbeurteilung erlaubt, [29].

Bei der Komfortbeurteilung muss auch mit Vergleichsreifen gearbeitet werden. Abtasten wird auf einer Straße mit deutlichen Unebenheiten und Querfugen beurteilt. Kriterium ist dabei die Vertikalbeschleunigung an der Fahrersitzkonsole (messtechnisch) und subjektiv auf dem Fahrersitz und dem Lenkrad. Auch der Komforteindruck im Fahrzeugfond wird beurteilt. Die Fahrgeschwindigkeit beträgt ca. 80 km/h.

Die Komfort- und Geräuschbeurteilung findet auf definierten Strecken mit einer klaren Geschwindigkeitsvorgabe statt. Die Beurteilung wird als separater Block durchgeführt. Der Beurteiler ist nicht notwendigerweise derselbe, welcher das Handling beurteilt. Ein weiterer wichtiger Schritt ist der Versuchsablauf. Sowohl Strecke als auch der Ab-

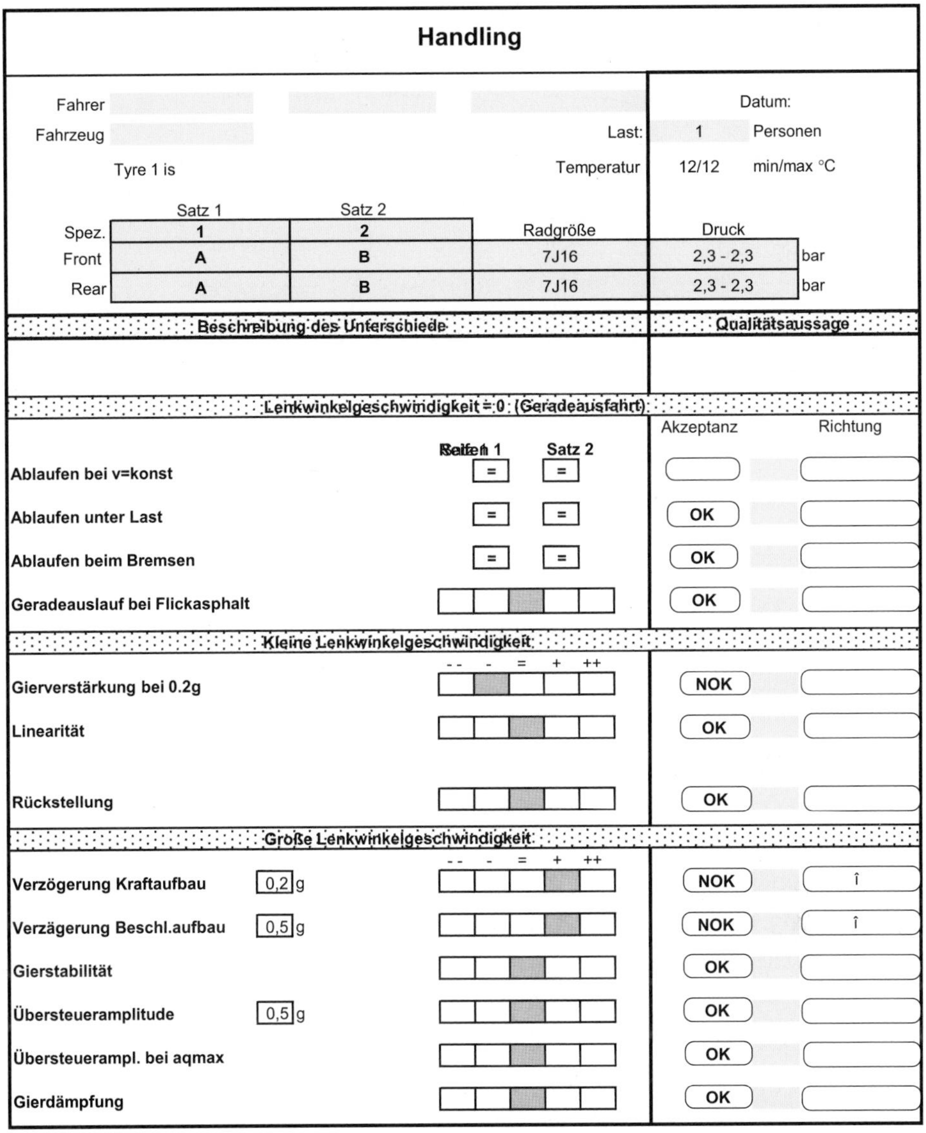

Handling

Fahrer				Datum:	
Fahrzeug			Last:	1	Personen
Tyre 1 is			Temperatur	12/12	min/max °C

	Satz 1	Satz 2			
Spez.	1	2	Radgröße	Druck	
Front	A	B	7J16	2,3 - 2,3	bar
Rear	A	B	7J16	2,3 - 2,3	bar

Beschreibung des Unterschiede | **Qualitätsaussage**

Lenkwinkelgeschwindigkeit = 0 (Geradeausfahrt)

	Satz 1	Satz 2	Akzeptanz	Richtung
Ablaufen bei v=konst	=	=		
Ablaufen unter Last	=	=	OK	
Ablaufen beim Bremsen	=	=	OK	
Geradeauslauf bei Flickasphalt			OK	

Kleine Lenkwinkelgeschwindigkeit

	--	-	=	+	++	Akzeptanz	Richtung
Gierverstärkung bei 0.2g						NOK	
Linearität						OK	
Rückstellung						OK	

Große Lenkwinkelgeschwindigkeit

		--	-	=	+	++	Akzeptanz	Richtung
Verzögerung Kraftaufbau	0,2 g						NOK	î
Verzögerung Beschl.aufbau	0,5 g						NOK	î
Gierstabilität							OK	
Übersteueramplitude	0,5 g						OK	
Übersteuerampl. bei aqmax							OK	
Gierdämpfung							OK	

Abb. 2.108 Vergleichende Subjektivbeurteilung (Quelle: Michelin)

lauf müssen standardisiert sein, das hilft allen Beteiligten, sich auf das Wesentliche zu konzentrieren. Auf öffentlichen Straßen und Handlingkursen kann der Prozess mit dem Digitalker unterstützt werden. Abbildung 2.109 zeigt am Beispiel einer Kurzbeurteilungsstrecke an welchen Streckenpunkten der Fahrer GPS-gestützt eine Ansage erhält. Auch kann dem Beurteiler angesagt werden, wohin er fahren soll (Navigation, Straßenanregung) wie schnell er fahren soll (Vorgabe Geschwindigkeit), wie er fahren soll (Vorgabe Lenk-

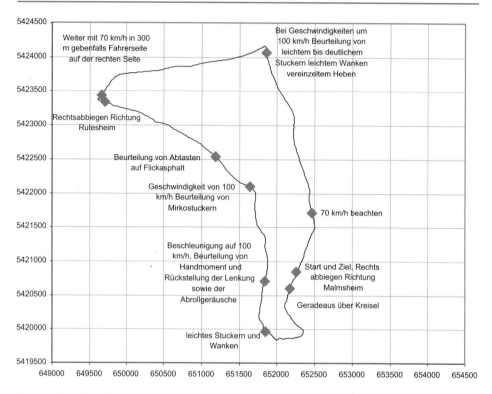

Abb. 2.109 Digitalker (Eigenbau)

radwinkel) auf was er achten soll (Vorgabe Beurteilung). Dies führt zur Entlastung des Fahrers und erlaubt deutlich höhere Aufmerksamkeit für die Beurteilung. Der Digitalker basiert auf GPS-Signalen. In einer Aufnahmefahrt wird die Strecke abgefahren und an den charakteristischen Punkten wird während der Fahrt ein Text aufgenommen. Kommt man bei der anschließenden Beurteilungsfahrt an diesem Streckenpunkt vorbei, wird der Text an derselben Stelle wiedergegeben, wobei die Fahrtrichtung noch berücksichtigt werden muss, [30].

Eine klassische subjektive Reifenbeurteilung ist einstufig und beinhaltet typischerweise die auf dem Beurteilungsbogen in Abb. 2.110 aufgeführten Kriterien.

Grundsätzlich gilt, dass das Fahrzeug im Bereich kleiner Lenkwinkel präzise zu steuern ist und den Richtungsvorgaben des Fahrers folgt. Auch soll das Fahrzeug sich selbst zentrieren, d. h. die Mitte finden, um souverän geradeaus zu fahren. Der Seitenkraftaufbau über dem Lenkwinkel, bzw. der Querbeschleunigung soll linear und harmonisch sein, d. h. nicht eckig. Die Hinterachsbereifung soll genügend Stabilität haben, damit das Fahrzeug im Notfall sicher ausweichen kann.

Während der Kurvenfahrt soll das Fahrzeug leicht korrigierbar sein und dem Fahrerwunsch entsprechend reagieren. Im Grenzbereich soll das Untersteuern nicht extrem

Datum	[date]		Reifen A	Reifen B	Reifen C	Reifen D	Reifen E	Reifen F
Fahrer	[driver]	N.N.						
Reifengröße	[tire size]	225/55 R17 W(Y)						
Ort / Strecke	[location / test track]	Möckmühl / A81						
Fahrzeug	[vehicle]	N.N.						
Luftdruck (bar)	[inflation pressure]	2,1 / 2,2						
Temperatur (°C)	[temperature]	16						
Fahrbahnzustand	[road condition wet/dry]	trocken						
Sonstiges	[misc.]							

| | | Hersteller / Profilbezeichnung / DC-Brand-Nr. | | | | | | |
| | | [manufacturer / pattern / DC-brand-No.] | | | | | | |

			Reifen A	Reifen B	Reifen C	Reifen D	Reifen E	Reifen F
Laufende Nummer		[test No.]	1	2	3	4	5	6
Landstrasse 100-120 km/h		[normal road 100-120 kph]						
Lenkpräzision Mitte		[center point feeling / yaw gain]	8	5	7	6	7,5	8
Rückstellmoment Mitte / Zentrierung		[self-aligning torque (center)]	8	6	7	6	7,5	8
Seitenkraftaufbau / Linearität		[linearity / harmony]	8	6	8	6	8	8
Stabilität / Spurwechsel "Wedeln"		[stability / lane change]	8	6	8	6	8	8
Spurtreue Kurvenfahrt		[cornering precision]	8	6	7	5,5	7	8
Untersteuern im Grenzbereich		[understeering at border area]	8,5	5	7	5	7,5	8
Lastwechsel Kurve		[throttle-lift reaction in a curve]						
Lastwechsel geradeaus (2. Gang)		[throttle-change 2. gear]						
Profilgeräusch	glatte Fahrbahn	[smooth road]	7	7	6	8	8	7
[pattern noise]	rauhe Fahrbahn	[rough road]	7	7	6	8	8	7
	Schräglauf (Quietschen)	[cornering squeal]	8	5	7,5	4	7	7
Komfort	Querfugen	[cross joints]	6	7	6,5	7	7	5,5
[riding comfort]	Flickasphalt	[patch-asphalt]	6	8	6,5	8	7,5	6
	Lenkungsschlagen	[steering-shoc]						
Ablaufen		[pull at const. speed]						
Geradeauslauf uneben		[straight line stability bumpy road]	7	6	7	6	7	7
Spurrinnenverhalten		[groove sensitivity]						
Gesamtbewertung Landstraße		[average normal road]	7,5	6,2	7,0	6,3	7,5	7,3
Autobahn bis Vmax		[Autobahn high speed]						
Lenkpräzision Mittellage		[center point feeling / yaw gain]	8	4,5	7	6	7,5	8
Stabilität (Spurwechsel)		[lane change stability]	8	6	8	6	8	8
Geradeauslauf		[straight line stability]	8	6	8	7	8	8
Seitenkraftaufbau / Linearität		[linearity / harmony]	8	6,5	7,5	6	8	8
Lastwechsel Kurve		[lift throttle in a curve]						
Bremsen Kurve		[cornering-braking]						
Seitenwindverhalten		[crosswind reaction]						
Rundlauf		[tyre uniformity]	i.O.	i.O.	i.O.	i.O.	i.O.	i.O.
Akustik Querfugen		[impact boom]	6	8	6	7,5	7	5,5
Gesamteindruck Autobahn		[average Autobahn]	7,6	6,2	7,3	6,5	7,7	7,5
Gesamtakzeptanz ja / nein		[overall acceptance yes/no]	ja	nein	ja	(ja)	ja	ja
Allgemeine Angaben		[general tire information]						
Laufrichtungsbindung		[rolling direction]						
Asymmetrie		[asymmetrie]						
Reifenzustand		[tire condition]	gerollt	gerollt	gerollt	gerollt	gerollt	gerollt
Felgenschutzrippe		[rim protection rib]	nein	nein	nein	nein	nein	nein
MB-Erkennungsrippe		[MB identification rib]	ja	ja	ja	ja	ja	ja
Reifenbeschriftung	VA	[front axle]	97W	97W	97Y	97W	97W	97W
[tire marking]	HA	[rear axle]						
Rad	VA	[front axle]	7,5 x 17	7,5 x 17	7,5 x 17	7,5 x 17	7,5 x 17	7,5 x 17
[rim size]	HA	[rear axle]						

Bewertungsskala: *[rating]*

10	sehr gut	[very good]	4 ausreichend (Grenzfall) [sufficant, borderline]
8	gut	[good]	2 mangelhaft [deficient]
6	befriedigend [satisfactory]		0 ungenügend [insufficient]

DAIMLERCHRYSLER
Entwicklung PKW
EP/ECR

Abb. 2.110 Reifenbeurteilung

ausgeprägt sein, damit Ausweichmanöver sicher möglich sind. Geht man in der Kurve vom Gas oder beschleunigt, soll das Fahrzeug vorhersehbar reagieren und nicht zu stark in die Kurve ein- oder ausdrehen. Bei Volllast im 2. Gang muss das Fahrzeug geradeaus fahren und keine Rechts- oder Linkstendenz haben. Bei auffälligen Reifen ist meist die Profilgestaltung zu überarbeiten.

Unter möglichst allen Bedingungen und allen Fahrbahnbelägen soll das Fahrzeug ein besonders geringes Abrollgeräusch haben und einen höchsten Komfort erreichen. Die Gierreaktion bei unebenen Fahrbahnen und auch der Versatz der Hinterachse sollten so gering wie möglich sein und so wenig wie möglich auf Spurrinnen reagieren.

Die reifenrelevanten subjektiv zu beurteilenden Eigenschaften sind eingeteilt in Fahrkomfort, Fahrdynamik und Lenkverhalten.

Die wichtigsten Fahrkomfortdisziplinen sind:

- Abrollen (Raue Straße)
  Es handelt sich dabei um eine spürbare und hörbare Schwingung im Bereich von 30–400 Hz. Die Abrollschwingung wird durch Reifen und Fahrbahn verursacht. Neben dem Reifen sind auch Dämpfer, Kopflager und Karosserie Einflussfaktoren für dieses Phänomen. Gefahren wird auf rauer Straße mit stochastischen Straßen-Anregungen (z. B. durch unterschiedliche Straßenbeläge). Abrollen wird sowohl mechanisch durch die Beurteilung der spürbaren Schwingungen am Fahrersitz und im Fußraum als auch akustisch durch die Beurteilung der hörbaren Schwingungen durchgeführt.

- Abtasten (Flickasphalt)
  Dies ist eine spür- und hörbare Fahrzeugantwort auf stochastische Straßenunebenheit im Bereich von 10–120 Hz. Neben dem Reifen sind die Dämpfer, die Dämpferlager aber auch die Achsnachgiebigkeit in Längsrichtung wichtig. Beurteilt wird auf Straßen mit Querfugen, kurzen Querwellen und Kanaldeckel (Flickasphalt). Aber auch Einzelhindernisse regen das Abtasten an. Es wird auch hier mechanisch und akustisch beurteilt, analog zum Abrollen. Eine Sonderform des Abtastens ist der Plattenstoß und die Kanaldeckelüberfahrt, die häufig separat mechanisch und akustisch beurteilt werden.

- Lenkungsstößigkeit (Impulsstärke unter Querbeschleunigung)
  Diese impulsartige Drehschwingung des Lenkrads im Bereich von 17–20 Hz resultiert aus einer Stoßanregung der Achse mit dynamischer Radlastschwankung und damit dynamischen Rückstellmomenten, die über Lenkung in das Lenkrad übertragen werden. Reifen beeinflussen dieses Phänomen maßgeblich und werden daher mitbeurteilt. Es wird eine stoßartige vertikale Straßenanregung mit mehr als 0,5 g am kurveninneren Rad durch einseitiges Überfahren von Schwellen etc. unter Querbeschleunigung impliziert.

- Shimmy (Unwucht + TU)
  Diese spür- und sichtbare Drehschwingung des Lenkrads im Bereich von 10–20 Hz tritt im Geschwindigkeitsbereich von 80–180 km/h auf. Es wird eine Achseigenschwingung

angeregt. Ursächlich ist die gegenphasige Anregung durch die Ungleichförmigkeit des Reifens und/oder die Unwucht des Rads bei Abrollen auf glatter Straße.

- Zittern
  Dies ist eine spürbare Vibration am Sitz, Bodenblech und Lenkrad oberhalb 10 Hz. Die Achsschwingung kommt dabei durch die gleichphasige Unwuchtanregung in den Aufbau und regt Resonanzschwingung von Karosserie, Sitz und I-Tafel mit Lenkrad an. Ursächlich sind die Fahrbahnanregung, Motor etc. aber auch die Reifen. Auch Lenkungskribbeln kann dabei auftreten.
- Stuckern (Motor, Achse)
  Diese spürbare, niederfrequente Schwingung ist vor allem mit dem Oberkörper und im Magenbereich spürbar. Die Schwingung hat eine Frequenz von 8–12 Hz. Es kommt dabei die Achsmasse auf dem Reifen in Resonanz (Achsstuckern), aber auch die Motormasse schwingt auf den Motor- und Fahrschemellager (Motorstuckern). Das Phänomen tritt bei schlechter und mittelschlechter Fahrbahn mit kurzen Wellen auf.
- Mikrostuckern
  Diese spürbare, niederfrequente Schwingung tritt auf optisch glatter Straße auf im Bereich von 10–16 Hz. Auch hier kommt die Achsmasse auf der Reifenfeder zum Schwingen. Ursächlich sind nicht sichtbare kurze Wellen der Fahrbahn, die bei Geschwindigkeiten bis 120 km/h Resonanzen erzeugen.

Die Fahrdynamik wird durch folgende Manöver abgesichert:

- Hochgeschwindigkeitspendeln
  Dieses synthetische Manöver wird vom Fahrer angeregt und dient zur Robustheitsabsicherung im Hochgeschwindigkeitsbereich. Beim leichten Anzupfen des Lenkrades entsteht dabei eine Kombination einer Wank- und Gierschwingung im Bereich von 2–3 Hz. Wichtig ist dabei ein abklingendes Verhalten, welches sich an der Lenkradschwingung festmachen lässt. Dieses Phänomen ist stark reifenabhängig.
- Ablaufen
  Beim Ablaufen realisiert der Kunde ein spürbares Lenkmoment (Pull) oder eine Kursabweichung (Drift) bei Geradeausfahrt auf geneigter Straße. Die Hangabtriebskraft des Fahrzeugs führt zu internen Lenkkräften, welche unter anderem von den Sturzseitenkräften, Schräglaufseitenkräften und vom Reifennachlauf beeinflusst werden. Beurteilt wird das bei einer Geradeausfahrt mit 80 km/h auf geneigter Fahrbahn, wobei kein auffälliges Haltemoment und keine auffällige Lenkradwinkelkorrektur erfolgen dürfen.
- Spurrillenempfindlichkeit
  Dies ist eine Kursabweichung bzw. notwendige Lenkwinkelkorrektur auf Fahrbahnen mit Spurrillen. Die Abweichungen entstehen aufgrund der Sturzseitenkräfte des Reifens. Es wird hier auf einer Fahrbahn mit Spurrillen mit ca. 80 km/h beurteilt.
- Seitenwindempfindlichkeit
  Diese Kursabweichung bzw. notwendige Lenkwinkelkorrektur bei Seitenwind ist ebenfalls reifenabhängig.

- Abziehen (geradeaus)

  Hierbei wird die Kursabweichung des Fahrzeuges bei Geradeausbremsung und mit festgehaltenem Lenkrad beurteilt. Über Lastwechsel im zweiten Gang wird zwischen 40 und 80 km/h die Gierreaktion des Fahrzeuges beurteilt. Dasselbe Vorgehen wird beim Bremsabziehen durchgeführt, allerdings mit einer Bremsung vor der ABS-Regelung zwischen 100 und 40 km/h.

- Geradeauslauf

  Unter Geradeauslauf werden die Korrigierbarkeit und die Abweichung vom Geradeauslauf infolge Fahrbahnerregung und Streckenführung verstanden. Bei schlechtem Geradeauslauf wird die Giereigenfrequenz im Bereich von 0,9–1,8 Hz angeregt und das Fahrzeug weicht fahrbahn- oder fahrererregt von seinem gewollten Geradeauskurs ab und der Fahrer muss korrigieren. Es wird im Geschwindigkeitsbereich von 100 km/h bis vmax auf Autobahn oder ähnlicher Fahrbahn mit nicht ideal ebener Fahrbahn beurteilt.

- Stabilität bei Kurvenfahrt

  Dieser Begriff ist weit gefasst. Eigentlich beschreibt es das Eigenlenkverhalten (Untersteuern). Beurteilt wird die Fahrzeugreaktion auf eine Lenkradwinkeleingabe im linearen und nichtlinearen Querbeschleunigungsbereich von 0–4 Hz. Das Fahrverhalten wird bei stationärer (und instationärer) Kurvenfahrt beurteilt. Es wird auf abgesperrten Hochgeschwindigkeitstesstrecken, auf speziellen Handlingkursen und Fahrdynamikflächen ab 80 km/h bis vmax. beurteilt. Der Querbeschleunigungsbereich wird bis 1 g abgesichert. Wichtig ist ein sicheres und vorhersehbares Fahrverhalten des Fahrzeuges.

- Hochgeschwindigkeitsbremsen in der Kurve

  Hier wird die Gierreaktion des Fahrzeugs auf starkes Abbremsen beurteilt. Durch die Achslastverlagerung von hinten nach vorne (ggf. noch Überlagerung von Kinematik/Elastokinematik) werden Gierreaktionen hervorgerufen, die stark reifenabhängig sind. Ziel ist eine leicht beherrschbare Gierreaktion vor allem bei Geschwindigkeiten 100 km/h bis vmax.

- Lastwechselreaktion (Gaswegnahme in der Kurve)

  Hierbei handelt es sich um eine Gierreaktion des Fahrzeugs bei abrupter Gaswegnahme oder plötzlicher Beschleunigung. Auch hier findet eine Achslastverlagerung statt. Die Absicherung erfolgt analog dem Kurvenbremsen.

- Versetzen durch μ-Wechsel (HA-Versetzen)

  Durch abrupte Seitenkraftschwankungen primär an der Hinterachse bekommt das Fahrzeug einen Versatz der HA und eine Gierreaktion. Dieses Phänomen ist fahrbahnerregt (Kanaldeckel, unstetiger Reibbeiwert …) und wird bei Geradeausfahrt oder leichte Kurvenfahrt durch eine Fahrbahn die eine Seitenkraftschwankung erzeugt.

- Stabilität bei Extremmanöver

  Ein klassisches Manöver ist der (ISO-)Spurwechsel, der 36 m Slalom und der „Elchtest" zur Beurteilung der zeitlichen Fahrzeugreaktion nach einer Lenkwinkeleingabe. Es wird auch die Fahrstabilität an VA und HA beurteilt. Es werden auf Teststrecken von ca. 80 km/h bis vmax. durch Spurwechsel sämtliche Geschwindigkeits- und Querbeschleunigungsbereiche abgesichert. Ziel ist eine harmonische und vorhersehbare Fahrzeugreaktion, hohe Fahrstabilität im Grenzbereich und sanfter und vorhersehbarer Übergang in den Grenzbereich. Beim Lenkverhalten werden Geschwindigkeitsbereiche und Fahrzustände Geradeausfahrt und Kurvenfahrt unterschieden:

- Quasistatisches Parkieren im Stand

  Hier werden indirekt die Reifenbohrmomente beurteilt. Erfasst wird das Moment mit und ohne Betätigung des Bremspedals.

- Lenkungsrücklauf

  Das Lenkrad hat eine Tendenz zum eigenständigen Rückstellen. Im Bereich von 0–100 km/h wird das Rückstellmoment des Reifens ermittelt, welches zur Gesamtrückstellung beiträgt. Hauptstellgröße ist jedoch die Vorderachskinematik.

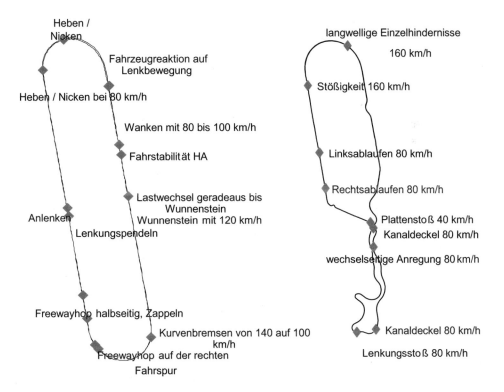

Abb. 2.111 Beurteilungsstrecken synthetische Anregung (Testgelände Papenburg)

- Lenkungsreinfallen
  Vorderachsangetriebene Fahrzeuge tendieren unter Längskraft zum eigenständigen Eindrehen. Bei Schritttempo unter starker Längsbeschleunigung wird die Tendenz zum Reifendrehen beurteilt.
- Lenkungsansprechen (Fahrzeugreaktion bei kleinen Lenkwinkeln)
  Bei Geschwindigkeiten oberhalb von 30 km/h wird die Fahrzeugreaktion auf Lenkeingabe beurteilt. Unter dem Lenkungsansprechen wird die Fahrzeugreaktion auf kleine Lenkradeinschläge aus Geradeausfahrt verstanden. Hierbei wird mit 60 km/h … 120 km/h gefahren und es werden langsam kleine Lenkwinkel (bis ±5°) eingestellt. Beurteilt wird die Fahrzeugreaktion. Ziel ist ein spürbarer Lenkmomentengradient und eine harmonische Fahrzeugreaktion.
- Mitte finden/Zentriergefühl bei kleinen Lenkwinkeln
  Hierbei ist wichtig, dass sich ein eigenständiges Rückstellen der Lenkung in Geradeausstellung ergibt. Charakterisiert wird der selbstständige Verbleib der Lenkung bei Geradeausfahrt in Geradeausstellung und das Finden der Geradeausstellung bei Geschwindigkeiten von 60 km/h … 120 km/h. Ein klassischer fahrwerkseitiger Zielkonflikt ergibt sich dabei mit dem „Ablaufen".

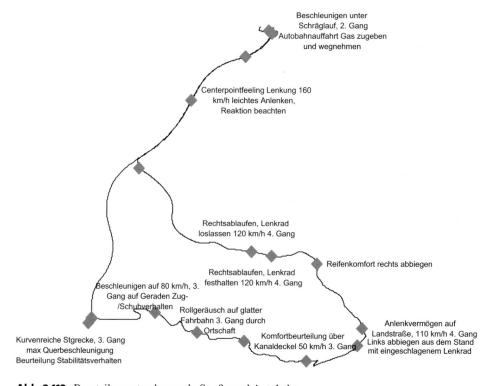

Abb. 2.112 Beurteilungsstrecken reale Straße und Autobahn

- Lenkungsansprechen (Fahrzeugreaktion bei Kurvenfahrt)
  Ziel ist eine harmonische Fahrzeugreaktion bei kleiner Lenkwinkelzugabe während der Kurvenfahrt (konstante Geschwindigkeit, konstanter Radius, ca. 0,5 bis 0,6 g). Beurteilt wird auch der Handkraftverlauf.
- Lenkungsrücklauf bei Kurvenfahrt
  Hierbei wird das Rückstellmomentverhalten des Reifens beurteilt. Hauptstellhebel ist aber auch hier die Vorderachskinematik.
- Lenkpräzision (Kurventreue)
  Hier wird beurteilt, ob ein Nachlenken in der Kurve erforderlich ist. Beurteilt wird bei 40 km/h bis vmax. Beurteilt wird, wie oft und wie stark ein Lenkradeinschlag im Verlauf einer Kurvenfahrt korrigiert werden muss, um die gewünschte Bahnkurve zu durchfahren, unter Einfluss von Störgrößen (Seitenwind, Fahrbahnunebenheiten). In der Regel wird hierfür eine Landstraßenfahrt mit hohem Kurvenanteil gewählt. Ziel ist es, bei Kurvenfahrt während der Kurve nicht oder nur gering nachzulenken.

Wie typische Reifenbeurteilungsstrecken aussehen, zeigen das Abb. 2.111 für synthetische Anregungen und Abb. 2.112 auf einem kundennahen Fahrprofil.

Um nachvollziehen zu können, was der Beurteiler gefahren ist, kann die Fahrt mitgeschnitten werden. Hierbei ist vor allem die Kontrolle der Geschwindigkeitsvorgabe und der Querbeschleunigungen wichtig. Die Falschfarbendarstellung gibt einen ersten Überblick, Abb. 2.113. In Abb. 2.114 ist die Soll- und die Istgeschwindigkeit dargestellt. Man erkennt, dass bei fünf Fahrten auf derselben Strecke nur die Fahrt 3 und bei Fahrt 4 der Anfang den Anforderungen entsprochen hat.

Die Auswertung des Streckenprofiles zeigt Abb. 2.115. Weiterhin zeigt das Bild das g-g-Diagramm, welches die Längs- über der Querbeschleunigung aufträgt und den Verlauf der Querbeschleunigung über der Geschwindigkeit.

Abbildung 2.116 zeigt die Hochgeschwindigkeitsmanöver. Man erkennt typische Beurteilungsmanöver wie Stabilität und Kurvenbremsen in dieser Darstellung

Ebenso zeigt sich auf dem Handlingkurs, dass der Grenzbereich bei der Fahrdynamik- und Handlingbeurteilung erreicht wurde, Abb. 2.117.

Mithilfe dieser Erfassungsmethode kann sichergestellt werden, dass die Fahrmanöver „ordnungsgemäß" durchgeführt wurden. Abbildung 2.118 zeigt Diagramme von drei Probanden auf einer öffentlichen Strecke mit vielen Lenkanteilen, die ohne deren Wissen mitgeschnitten wurden. Ein hervorragender Beurteiler (a) wird vorausschauend fahren und daher relativ wenig beschleunigen und bremsen. Er ist in der Lage den Grenzbereich in der Querbeschleunigung souverän anzufahren. Der Normalfahrer (b) bremst und beschleunigt relativ viel und erreicht auch bei weitem nicht die Querbeschleunigung, die ihn in die Lage versetzen würde, den Reifen ganzheitlich zu beurteilen. Die extreme Fahrweise (c) zeigt, dass relativ viel beschleunigt und gebremst wird und diese auch im Grenzbereich stattfindet. Am Ende der Beurteilung ist der Vorderachsreifen durch übermäßig viel Untersteuern „überfahren" und damit die Beurteilung fragwürdig. Die Fahrweise zeigt sich auch an einfachen Kenngrößen. Die Standardabweichung von Längs- und Querbeschleunigung.

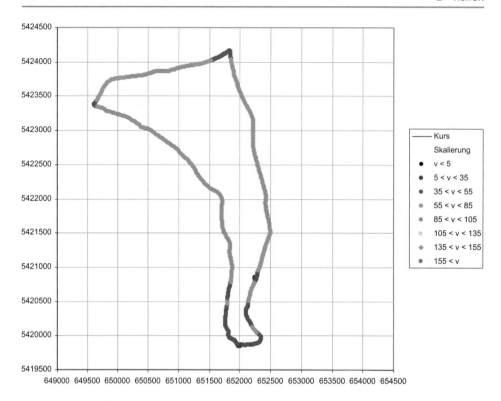

Abb. 2.113 Visualisierung Geschwindigkeit

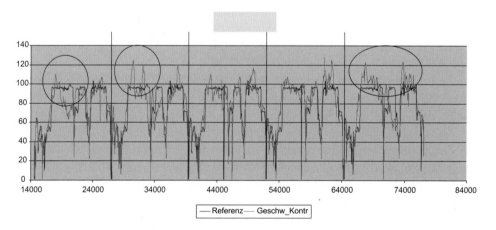

Abb. 2.114 Geschwindigkeitsüberwachung

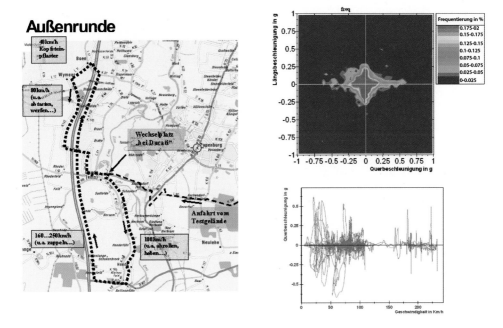

Abb. 2.115 Öffentliche Straße

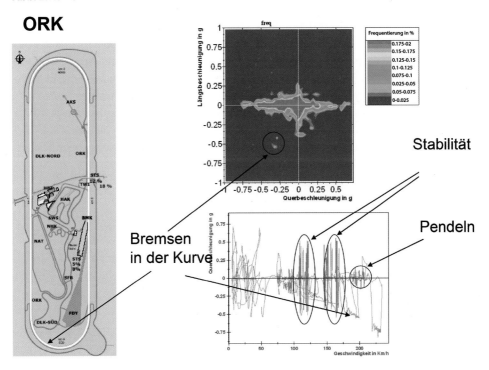

Abb. 2.116 Ovalrundkurs (Testgelände Papenburg)

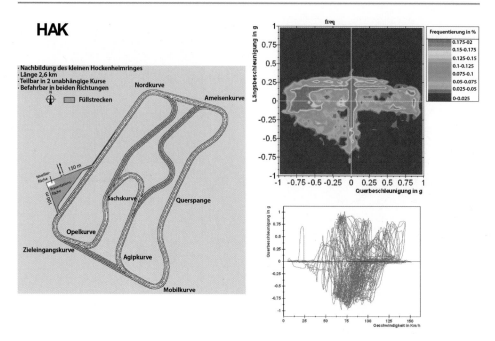

Abb. 2.117 Handlingkurs (Testgelände Papenburg)

Abbildung 2.119 zeigt eine Gruppe von Fahrern, welche die Aufgabe hatten, auf einer „Lenkungsrunde" die kundenrelevante Fahrdynamik und auf einer anderen Runde den Komfort zu beurteilen. Durch die Standardabweichungen in Längs- und Querbeschleunigungen kann ermittelt werden, wer letztlich diese Aufgabe auch erfüllt hat.

Trotz aller Versuche diese Abläufe zu formalisieren und zu standardisieren, wird die Subjektivbeurteilung die „Königsdisziplin" bei der Reifenentwicklung bleiben. Ohne hervorragende Reifenbeurteiler ist eine erfolgreiche Reifenentwicklung weder beim Reifenhersteller noch beim Fahrzeughersteller vorstellbar.

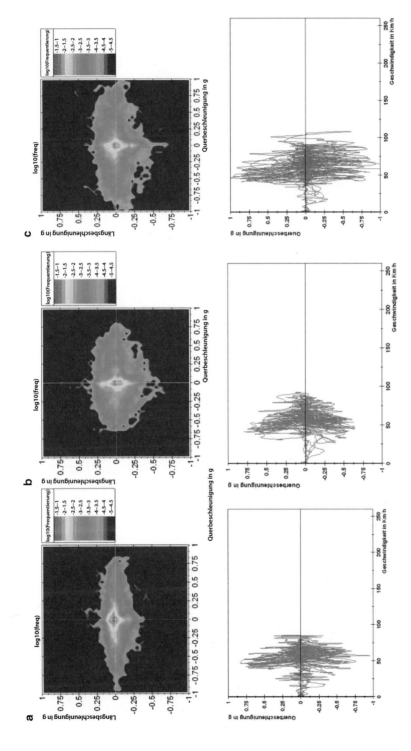

Abb. 2.118 Beurteilung der Beurteiler: hervorragender Beurteiler (**a**), Normalfahrer (**b**), extreme Fahrweise (**c**)

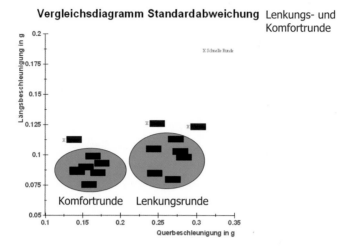

Abb. 2.119 Beurteilung der Fahrweise

2.6   Reifenverhalten

Der Reifen ist die einzige Verbindung von Fahrzeug und Straße. Es handelt sich dabei um 4 etwa postkartengroße Flächen, welche die Längs- und Querkräfte übertragen. Die lokalen Eigenschaften der Kontaktfläche von Reifen und Straße sind sehr komplex und werden hier nicht beschrieben. Vielmehr geht es hier um das globale Verhalten von Reifen und Fahrbahn.

Die Reifeneigenschaften beeinflussen maßgeblich das dynamische Verhalten von Fahrzeugen. Die Schräglaufwinkelcharakteristik, also Seitenkraft und Rückstellmoment in Abhängigkeit des Schräglaufwinkels spielen die wichtigste Rolle bei der Kurvenfahrt. Genauso ist der Verlauf der Längskraft über dem Schlupf, also der Gleitgeschwindigkeit des Reifenlatsches bezogen auf die Fahrgeschwindigkeit des Fahrzeuges für die Beschleunigungs- und Bremskräfte maßgeblich.

2.6.1   Fahrverhalten und Lenkverhalten – Kräfte und Momente

Die Mechanismen, die zum Entstehen der typischen Reifeneigenschaften führen, lassen sich am einfachsten durch Modelle erläutern. Ein Stahlgürtelreifen besteht aus einer starren Felge, die von einem elastischen Ring umgeben ist. Die Anbindung dieses Ringes an die Felge ist durch Steifigkeiten repräsentiert. An dem elastischen Ring, der den Stahlgürtel abbildet, sind elastische Stollen angebracht, die den Laufstreifen abbilden. Der physikalische Abrollmechanismus eines Reifens ist ähnlich wie der von Kettenfahrzeugen. Die Länge der Kette wird dabei durch die Länge des Stahlgürtels festgelegt und ergibt den Abrollumfang. Aus dem Abrollumfang wird gelegentlich auch der dynamische Rollradius abgleitet, der aber kein geometrischer Radius ist, Abb. 2.120.

Abb. 2.120 Ringmodell

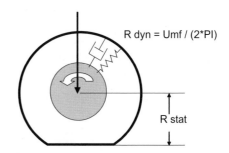

Durch die Abplattung des Reifens an der Berührstelle zur Straße entstehen Druckkräfte. Diese sind örtlich unterschiedlich. Diese Bodendruckverteilung lässt sich analytisch nicht darstellen, da das lineare Spannung-Dehnungsverhalten weit überschritten ist. Es müssen daher Ansätze über die Bodendruckverteilung gemacht werden, die durch Messungen abgesichert werden müssen. Es gibt Ansätze, die auf monomialen, elliptischen, parabolischen oder polynomischen Ansätzen basieren. In Abhängigkeit dieser Ansatzfunktionen lässt sich die Latschlänge abschätzen.

Hierbei wird häufig davon ausgegangen, dass eine Veränderung der Latschlänge durch das Abplatten des elastischen Bandes vernachlässigt werden kann. Zur Entstehung der Längs- und Seitenkräfte sind nun Annahmen über die Reibung zwischen Lauffläche und Straße erforderlich. Es ergeben sich zwei Zustände. Haften findet dann statt, wenn die durch die elastische Deformation hervorgerufene Kraft kleiner ist als die maximale Haftkraft. Ist dies nicht der Fall, findet Gleiten statt. Die Haftkraft und die Gleitkraft werden durch das Reibgesetz bestimmt. Die Kraft durch die Deformation des Stollens ist näherungsweise linear: $F = c\,x$. Ansätze über die Haftkraft gehen von der Coulombsche Reibung bis zur druck-, geschwindigkeits- und temperaturabhängigen Reibungsmodellierung, Abb. 2.121. Der Angriffspunkt der Seitenkraft ist hinter der Radmitte. Dieser Reifennachlauf genannte Abstand erzeugt ein Rückstellmoment, welches das Rad wieder in Geradeausstellung führen möchte und dem Schräglaufwinkel entgegenwirkt. Mithilfe dieser vereinfachten Ansätze lässt sich das grundsätzliche Reifenverhalten mathematisch herleiten Abb. 2.122.

Der rollende Reifen bildet eine Kontaktfläche mit der Straße, den Latsch. Werden Kräfte übertragen zum Beschleunigen, Bremsen oder Kurvenfahren, bewegen sich Kontaktfläche und Straße relativ zueinander. Diese Relativgeschwindigkeit, bezogen auf die Fahrgeschwindigkeit, wird Schlupf genannt. Dies gilt auch für die Querrichtung. Wird die Quergeschwindigkeit eines Reifens unter reinem Schräglauf auf die Fahrgeschwindigkeit bezogen, ergibt sich der Schlupf als Tangens des Schräglaufwinkel. Damit wird auch klar: ohne Schlupf überträgt ein Reifen keine Kräfte.

Übliche Darstellungen sind dabei die Längskraft-Schlupf Kurven, bei denen die Längskraft über dem Schlupf aufgetragen wird. Es gibt die µ-SchlupfKurven, in denen die auf die Radlast bezogene Längskraft über dem Schlupf dargestellt wird. Ebenfalls gibt es die Schräglauf-Schlupf-Umfangskraft Diagramme, bei denen über Schräglauf und Schlupf

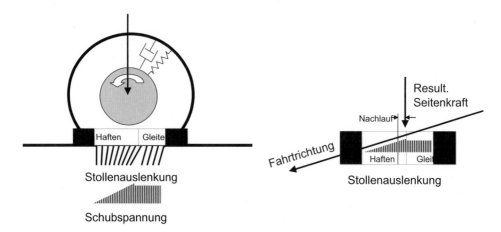

Abb. 2.121 Bürstenmodell zur Erklärung der Längs- und Seitenkräfte

Abb. 2.122 Grundsätzlicher
Verlauf der Längs- und Seitenkraftkennlinie

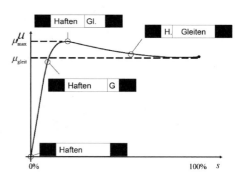

die Umfangskraft aufgetragen wird. Analoge Darstellungen finden sich über dem Schräglaufwinkel, wobei dann in der Regel neben der Seitenkraft auch das Rückstellmoment
zusätzlich dargestellt ist.

Reifenkennfelder werden von verschiedenen Parametern beeinflusst. Wie diese Einflüsse sind, ist für ein Reifenlastenheft aber auch für die Reifenmodellierung für die
Simulation von großer Bedeutung.

Wesentliche Bewertungsgrößen bezüglich der Längskraft sind:

- Anstieg der Kennlinie,
- Maximum der Kennlinie für Antreiben und Bremsen,
- zugehöriger Schlupf,
- maximaler Endwert der Längskraft.

Wesentliche Bewertungsgrößen bezüglich der Seitenkraft sind:

- Nullseitenkraft bei Schräglaufwinkel = 0 Grad,
- Schräglaufsteifigkeit,

- Maximum der Schräglaufsteifigkeit bei ca. 3.5–4.5 Grad Schräglaufwinkel,
- zugehöriger Schräglaufwinkel,
- maximaler Endwert der Seitenkraft.

Beim Rückstellmoment welches sich aus dem Produkt von Seitenkraft und Nachlauf ergibt sind die charakteristischen Größen:

- Nullrückstellmoment (Schräglaufwinkel = 0 Grad),
- Rückstellsteifigkeit,
- Maximum des Rückstellmomentes,
- zugehöriger Schräglaufwinkel,
- Steigung bei Rückstellmoment Null,
- Schräglaufwinkel bei Rückstellmoment Null,
- Endwert des Rückstellmomentes,
- Nachlauf = Rückstellmomentsteifigkeit/Schräglaufsteifigkeit.

Maßgeblich für die Kraftübertragung ist auch das Material der Lauffläche. Diese wird aus speziellen Gummimischungen hergestellt. Gummi ist prinzipiell ein visko-elastischer Stoff, der sich relativ leicht verformt und dessen Materialeigenschaften im Übergangsbereich zwischen einer zähen Flüssigkeit und denen eines festen Körpers liegen. Eine wichtige Eigenschaft ist dabei die Hysterese, also der Zeitverzug, der sich zwischen dem Aufbringen einer Kraft und der daraus resultierenden Verformung entsteht. Diese Eigenschaft geht mit einem Energieverlust in Form von nicht nutzbarer Erwärmung einher.

Weiterhin sind die elastischen Eigenschaften von der Belastungsfrequenz und Materialtemperatur abhängig. Bei tiefen Temperaturen nimmt die Steifigkeit hohe Werte an und das Material wird spröde, ähnlich wie Glas. Bei höheren Temperaturen nimmt der Modul kleine Werte an, das Material verhält sich flexibel und elastisch. Im mittleren Temperaturbereich, der so genannten Glasübergangs-Temperatur, erreicht das Material seine maximale Viskosität. Es ist möglich die Gleichwertigkeit von Frequenz und Temperatur innerhalb eines bestimmten Bereichs nachzuweisen.

Es gibt zwei grundsätzliche Mechanismen der Reifenreibung: die Adhäsion und die Hysterese. Die Adhäsion geht auf eine molekulare Bindung zwischen Gummi und Fahrbahn zurück. Befindet sich nun ein trennendes Medium, z.B. ein Wasserfilm zwischen Gummi und Fahrbahn, wird die Ausbildung von Bindungen reduziert und die Adhäsionskomponente der Reibung reduziert sich. Die bei nassrutschfesten Belägen im Wesentlichen wirkende Hysteresekomponente ist die formschlüssige Komponente. Sie wird im Wesentlichen durch Mikrorauigkeiten erzeugt und nutzt sich sehr schnell ab.

Beläge, die einen hohen Nassreibwert aufweisen, haben eine ausgeprägte Hysteresekomponente, sie weisen eine hohe Mikrorauigkeit auf. Aufgrund der dadurch hohen Verschleißempfindlichkeit müssen derartige Beläge in regelmäßigen Abständen erneuert werden, wenn die hohen Nassreibwerte erhalten bleiben sollen.

Durch die Viskosität von Gummi kann die Deformation eines Gummiblocks beim Gleiten über den Straßenbelag mit einer fließenden Bewegung verglichen werden. Dieser Verzahnungseffekt ist einem Belastungs-/Entlastungs-Zyklus unterworfen. Die Verformung verursacht bei jedem Zyklus eine Hysterese und damit einen Energieverlust.

Die Adhäsion ergibt sich aus den molekularen Wechselwirkungen im Kontaktbereich Reifen/Straße. Diese Verbindungen bilden sich, brechen auseinander und entstehen erneut. Die Molekülketten des Gummis werden dabei zyklisch gedehnt und aufgebrochen. Dabei wird ebenfalls visko-elastische Arbeit verrichtet. Wesentliche Voraussetzung für die adhäsive Gummihaftung ist, dass sich der Reifen in direktem Kontakt zur Straße befindet, was aber nur bei trockener Straße der Fall ist.

In der Praxis weist eine Straßendecke unterschiedliche Ausprägung von Makro- und Mikrorauigkeiten auf. Für den Reifengummi bedeutet dies eine Anregung über den gesamten Frequenzbereich. Auf feuchten Untergründen fällt der Reibungskoeffizient stets geringer aus und variiert stark mit der Oberflächengüte. Ein Wasserfilm auf dem Laufflächengummi unterbindet die molekulare Haftung so lange, bis der Film unterbrochen wird. Nur der Verzahnungseffekt bleibt in voller Höhe wirksam und erhält die Haftung. Übersteigt der Wasserfilm eine bestimmte Höhe, werden die mikrorauen Stellen „überflutet".

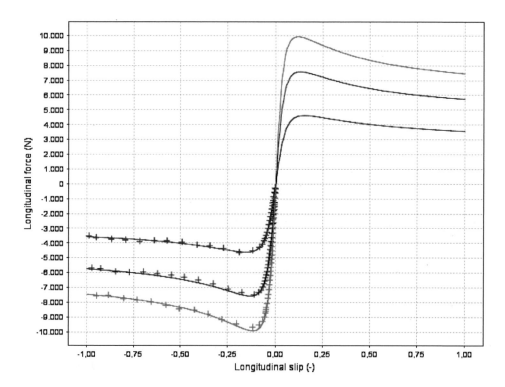

Abb. 2.123 Längskraftmessung bei verschiedenen Radlasten (Quelle: TNO)

Während des Schlupfvorgangs erzeugen molekulare Haftung und der Verzahnungseffekt eine Reibungskraft, die diesem Schlupf entgegenwirkt. Dies führt zur Geschwindigkeitsänderung des Fahrzeugs. Die Lauffläche eines Reifens verformt sich, während der innenliegende Gürtelverband nahezu undehnbar ist. Beim Bremsen „zieht" der Reibpartner Straße die Kontaktfläche etwas nach hinten; dabei wird die Lauffläche verformt. Die Gummiblöcke der Lauffläche lassen dabei eine Relativbewegung zwischen dem unteren Teil des Gummiblocks und dem Gürtel zu. Diesen Vorgang nennt man Scherung oder Pseudo-Schlupf. Im hinteren Teil der Kontaktfläche, nimmt die Materialspannung zu und wenn zusätzlich Scherkräfte weiter wirken und die Scherkraft den Grenzwert der Haftung überschreitet, stellt sich echter Schlupf ein. Im ansteigenden Teil der Kurve ist die Lauffläche im Wesentlichen einem Mix aus Pseudo-Schlupf und leichtem Schlupf ausgesetzt; die anteilige Scherung verursacht Lastfrequenzen, die die Haftmechanismen wie molekulare Haftung und Verzahnung in Gang setzen. Wegen der noch geringen Schlupfraten ist der Temperatureinfluss von untergeordneter Bedeutung. Im absteigenden Ast der Mue-Schlupf Kurve nimmt der Anteil des „echten" Schlupfs zu und in der Folge erwärmt sich der Reifen. Bei hohen Temperaturen aber nimmt die Hysterese deutlich ab und folglich sinkt der Wert der Reibungszahl. Dieser Reibbeiwertsabfall fällt umso stärker aus, je

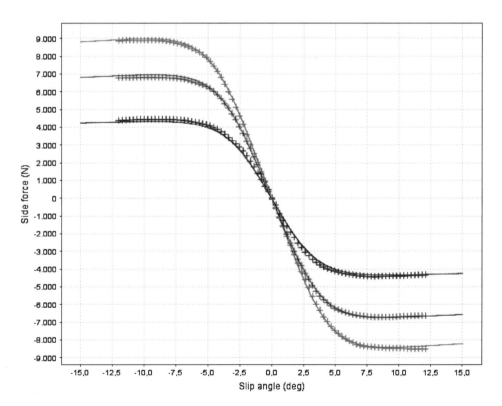

Abb. 2.124 Seitenkraftmessung bei verschiedenen Radlasten (Quelle: TNO)

höhere Beträge die Gleitgeschwindigkeit und die Straßenrauigkeit annehmen. Auf feuchten Untergründen spielen die Lamellen eine entscheidende Rolle bei der Haftung. Eine
Lamelle ist ein senkrechter Spalt im Profil. Diese feinen Einschnitte werden mittels klin-
genähnlicher Einsätze in der Heizform bei der Vulkanisation hergestellt. Auf feuchten und
nassen Straßenoberflächen helfen die Lamellen, das Wasser zu kanalisieren und einzula-
gern. Sie erzeugen längs ihrer Kanten Druckspitzen und ermöglichen so, den Restwasser-
film zu durchbrechen, der noch nicht aufgenommen oder eingelagert werden konnte. Zu
starke Lamellen für den Nassgriff reduzieren allerdings die Lauffächen-Steifigkeit.

Die Auslegungsregeln für Profile sind von Reifenherstellern unterschiedlich. Es gibt
ein paar Grundregeln, z. B. führt eine geschlossene Außenschulter zu geringer Geräusch-
emission nach außen und sorgt für Stabilität bei Kurvenfahrt. Umlaufende Rillen verbessern das Handling und stabilisieren den Geradeauslauf. Längs- und Querlamellen dienen
dem Abrollkomfort. Offene Innenseiten verbessern die Wasserdrainage. Die Blockanord-
nung, auch Pitch-Arrangement genannt, beeinflusst die Geräuscheigenschaften. Längs-
rillen beeinflussen das Geräusch, hauptsächlich im Bereich von 1000 Hz. Geschlossene
Außenschultern mit wenig Negativanteil und unterschiedliches Pitch-Arrangement zwischen Schulter und Mitte verbessert die Stabilität und das Außengeräusch.

Beispielhaft sind einige typische Diagramme: dargestellt sind die Längskraftmessung
bei reinem Längsschlupf Abb. 2.123, die Seitenkraftmessung Abb. 2.124 und die Rückstellmomentenmessung Abb. 2.125 bei reinem Schräglauf.

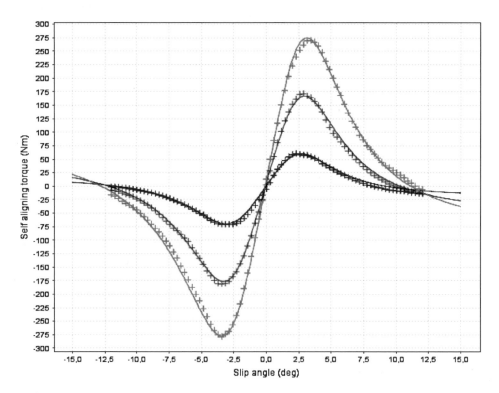

Abb. 2.125 Rückstellmomentenmessung bei verschiedenen Radlasten (Quelle: TNO)

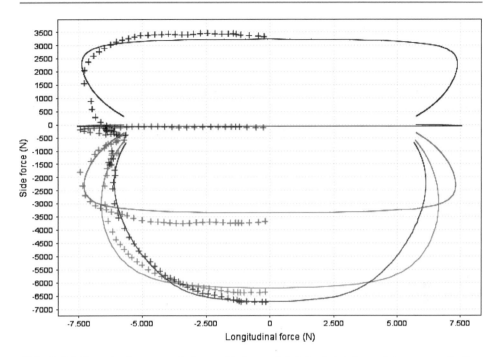

Abb. 2.126 Längskraftmessung bei verschiedenen Schräglaufwinkeln und konstanter Radlast (Quelle: TNO)

Wichtig ist auch die kombinierte Belastung, Abb. 2.126 und 2.127. Wechselt die Reifenbelastung von reiner Querkraft zu einer Kombination von Quer- und Längskraft, wird die plötzliche Längskraft-Beanspruchung die übertragbare Seitenkraft herabsetzen. Genauso wird bei reiner Längshaftung und hinzukommender zusätzlicher Querkraft das Längshaftungspotential reduziert. In diesem Fall wird der Bremsweg länger. Dieser Effekt verteilt sich jedoch nicht gleichmäßig. Das Aufbringen eines Antriebs- oder Bremsmoments reduziert die Querhaftung stärker, als umgekehrt das Auftreten eines Schräglaufwinkels die Längshaftung vermindert. Das erklärt auch, dass ein Fahrer bei Geradeausfahrt die Lenk- und damit Fahrzeugkontrolle verlieren kann, wenn er übermäßig abbremst oder beschleunigt. Umgekehrt kann selbst in engen Kurven relativ gut beschleunigt werden.

2.6.1.1 Linearer Bereich und Kleinsignalverhalten

Die Seitenkraft greift nicht in der Radmitte an, sondern um den Nachlauf nach hinten versetzt. Im linearen Bereich beträgt der Nachlauf etwa 1/6 der Latschlänge . Der Nachlauf ist dann maximal, wenn kein Gleiten einsetzt. Er wird nach dieser einfachen Modellvorstellung sehr klein, wenn das Gleiten dominiert. Der Nachlauf kann also als Indikator für das Haftpotential verwendet werden. Neben der Erfassung kompletter Kennlinien ist die Beurteilung der Reifeneigenschaften aufgrund von Kennwerten wichtig.

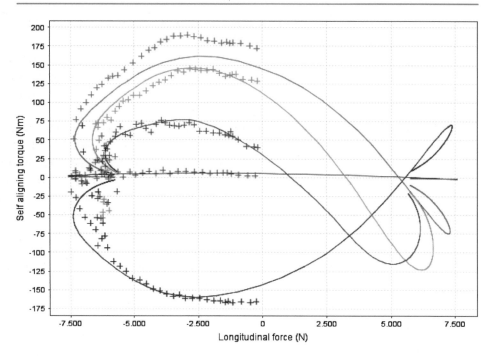

Abb. 2.127 Rückstellmomentenmessung bei verschiedenen Schräglaufwinkeln und konstanter Radlast (Quelle: TNO)

Die Nullseitenkraft ist die Kraft, die bei Schräglaufwinkel Null wirkt. Diese Kraft wird üblicherweise in eine drehrichtungsunabhängige und in eine drehrichtungsabhängige Komponente zerlegt. Die auf Prüfständen gemessene drehrichtungsabhängige Komponente wird Strukturseitenkraft genannt, die drehrichtungsunabhängige Komponente Konizität. Das Nullrückstellmoment ist das Rückstellmoment bei Schräglaufwinkel Null. Sowohl die Nullseitenkraft als auch das Nullrückstellmoment beeinflussen das Geradeauslaufverhalten.

An der Hinterachse stellen sich die Schräglaufwinkel so ein, dass die Seitenkraft links hinten und rechts hinten im Gleichgewicht stehen. An der Vorderachse stellt sich bei losgelassener Lenkung ein Lenkradwinkel so ein, dass die Rückstellmomente entgegengesetzt gleich groß sind. Dies bewirkt in der Regel ein Schiefziehen des Fahrzeuges, da dann wiederum die Seitenkräfte nicht betragsgleich sind. Bei festgehaltener Lenkung stellen sich die Schräglaufwinkel so ein, dass sich die Seitenkräfte aufheben. Daher sind die Nullseitenkraft und das Nullrückstellmoment bei der halben Vorderachslast und bei der halben Hinterachslast wichtig. Die Ermittlung erfolgt durch eine Schräglaufwinkelmessung bei kleinen Schräglaufwinkeln und bei halber Hinter- bzw. Vorderachslast.

Dass ein Zusammenhang zwischen Ablaufen aufgrund der Hangabtriebskraft und den Reifeneigenschaften bei kleinen Schräglaufwinkeln besteht, ist schon seit langem bekannt. Wenn der Fahrer ständig ein Moment auf das Lenkrad geben muss um geradeaus zu fahren, spricht man vom Pull (Ziehen). Wenn bei freigelassenem Lenkrad das Fahrzeug abläuft, spricht man von Drift (Ablaufen).

Am einfachsten lässt sich das Ganze verstehen, wenn man das Kräftegleichgewicht und die Momentenbilanz betrachtet und die wirkenden Reifenkräfte bilanziert. Dabei gilt: Sind die resultierenden Kräfte ausgeglichen, also Null, fährt das Fahrzeug geradeaus. Das gilt sowohl bei festgehaltenem als auch bei losgelassenem Lenkrad.

Auch das Momentengleichgewicht stellt sich bei festgehaltenem und losgelassenem Lenkrad ein. In diese Momentenbilanz gehen die Reifenkräfte mit ihren wirksamen Hebellängen und deren freien Momenten sowie die Lenkmomente und die Reibmomente ein. Zur Einstellung des Momentengleichgewichtes baut das Fahrzeug solange Schräglaufwinkel auf, bis das Gleichgewicht erreicht ist. Die sich dann ergebende Seitenkraftsumme lässt das Fahrzeug ablaufen.

Der sich einstellende Schräglaufwinkel bildet einen Dackellauf aus und das Lenkrad stellt sich schief (Schräglaufwinkel · Lenkübersetzung).

Die Seitenkraft eines Reifens im Bereich des Geradeauslaufs wird in Konusseitenkraft und Strukturseitenkraft aufgeteilt. Hierfür wird der Reifen im Uhrzeigersinn (cw) als auch gegen den Uhrzeigersinn (ccw) vermessen.

$$\text{Conicity} = 0{,}5 \cdot [\text{SF}(\text{SA} = 0°)\text{cw} + \text{SF}(\text{SA} = 0°)\text{ccw}]$$

$$\text{Plysteer} = 0{,}5 \cdot [\text{SF}(\text{SA} = 0°)\text{cw} - \text{SF}(\text{SA} = 0°)\text{ccw}]$$

Die Rückstellmomente werden in beiden Drehrichtungen vermessen und analog unterschieden. Um die Momentenbilanz sauber aufstellen zu können, sind neben den Kräften und Momenten bei Schräglaufwinkeln auch deren Abhängigkeiten vom Schräglaufwinkel erforderlich. Zur Beschreibung dieser Geradengleichung sind die Schräglaufsteifigkeit und die Rückstellmomentensteifigkeit erforderlich. Die daraus abgeleiteten Kenngrößen sind einmal die Momente, die verbleiben, wenn die Kräfte Null sind:

Plysteer Residual Aligning Torque

$$\text{PRAT} = 0{,}5 \cdot [\text{SAT}(\text{SF} = 0)\text{cw} + \text{SAT}(\text{SF} = 0)\text{ccw}]$$

Conicity Residual Aligning Torque

$$\text{CRAT} = 0{,}5 \cdot [\text{SAT}(\text{SF} = 0)\text{cw} - \text{SAT}(\text{SF} = 0)\text{ccw}]$$

und die Kräfte, die verbleiben, wenn die Momente Null sind.

Plysteer Residual Cornering Force

$$\text{PRCF} = 0{,}5 \cdot [\text{SF}(\text{SAT} = 0)\text{cw} + \text{SF}(\text{SAT} = 0)\text{ccw}]$$

Conicity Residual Cornering Force

$$\text{CRCF} = 0{,}5 \cdot [\text{SF}(\text{SAT} = 0)\text{cw} - \text{SF}(\text{SAT} = 0)\text{ccw}]$$

Dabei werden folgende Abkürzungen verwendet:

SAT = Self aligning torque
SF   = Side Force
Cw   = clockwise
Ccw   = conter clock wise

Wichtig ist weiterhin, die Angriffspunkte dieser Kräfte zu kennen. Während die Strukturseitenkraft tendenziell mit größerem Hebelarm wirken als die Seitenkraft aufgrund Schräglaufs, greift der Konus mit einem sehr viel geringeren Hebelarm an (nahe dem ideellen Radaufstandspunkt).

Der Hebelarm entspricht im Übrigen dem der Sturzseitenkraft, die auch fast null ist, Abb. 2.128.

Abbildung 2.129 zeigt die Wirkung dieser Kräfte auf das Ablaufen. Bei Seitenkraft Null verbleibt ein Rückstellmoment (RAT), das ein Lenkradmoment zur Folge hat. Bei Rückstellmoment Null hingegen (entspricht dem losgelassenen Lenkrad) verbleibt eine Seitenkraft, welche das Fahrzeug zum Ablaufen bringt. Bei der klassischen TU-Messung mit Schräglaufwinkel Null kann daher keine Aussage auf das Rechtsablaufen getroffen werden. Hierzu ist die Messung des Rückstellmomentes und der Seitenkraft über dem Schräglaufwinkel notwendig.

Damit lässt sich auch abschätzen, wie sich das Fahrzeug auf Strukturseitenkräfte und Konuskräfte verhalten wird:

Beidseitiges Strukturseitenkraftdelta ⇒ kein Ablaufen, da sich Schräglaufwinkel so lange aufbaut, bis Momentengleichgewicht herrscht. Die Kräfte sind aufgrund ähnlicher Hebelarme fast gleich groß, also ergibt sich ein leichtes Linksablaufen, aber Lenkrad steht entsprechend schief.

Einseitiges Strukturseitenkraftdelta ⇒ kein Ablaufen, da sich Momentenbilanz über beide Räder erstreckt.

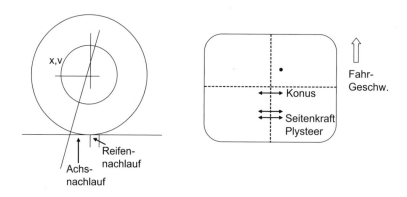

Abb. 2.128 Angriffspunkte von Konus, Struktur und Seitenkraft

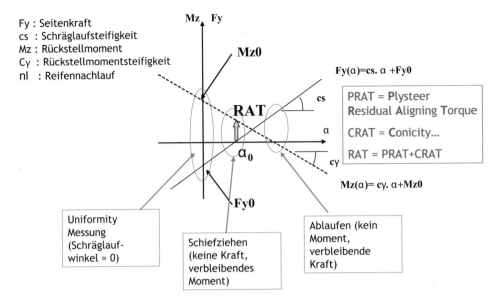

Abb. 2.129 Reifenkräfte bei kleinen Schräglaufwinkeln (Quelle: Michelin)

Einseitiger Konus ⇒ Ablaufen, da Konuskraft und Seitenkraft aufgrund Schräglaufs nicht denselben Hebelarm haben. Es bildet sich ein Momentengleichgewicht:

$$\text{Achsnachlauf} \times \text{Konus} = (\text{Achs- und Reifennachlauf}) \times Fy$$

Abbildung 2.130 zeigt die unterschiedlichen Fahrsituationen auf. Es zeigt sich, dass Plysteerkräfte bei festgehaltenem Lenkrad ein Lenkmoment und eine Seitenkraft erzeugen. Weiterhin verursachen Plysteerkräfte bei losgelassenem Lenkrad eine Lenkradschiefstellung. Es bildet sich ein Kräftegleichgewicht. Dadurch, dass sowohl Plysteer als auch die Seitenkraft, die sich durch den Schräglaufwinkel, der sich einstellt, ergibt, mit demselben Hebelarm angreifen, verbleiben keine resultierenden Kräfte. Das Fahrzeug fährt geradeaus. Bei der Konuskraft ergibt sich bei festgehaltenem Lenkrad dasselbe Bild wie bei der Plysteerkraft. Nur ist das Lenkmoment bei gleicher Kraft etwas geringer. Die Konuskraft bei losgelassenem Lenkrad führt im Gegensatz zur Plysteerkraft zum Ablaufen, da sich bei Momentengleichgewicht kein Kräftegleichgewicht einstellen kann. Ursache sind die unterschiedlichen Kraftangriffspunkte von Konuskraft und Seitenkraft aufgrund Schräglaufwinkel. Die Ablauftendenz aufgrund Konusdifferenzen beträgt

$$\frac{1 - \text{Achsnachlauf}}{\text{Achs- und Reifennachlauf}}$$

und sinkt mit steigendem Nachlauf. Das Fahrzeug läuft demzufolge in Richtung der Konuskraft ab.

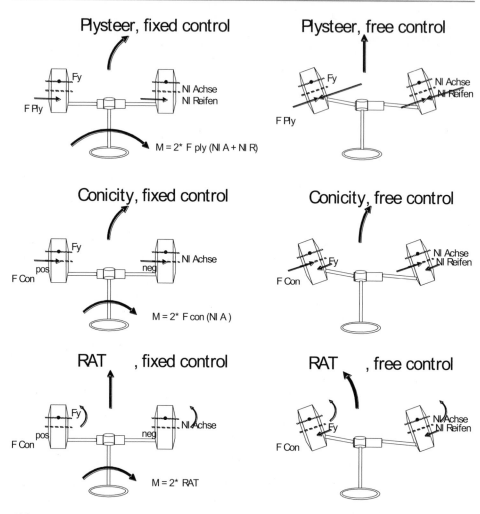

Abb. 2.130 Gesamtbilanz an der VA

Das Moment, welches ein Reifen bei Seitenkraft Null aufweist (RAT), sollte so groß sein, dass es das Moment aus der Hangabtriebskraft · (Achs- und Reifennachlauf) üblicherweise kompensiert. Ebenfalls muss die Längskraft mit dem entsprechenden Hebelarm bei der Momentenbilanz berücksichtigt werden. Hier ist Rollwiderstand · Hebelarm als Funktion vom Sturz wichtig und auch die Reibmomente aus den Radlagern und einseitige Bremskräfte greifen mit diesem Versatz an. Aufgrund der diversen Koordinatensysteme die bei der Reifenmessung und bei Fahrzeugbetrachtungen eingesetzt werden sind die Vorzeichenregeln zu beachten: Die Strukturseitenkraft wirkt in Fahrtrichtung gesehen nach rechts und hat dann ein negatives Vorzeichen. Das Moment um die Hochachse ist linksdre-

Abb. 2.131 Vorzeichenregeln

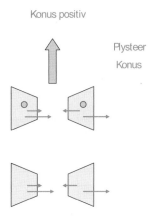

hend. Die Konuskraft ist dann positiv, wenn die Kräfte „nach innen" zeigen. Eine positive Konuskraft reduziert aufgrund der Elastokinematik also den Vorspurwinkel, Abb. 2.131.

Bei der Untersuchung derartig komplexer Systeme eignet sich die Absicherung mit einem Taguchi-Plan, Abb. 2.132, bestätigt die Haupteinflussfaktoren der Reifen auf das Ablaufen. Dass der Gefällewinkel die größte Bedeutung hat, ist klar, denn die Hangabtriebskraft ist proportional zu dieser Größe. Der wichtigste Wert ist PRAT, also das eingebaute Moment, das sich bei dem Schräglaufwinkel ergibt, bei dem die Seitenkraft Null ist. Eine, wenn auch untergeordnete Bedeutung hat die Schräglaufsteifigkeit des Reifens. Hier ist tendenziell eine geringere Schräglaufsteifigkeit vorteilhaft. Der symmetrische Konuswert und auch vor allem die bereits erläuterte Plysteerkraft spielen keine Rolle. Daher sollte der Wert für PRAT auch im Reifenlastenheft spezifiziert werden, allerdings ist der Wert nur schwer zu messen.

Der Konuswert hat dennoch eine große Bedeutung für das Ablaufen, wenn rechts und links unterschiedliche Werte vorhanden sind. Dieser Effekt herrscht dann vor, wenn ein Reifenwechsel an der Vorderachse einen Einfluss auf das Ablaufen hat, oder der Verschleißzustand sich bemerkbar macht.

Daher muss der Konuswert auch im Reifenlastenheft spezifiziert werden. Der Konus ist ein Maß für die Gürteldezentrierung und sichert damit auch die Qualität der Reifen ab. Sinnvoll ist eine Größenordnung von $x \pm 30\,N$, wobei x der „natürliche Konus" der Reifenspezifikation ist. Dieser Wert wird vom Reifenhersteller festgelegt und sollte $\pm 50\,N$ nicht überschreiten.

Eine weitere Besonderheit besteht in der Tatsache, dass sich der Konuswert im Fahrbetrieb verändert. Allerdings ändert er sich bei richtig eingestelltem Fahrwerk relativ symmetrisch, sodass die Veränderung an sich nichts Negatives bewirkt, Abb. 2.133. Beide Effekte verhalten sich additiv, d. h. den Konus durch Gürteldezentrierung kann man nicht herausfahren; den Konus durch den Fahrbetrieb kann man herausfahren, z. B. durch Reifentausch.

	Plysteer [N] (TUF)	Conicity [N] (TUF)	C⊐ [N/°]	PRAT [Nm]
1	280	74	1670	-3,0
2	431	74	1630	-3,3
3	284	-51	1700	-1,9
4	433	-44	1680	-2,3
5	214	63	1400	-3,0
6	314	48	1355	-3,4
7	221	-7	1480	-2,4
8	330	-26	1420	-2,7
9	310	34	1590	2,8
10	472	33	1560	2,6
11	334	-78	1675	1,2
12	512	-99	1640	0,5
13	231	14	1300	2,5
14	322	14	1240	2,0
15	258	-19	1385	0,3
16	362	-37	1350	0,1

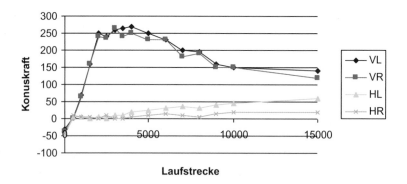

Abb. 2.132 Taguchi-Plan mit 16 Reifensätzen (Quelle: Kooperation Daimler und Continental)

Abb. 2.133 Konuskraftsänderung über der Laufzeit

In allen Fahrsituationen sind die Fahrstabilität und die Lenkbarkeit des Fahrzeuges von großer Bedeutung. Unter Stabilität wird dabei die Fähigkeit eines Fahrzeuges verstanden, bei Störungen ungewollte Fahrzeugbewegungen auf ein übliches Maß zu begrenzen; unter Lenkbarkeit wird ein für den Fahrer vorhersehbares Verhalten verstanden. Die Reifeneigenschaften beeinflussen diese Grundeigenschaften des Fahrzeuges wesentlich. Die wichtigsten Eigenschaften sind die Schräglaufsteifigkeit, die Quersteifigkeit, die Sturzsteifigkeit und der Reifennachlauf. Eine weitere Beeinflussung findet durch die Reifenumfangskraft bei Antrieb oder Bremsung statt.

Die Lenkbarkeit wird durch die stationäre Lenkempfindlichkeit beeinflusst, d. h. die pro Lenkeinschlag erzielbare Giergeschwindigkeit oder Querbeschleunigung. Eine weitere Beeinflussung findet durch die Schräglaufsteifigkeit statt. Die Schräglaufsteifigkeit des Reifens ist somit nach unten durch eine zu geringe Lenkempfindlichkeit, nach oben durch eine zu starke Reaktion auf Lenkeinschläge begrenzt. Eine weitere Bewertungsgröße für die Lenkbarkeit ist die Gieransprechzeit bis zum ersten Maximum nach einem schnellen Lenkeinschlag. Hierbei ist festzustellen, dass die Erhöhung der Schräglaufsteifigkeit über einen bestimmten Betrag nicht sinnvoll ist.

Vor allem bei instationärem Reifenverhalten ist die Quersteifigkeit eine weitere wichtige Kenngröße. Die Quersteifigkeit muss einen gewissen Mindestwert aufweisen, um nicht destabilisierend zu wirken. Sind Quersteifigkeit und Schräglaufsteife zu gering, ist die Lenkpräzision gering, sind die Werte zu hoch, reagiert das Fahrzeug giftig. Der optimale Bereich ist wesentlich vom Gierträgheitsmoment abhängig.

Als Fahrerinformation ist das Rückstellmoment bzw. der Nachlauf von besonderer Bedeutung. Ein unerwartetes Moment kann den Regelkreis Fahrer-Fahrzeug-Umgebung destabilisieren. Der Abfall des Rückstellmomentes schon ab mittleren Schräglaufwinkeln kann zur Vorwarnung des Grenzbereiches herangezogen werden. Die Ansprechzeit sollte hier so kurz wie möglich sein.

Eine Beeinflussung des Kurvenverhaltens besonders im Grenzbereich findet durch die Sturzseitenkraft statt. Der Reifen sollte bei kleineren Radlasten einen möglichst kleinen Seitenführungskraft-Radlast Gradienten besitzen, damit die Radlast am kurveninneren Hinterrad beim Bremsen in der Kurve möglichst hoch gehalten wird.

Die Schräglaufsteifigkeit ist als Steigung der Seitenkraft über dem Schräglaufwinkel definiert. Der Nachlauf bei null Grad Schräglauf ist als Quotient von Rückstellmomentsteifigkeit und Schräglaufsteifigkeit definiert, wobei die Rückstellmomentsteifigkeit als Steigung des Rückstellmomentes über dem Schräglaufwinkel berechnet wird. Die Schräglaufsteifigkeit steigt in erster Näherung um den Betriebspunkt je nach Reifen etwa linear mit der Radlast. Sie nimmt aber bei Radlasten oberhalb 130 % der Nennradlast wieder ab. Der Nachlauf steigt nach einfachen theoretischen Überlegungen in erster Näherung mit der Potenz 1,5 der Radlast, in Messungen ergeben sich je nach Reifen um den Betriebspunkt etwas höhere Werte.

Die Schräglaufsteifigkeit kann als Maß für das Seitenwindverhalten herangezogen werden. Der Nachlauf gibt Auskunft über das erforderliche Zusatzlenkmoment. Daher ist die Schräglaufsteifigkeit als auch das Nullrückstellmoment bei der halben Achslast wich-

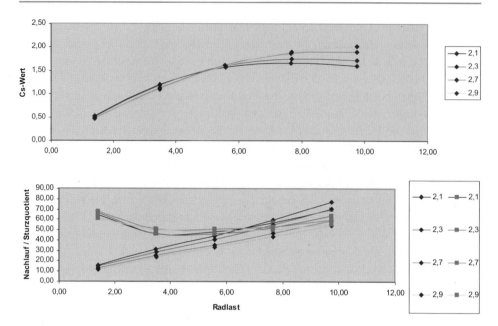

Abb. 2.134 Luftdruckabhängigkeit Schräglaufsteifigkeit und Nachlauf

tig. Vereinfachend gilt: Je größer die Schräglaufsteifigkeit, desto geringer der Versatz bei Seitenwind, und je größer der Nachlauf, desto größer das Zusatzlenkmoment. Die Sturzsteifigkeit ist als Steigung der Seitenkraft über dem Sturzwinkel definiert. Die Sturzsteifigkeit kann als Maß für das Spurrinnenverhalten herangezogen werden. Daher ist die Sturzsteifigkeit bei der halben Achslast wichtig. Vereinfachend gilt: Je größer die Sturzsteifigkeit, desto empfindlicher ist der Reifen bei Spurrinnen. Üblicherweise ist das Verhältnis von Sturzsteifigkeit und Schräglaufsteifigkeit angegeben. Der Sturznachlauf ist sehr gering und nicht von Bedeutung. Das liegt daran, dass die Sturzseitenkraft durch eine ungleichförmige Bodendruckverteilung erzeugt wird. Wichtig ist, dass Seitenkräfte aufgrund von Schräglaufwinkeln und Seitenkraft aufgrund von Sturz nicht am selben Punkt angreifen.

Die Werte sind abhängig vom Luftdruck, Abb. 2.134. Mit steigendem Luftdruck sinkt die Schräglaufsteifigkeit bei kleinen Radlasten (im Bereich der üblichen Radlasten), bei großen Radlasten steigt die Schräglaufsteifigkeit. Der Nachlauf sinkt generell mit zunehmendem Luftdruck, nimmt aber immer linear mit der Radlast zu. Der Quotient von Sturzsteifigkeit und Schräglaufsteifigkeit bleibt weitestgehend konstant.

Das Maximum der Seitenkraftkennlinie (Haftreibungskoeffizient bei Schräglauf) und der Nulldurchgang des Rückstellmomentes fallen meist bei gleichem Schräglaufwinkel zusammen. Das Maximum der Seitenkraftkennlinie ist ein Maß für das Seitenführungspotential eines Reifens. Der Nulldurchgang des Rückstellmomentes kann als Näherungswert des zugehörigen Schräglaufwinkels verwendet werden. Wichtig sind das Maximum bei hohen Radlasten (kurvenaußen) z. B. 0,8 · Achslast sowie bei niederen Achslasten (kurveninnen) z. B. 0,2 · Achslast.

Vereinfachend gilt: je höher das Maximum, desto höher die maximal erreichbare Querbeschleunigung. Unter der Radlastempfindlichkeit wird das Abfallen der auf die Radlast bezogenen Seitenkräfte Fy/Fz über dem Schräglaufwinkel verstanden. Vereinfachend gilt: Je größer die Radlastempfindlichkeit ist, desto problematischer ist das Verhalten im Grenzbereich. Die Ermittlung erfolgt über eine Radlastmessung, wird aber häufig auch durch eine Schräglaufwinkelmessung durchgeführt (Quotient aus Seitenkraft und Radlast über Schräglaufwinkel). Einen weiteren Einfluss hat die Maulweite auf die Reifeneigenschaften Schräglaufsteifigkeit und Nachlauf. Es zeigt sich dabei, dass mit zunehmender Maulweite die Schräglaufsteifigkeit zunimmt, 1 Zoll bedeutet eine Zunahme von bis zu 8 %. Der Nachlauf nimmt jedoch dabei geringfügig ab.

2.6.1.2 Nichtlinearer Bereich Reibwerte/Bremsweg

Der Bremsweg bei trockener und nasser Fahrbahn ist als sicherheitsrelevante Eigenschaft von großer Bedeutung. Dennoch ist die vom Kunden abgeforderte Kraftschlussausnutzung bei trockener Fahrbahn in der Regel deutlich geringer als bei nasser Fahrbahn.

Es gibt aus der Reifenphysik eine Reihe von Zielkonflikten, die berücksichtigt werden müssen. Dies lässt sich am einfachsten mit dem Dämpfungsmaß über der Frequenz aufzeigen. Traktion nass und trocken und der Rollwiderstand sind frequenzabhängig. Während beim Rollwiderstand eine niedrige Dämpfung wichtig ist, muss diese beim Bremsen hoch sein. Abbildung 2.135 zeigt die Dämpfungseigenschaften über der Temperatur.

Dieser Zielkonflikt ist deutlich bei Reifen feststellbar. Ebenso gibt es einen Zielkonflikt zwischen Rollwiderstand, (Nass-) Haftung und Verschleiß. Dieser Zielkonflikt wird häufig als das „magische Dreieck" bezeichnet.

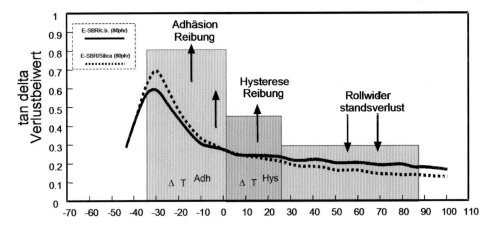

Abb. 2.135 Dämpfung über der Frequenz (Quelle: Continental)

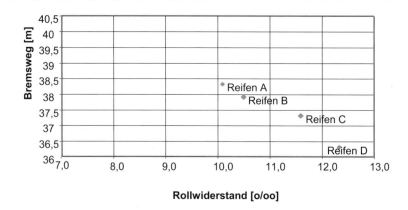

Rollwiderstand [o/oo]

Abb. 2.136 Zielkonflikt Trockenbremsweg Rollwiderstand (bei vergleichbarer Laufleistung)

Abbildung 2.136 zeigt diesen Zielkonflikt bei einer Palette von Musterreifen, welche vergleichbare Laufleistung (Verschleiß) aufweisen. Immer wieder überraschend ist es, dass es aus diesem Zielkonflikt nur den Weg durch neue Technologien gibt. Letztlich heißt die Aufgabe, dass die Reifendämpfung frequenzselektiv sein muss.

Es gibt ebenfalls einen Zielkonflikt zwischen Trockenbremsweg und Nasshaftung. Da bei den Gepflogenheiten des heutigen Straßenverkehrs die Unfallwahrscheinlichkeit bei Nässe ca. fünfmal so groß ist wie bei Trockenheit, macht es Sinn die Nasshaftung höher zu gewichten.

Bremswege, sowohl nass als auch trocken, lassen sich relativ aus den Reifeneigenschaften abschätzen, indem die Reibbeiwerte analysiert werden. Die Korrelation ist hierbei gegeben, wie die Korrelation der Reibwertmessung mit dem Mercedes-Messbus und der Bremswegmessung zeigt, Abb. 2.137.

Reibbeiwerte sind im Wesentlichen eine Funktion der Radlast, des Fahrbahnbelages, des Reifens, der Umgebungs- und Prüftemperatur, der Messgeschwindigkeit, der Aufwärmprozedur und des Konditionierungszustandes des Reifens.

Abb. 2.137 Reibbeiwert über Bremsweg

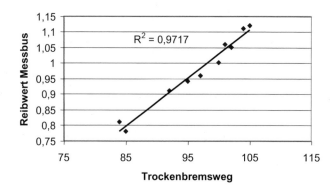

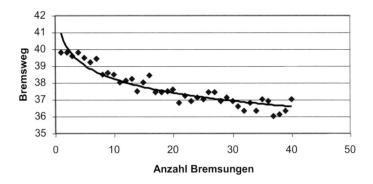

Abb. 2.138 „Einbremsen" eines Reifens

Reifen können „eingebremst" werden, d. h. durch den Verschleiß beim Bremsen werden die Stollen entsprechend der Beanspruchung abgeschliffen und der dann entstehende „Sägezahn" führt zu kürzeren Bremswegen, Abb. 2.138.

Der Reibbeiwert ist zudem temperatur- und mischungsabhängig. Winterreifenmischungen sind primär für Temperaturen unterhalb 7 Grad geeignet, Sommerreifen bei Temperaturen darüber. Allerdings hat bei wirklich trockenen Straßen der Sommerreifen den kürzeren Bremsweg, auch bei Minusgraden.

2.6.2 Fahrkomfort – Geräusche und Schwingungen

Schwingungen und Geräusche stellen immer eine besondere Herausforderung an die Reifen und Fahrzeugentwickler dar. Deren Wahrnehmung hängt vor allem von Amplitude, Frequenz und Dämpfung ab. Aber auch kann die Schwingung von Person zu Person und je nach Situation unterschiedlich stark wahrgenommen werden. Faktoren sind hier unter anderem: Alter, Geschlecht, Größe, Erwartungshaltung, Körperposition zur Schwingungsquelle, Aktivität zur Zeit der Schwingungseinwirkung. Aber auch der Kulturkreis spielt eine nicht zu unterschätzende Rolle.

Die Augen und das Innenohr nehmen hauptsächlich Schwingungen im Bereich von 0,1 bis 0,5 Hz wahr. In diesem Frequenzbereich liegt ein Auto, das über eine Straße mit langwelligen Unebenheiten rollt. Solche typischen Schwingungen können vor allem bei Kindern schnell zu unangenehmen Gleichgewichtsstörungen, auch als Seekrankheit bezeichnet, führen.

Größere Körperteile und Organe wie Arme, Beine, Rücken, Herz oder auch der Magen reagieren sehr sensibel bei Frequenzen zwischen 0,5 und 60 Hz. In solchen Fällen handelt es sich meistens um Stöße oder Sprünge oder andere Formen einer Erschütterung.

Das größte Körperorgan aber, die Haut, reagiert empfindlich bei Reizen zwischen 60 und 100 Hz, einem für schwere Maschinen charakteristischen Bereich. Im menschlichen Körper produzieren solche Frequenzen ein kribbelndes Gefühl.

Auf ein Fahrzeug wirken verschiedene Quellen mechanischer und akustischer Schwingungen ein, der Motor und der Antriebsstrang, aber auch aerodynamische Widerstände oder Schwingungen des Aufbaus. Von Generation zu Generation wurden die Motoren leiser und die Karosserieformen aerodynamisch ausgefeilter. Dadurch nimmt der Geräuschanteil der Schnittstelle Reifen/Straße seit einiger Zeit prozentual wieder zu, obwohl der Lärmanteil des Gesamtfahrzeugs rückläufig ist: Der Reifen konnte im entsprechenden Zeitraum nicht im gleichen Maße geräuschoptimiert werden. Und um dieses Ziel zu erreichen, ist es von entscheidender Bedeutung zu wissen, warum und wann ein Reifen in Schwingungen gerät und wie er diese überträgt.

2.6.2.1 Geräusche

Bei Reifen werden, ausgehend von der Kontaktfläche zwischen Reifen und Straße, eine Reihe von Schwingungen ausgelöst (Stöße, Schläge, Reibung etc.). Der durch den Innendruck des Reifens gestreckte und gespannte Gürtel verstärkt diese Schwingungen. Es gibt eine Reihe von Mechanismen, die letztlich zu Geräuschen führen, Abb. 2.139. Diese sind jeweils abhängig von der Fahrgeschwindigkeit, und führen zu unterschiedlichen Frequenzen, Abb. 2.140.

Durch die Rollbewegung wird im Reifen die erste Längs-/Torsionsresonanz angeregt, welche in der Regel zwischen 30 und 40 Hz liegt. Unter der torsionalen Eigenresonanz des Reifens versteht man die Schwingung der Lauffläche gegenüber dem feststehenden Wulst. Bei Fahrzeugen können die Innenraummoden anregt werden. Dieses Phänomen wird als Wummern bezeichnet.

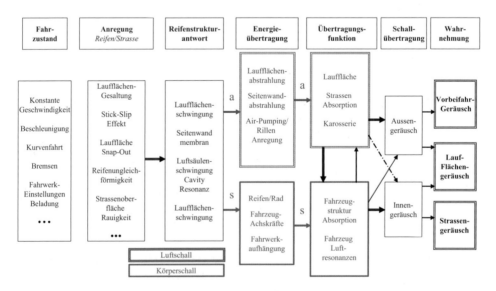

Abb. 2.139 Mechanismen zur Geräuschentstehung (Quelle: Goodyear)

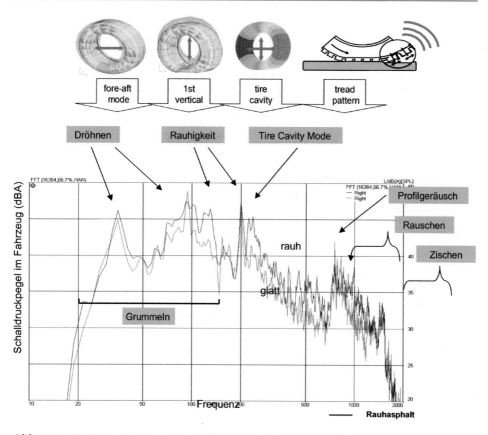

Abb. 2.140   Reifenschalldruck über der Frequenz (Quelle: Continental)

Die Resonanzlage ist abhängig von Seitenwandsteifigkeit, Luftdruck, Gürtelwinkel, bzw. Resonanzsystem Felge-Seitenwand-Stahlgürtel. Erfahrungsgemäß ist eine Lösung durch Verschiebung der Reifenresonanz schwer möglich, da die Reifenresonanzen primär eine Funktion der Dimension sind. Häufig zeigt sich durch eine Einflussanalyse Räder/Reifen, dass eine Verstimmung der Resonanz durch Luftdruckvariation feststellbar ist. Auch zeigt das Durchfahren aller bemusterten Räder, dass es „bessere" und „schlechtere" Fabrikate gibt. Häufig muss dann im Zielkonflikt auf Abrollkomfort zugunsten Wummerns verzichtet werden. Der Reifenhersteller kann ebenfalls eine Reihe von Maßnahmen durchführen. Das kann von asymmetrisch kalandrierter Stahlcord zur Verbesserung der Dämpfung, geändertem Wickelbild mit geändertem Material zur Erzeugung einer runderen Kontur bis zur Verwendung von Mischungen mit höherer Dämpfung gehen. Die tangentiale Eigenresonanz des Reifens lässt sich z. B. mit einer steiferen Seitenwand verändern. Eine Luftdruckerhöhung um 1 bar verändert die tangentiale Eigenfrequenz um etwa 5 Hz. Eine andere Möglichkeit, das Störgeräusch zu reduzieren, besteht darin, die Anregung mittels eines besser gedämpften Reifens zu senken, was aber zu Lasten des

Rollwiderstandes geht. Um generell das Störgeräusch zu verringern, sollte darauf geachtet werden, dass im Bereich dieser tangentialen Eigenresonanz des Reifens keine Eigenfrequenzen des Fahrzeuges liegen.

Betrachtet man den mechanischen als auch den akustischen Komfort, stellt man fest, dass es sich um durch Strukturen übertragene Vibrationen und Luftschwingungen han-

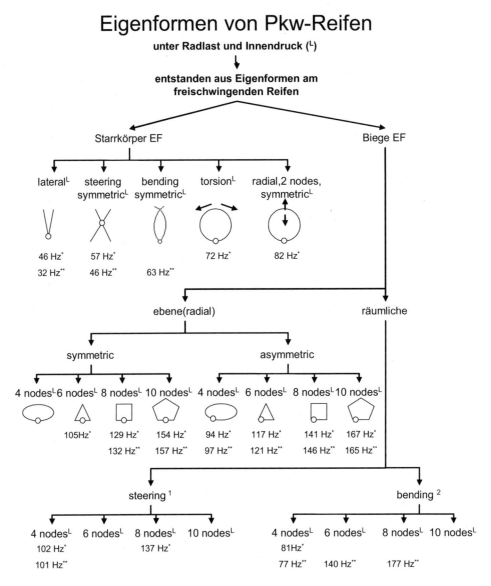

Abb. 2.141 Klassierung von Eigenschwingungen (Quelle: Continental)

delt, die durch Stöße und Reibung, aber auch durch Luftkompression in der Kontaktfläche zwischen Reifen und Straßenoberfläche hervorgerufen werden.

Beim Abrollen erzeugen die Unregelmäßigkeiten der Straße mehr oder minder grobe Stöße. Die Reifen verformen sich entsprechend der äußerlich einwirkenden Kräfte und beginnen in ihrer inneren Struktur oder an ihrer Oberfläche zu schwingen. Diese Schwingungen übertragen sich dann auf das Fahrzeug durch Körperschall und/oder auf die Umgebungsluft durch Luftschall.

Der Reifen dämpft die Stöße und Vibrationen mittels seiner visko-elastischen Eigenschaften und aufgrund des verformungsbedingten Energieverlusts (Hysterese). Befinden sich die anregenden Frequenzen im Bereich der Eigenfrequenz des Reifens, wirkt dieser als Schwingungsverstärker. Diese Verstärkung führt zu einer Komfortverschlechterung, vor allem dann, wenn sich diese Frequenz in der Nähe der Eigenfrequenzen des Fahrzeugs befindet.

Deswegen ist eine exakte Kenntnis der auftretenden Reifenschwingungen erforderlich. Die Modalanalyse ist die Bestimmung der Eigenformen, Eigenfrequenzen und Dämpfungen einer schwingenden Struktur. Zur Modalanalyse wird der Reifen auf einen schwingungsisolierten Tisch aufgespannt (Felge fest) und mit einem Shaker angeregt. Die Beschleunigung an verschiedenen

Punkten der Reifenoberfläche und die Anregungskraft wird gemessen und die Antwortfunktion des Reifens berechnet. Aus einem Satz von Antwortfunktionen können die Modenformen mit der zugehörigen Frequenz und Dämpfung gewonnen werden. Das Schwingungsverhalten eines Reifens hängt im Wesentlichen von der Frequenz ab. Unterhalb von 30 Hz verhält sich der Reifen wie eine Feder. Zwischen 30 und 250 Hz kann der Reifen als ein zusammengesetztes Schwingungssystem betrachtet werden, das über mehrere Eigenschwingungen verfügt. Diese Schwingungen lassen sich in zwei Kategorien unterteilen: Radialschwingungen und Querschwingungen, Abb. 2.141. Die Eigenformen lassen sich auch visualisieren, Abb. 2.142.

Oberhalb von 250 Hz vibriert der Reifen überwiegend im Oberflächenbereich der Schnittstelle zwischen Reifen und Straße. Die Schwingungen finden dann vor und hinter der Kontaktfläche statt. Bei höheren Frequenzen nimmt die Dämpfung zu. Dadurch können sich die Schwingungen nicht beliebig ausbreiten.

Das Reifenabrollgeräusch entstammt aus der Rauigkeit der Fahrbahnoberfläche und dem Laufflächenprofil des Reifens. Es entstehen dabei Schwingungen in der Reifenstruktur, der im Reifen eingeschlossenen Luft und der vom Profil mitgerissenen Umgebungsluft.

Die Anregung durch die Fahrbahnoberfläche durch einzelne Hindernisse erzeugt nicht nur mechanische, sondern auch akustische Schwingungen. Bei glatter Fahrbahn (makroraue Fahrbahn) nehmen die Insassen lediglich eine akustische Störung wahr. Der Hauptanteil akustischer Energie liegt dabei unterhalb von 800 Hz. Die Oberflächenrauigkeit regt also die Reifen zum Schwingen an und erzeugt ein Fahrzeuginnengeräusch durch Schwingungen der Reifenstruktur und Schwingungen des reifeninneren Luftvolumens.

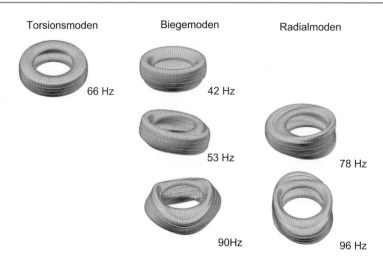

Abb. 2.142   Visualisierung von Eigenschwingungsformen (Quelle: Continental)

Bei der Luftvolumenschwingung gibt es ganz spezifische Schwingungsmuster. Die erste Harmonische, Kavitätsschwingung genannt, liegt im Bereich zwischen 200 und 250 Hz, Abb. 2.143. Ebenso entstehen durch das Aufschlagen der Gummiblöcke der Lauffläche auf die Fahrbahnoberfläche Geräusche. Diese Beschleunigungen versetzen den Reifen an Kontaktein- und -auslauf in Schwingungen, und zwar bei Frequenzen, die direkt von der Taktung der im Kontaktbereich aufschlagenden Gummiblöcke und Profilrillen abhängen. Diese Frequenzen belaufen sich meist auf 1000 Hz. Einmal in Schwingung geraten, regt der Reifen seine Umgebungsluft an, was inner- und außerhalb der Fahrgastzelle zur beschriebenen Geräuschbildung führt.

Um nun die akustische Belästigung durch das Aufschlaggeräusch zu schmälern, erhält das Laufflächenprofil eine gezielte Architektur, die Geräuschspitzen eliminiert, die ja die Hauptquelle des akustischen Unbehagens darstellen. Damit wird der Gesamtschallpegel reduziert.

Eine weitere Geräuschursache ist das Profilheulen. Es entsteht durch das Auftreffen der einzelnen Profilblöcke beim Kontakteinlauf auf dem Asphalt. Basierend auf der Erfahrung eines Reifenherstellers wird versucht, möglichst eine Teilungsfolge zu finden, die nicht zum Heulen führt. Profilblock-Anordnungen können zur Schwebung führen, wenn die Elemente von sehr ähnlicher Größe sind und dies zu markanten Spitzen auf ähnlichem Frequenzniveau führt. Die Lautstärke kann durch einen dickeren Laufflächenunterbau und geringere Rillenbreite reduziert werden, was aber auch im Zielkonflikt mit anderen Eigenschaften abgewogen werden muss.

Auch Schlupf kann zur Geräuschbildung führen. Wenn ein Reifen auf der Fahrbahn abrollt, produzieren die in der Kontaktfläche wirksamen Mechanismen, nämlich Reibung und Mikro-Schlupf, die hoch erwünschte Reifenhaftung. Bei konstanter Geschwindigkeit erzeugen die auf dem Asphalt durchrutschenden Gummiblöcke ein Zischgeräusch. Die-

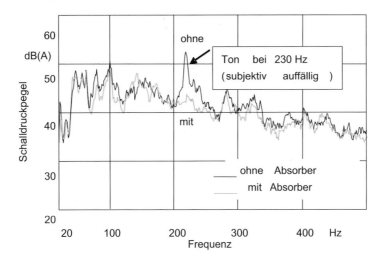

Abb. 2.143 Resonanz durch Kavität (Quelle: Continental)

ses Geräusch ist vergleichbar mit dem Zischgeräusch des Fahrens auf nasser Straße. Es handelt sich um ein Hochfrequenzgeräusch (800 bis 4000 Hz) mit schwacher Amplitude. Bei großem Schlupf rutschen die Gummiblöcke am Kontaktauslauf schneller durch als bei gleichförmiger Fahrt. Die durch solche Vorgänge freigesetzte Energie kann stärkere Geräusche produzieren, normalerweise das bekannte Quietschen. Bei normaler Fahrweise ist das beim Befahren lackierter Oberflächen wie etwa in Parkhäusern oder Tiefgaragen erlebbar.

Rollt ein Reifen auf einer Oberfläche ab, schließen die am Kontakteinlauf auftreffenden Blöcke die sie umgebende Luft in den Profilrillen ein. Beim Kontaktdurchlauf wird das Profil gestaucht und somit auch die in den Kanälen enthaltene Luft komprimiert. Am Kontaktauslauf entweicht die Luft plötzlich. Der Vorgang wird „Air Pumping" genannt. Die Geräusche werden noch verstärkt, wenn die komprimierte Luft in Resonanz gerät.

2.6.2.2 Schwingungen

Reifenschwingungen werden mechanisch über die Radaufhängung, die Federung und Lenkung auf die übrigen Fahrzeugkomponenten übertragen. Im Fahrzeug selbst stellt man das am Fahrzeugboden, am Sitz und am Lenkrad fest. Die akustische Übertragung erfolgt über fahrzeuginnere Oberflächen und die Luft.

Der eingeschränkte Fahrkomfort auf holprigen Fahrbahnen resultiert aus Unregelmäßigkeiten in Fahrtrichtung, in Westeuropa hauptsächlich auf Landstraßen zu finden. Fahrer und Passagiere spüren die Stöße durch Fahrzeugboden und Sitze hindurch bis ins Lenkrad. Reifen und Federung bestimmen die Stärke dieser Beschleunigungen. Die Abnahme dieser Beschleunigungen hängt gleichfalls von Reifen und Federung ab und wird als Abklingzeit oder Dämpfung bezeichnet.

Für ein Fahrzeug, das mit 20 bis 110 km/h auf einer Straße mit Längsunebenheiten der Wellenlänge 0,5 bis 50 m rollt, gilt für die auftretenden Schwingungen ein theoretischer Frequenzbereich von 0,1 bis 60 Hz. Für ein Fahrzeug mit 80 km/h auf entsprechenden Straßen liegt der Hauptanteil der Schwingungsenergie unterhalb einer Frequenz von 30 Hz.

Die Eigenfrequenz der gefederten Massen liegt bei ca. 1,5 Hz. Bei dieser Frequenz gerät die Karosserie in starke Schwingung, bekannt als Karosserieresonanz oder Trampeleffekt. Zwischen 10 und 20 Hz werden hauptsächlich jene ungefederten Massen zum Schwingen angeregt, deren Eigenfrequenzen sich in diesem Bereich bewegen. Die Rad/Reifen-Systeme schwingen vertikal zwischen Straße und Fahrzeug, bekannt als Radspringen. Die Bewegung ungefederter Massen überträgt sich auch ins Fahrzeuginnere.

Obwohl die Anregungsfrequenzen für Vorder- und Hinterachse identisch sind, gilt für ein reales Fahrzeug, dass die Hinterachse später angeregt wird. Diese zeitliche Verzögerung hängt vom Radstand und der Fahrzeuggeschwindigkeit ab.

Reifen weisen keine Eigenschwingungen im Frequenzspektrum zwischen 0 und 30 Hz auf. Innerhalb dieser Bandbreite hängt die Größe der vom Reifen auf die Radführungselemente und die Karosserie übertragenen Kräfte direkt von der Radialsteifigkeit des Reifens ab. Diese Kenngröße bestimmt auch die Frequenz der gefederten und ungefederten Massen.

Einzelne Unebenheiten wie Teerflecken, Querfugen, Kanaldeckel, Brückenstöße oder kleine Schlaglöcher (Flickasphalt) wirken stoßartig von außen auf einen Reifen ein. Diese 5 bis 30 mm hohen und einige Millimeter bis Zentimeter langen Hindernisse können einerseits erhaben aus der Straße z. B. als Flicken herausragen, andererseits deren Oberfläche kurzfristig unterbrechen, z. B. als Schlagloch oder Frostschaden.

Im Fahrzeuginnern spüren Fahrer und Passagiere diese Stöße, deren vielfrequente Anregung zu mechanischen und akustischen Schwingungen im Frequenzband zwischen 0 und 200 Hz führt. Die hieraus resultierenden, mehr oder weniger starken Beschleunigungen treten kurzfristig oder über einen längeren Zeitraum in Erscheinung und hängen im Wesentlichen vom Reifentyp ab. Das Phänomen wird Abtasten genannt. Der Reifen klettert die Unebenheit hinauf, verformt sich, ohne allerdings die Unebenheit vollständig zu kopieren. Schließlich fällt der Reifen auf der anderen Seite wieder hinunter. Beim Überrollen wirken auf die Radmitte eine vertikale Last und eine Kraft in Längsrichtung.

Der Reifen hat zwei Effekte beim Überrollen: Er filtert durch Minimierung der zur Radmitte geleiteten Kräfte und wird dabei aber selbst zur Schwingung in seiner Eigenfrequenz angeregt. Dabei gibt er die beim Überrollen des Hindernisses gespeicherte Energie wieder ab.

Beim Überfahren eines Einzelhindernisses wird also der Reifen dazu angeregt, in einer oder mehrerer seiner Eigenfrequenzen zu schwingen. Die durch Reifenschwingungen verursachten Kräfte wirken auf die Radmitte und belasten die Karosserie.

Nicht nur Straßen, sondern auch die Rad/Reifen-Einheiten können unangenehme Schwingungen auslösen. Ursache sind leichte Unregelmäßigkeiten während des Fahrbetriebs oder solche, die bereits bei der Herstellung oder der Montage der Reifen auftreten. Unregelmäßigkeiten können in der Kontur, der Massenverteilung oder der Steifigkeit auftreten. Massen-Ungleichförmigkeiten bedeutet eine unregelmäßige Verteilung der Masse über dem Reifen. Unwucht findet ihre Ursache oft in einer geringfügigen Schwankung der Laufflächendicke. Unwucht lässt sich in zwei Klassen kategorisieren: statische Unwucht und dynamische Unwucht.

Statische Unwucht lässt sich bereits am nicht rollenden Rad, dynamische Unwucht nur am rotierenden Rad feststellen. Die dynamische Unwucht erzeugt Zentrifugalkräfte, die nicht parallel zur Radmittenebene liegen und somit ein Kippmoment erzeugen. Dies führt wiederum zu Lateralkraftschwankungen in der Radmitte, was der Fahrer als Lenkradzittern oder -schütteln registriert. Im Allgemeinen wirkt sich die statische Unwucht im Lenkrad stärker aus als die dynamische.

Ebenfalls kann die Kontur ungleichförmig sein. Es gibt dabei die radiale und die laterale Auswanderung. Radiale Auswanderung bezeichnet eine Unregelmäßigkeit im Reifenradius, der Reifen ist also nicht wirklich rund. Laterale Auswanderung beschreibt eine Unregelmäßigkeit im Abstand zwischen der Reifenaußenseite und der Radmittenebene: Dies führt zu Lateralkraftschwankungen in der Radmitte, was im Fahrzeuginnern bei entsprechender Ausprägung als Schütteln registriert wird.

Eine radiale Auswanderung zwingt die Radmitte zu einer nicht geradlinigen Vorwärtsbewegung und damit zu Auf- und Abbewegungen. Rollt der Reifen unter Last ab, führt dieser Effekt zu Radialkraftschwankungen in der Radmitte.

Dasselbe Phänomen ist auch auf Kraftniveau zu beobachten: Ist ein Reifen Schwankungen der Radialsteifigkeit ausgesetzt, weist diese Kenngröße – über den Reifenumfang betrachtet – nicht überall die gleichen Werte auf. Hauptursache hierfür sind Dicken- oder Verlaufsschwankungen der inneren Gewebelagen, aber auch lokale Materialanhäufungen.

So wie die radialen Auswanderungen führen auch die Schwankungen der Radialsteifigkeit zu Vertikalschwingungen in der Radmitte. Dies kann Vibrationen im Wagenboden, in den Sitzen oder im Lenkrad und selbst Geräusche nach sich ziehen.

Ist ein Reifen Schwankungen der Lateralsteifigkeit ausgesetzt, liegt dies an einer inhomogenen Verteilung der Quersteifigkeit über den Reifenumfang. Hier liegt die Ursache meist in Dichteschwankungen der Gewebelagen und des Lagenumschlags.

Ähnlich den lateralen Auswanderungen führen Lateralsteifigkeits-Schwankungen zu unerwünschten Lateralkraftschwankungen in der Radmitte und zu Querschwingungen der Fahrgastzelle. Die durch die Ungleichförmigkeiten verursachten Anregungsfrequenzen betragen ein Vielfaches der Raddrehzahl. Sie hängen somit in direkter Linie von der Fahrgeschwindigkeit ab.

Bei wechselnden Geschwindigkeiten regen die durch Ungleichförmigkeiten produzierten Kräfte schrittweise die unterschiedlichen Eigenfrequenzen der Fahrzeugbauteile an. Dabei handelt es sich um die ungefederten Massen der Rad/Reifen-Einheiten sowie den Wagenboden, das Lenkrad und andere Bauteile. Diese von außen einwirkenden Kräfte, durch Resonanzeffekte einzelner Fahrzeugstrukturen verstärkt, erzeugen Schwingungen, die ihrerseits Stöße, prickelnde Vibrationen oder gar Lärm verursachen.

2.7   Reifenmodelle und Simulation

Die Simulation des Fahrzeuges mit Reifenmodellen stellt die Endausbaustufe im digitalen Entwurfsprozess dar. In der Fahrwerkentwicklung erfolgt die Simulation unter Einbeziehung aller Fahrwerkkomponenten, wie Lenksystem, Achsmodellen, Feder-/ Dämpfermodellen und natürlich auch Reifenmodellen, Abb. 2.144, [31–34]. Diese Reifenmodelle sind aus Komplexitäts- und Rechenzeitgründen meist mathematisch oder teilphysikalisch und werden mit Messdaten parametriert.

Zunehmend werden anstelle von Messdaten auch Simulationsergebnisse herangezogen. Hierzu werden die Reifeneigenschaften mit sehr detaillierten Modellen simuliert und

Abb. 2.144 Gesamtfahrwerk-
simulation

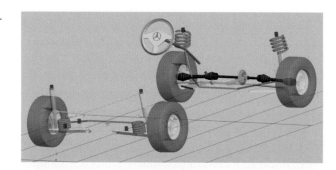

Abb. 2.145 Digitaler Reifen-
prüfstand

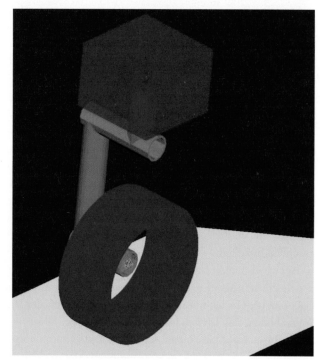

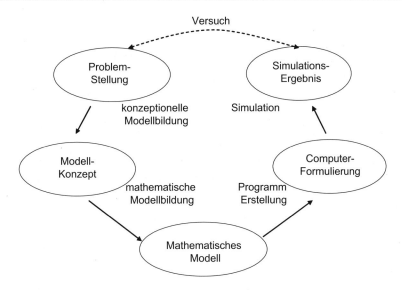

Abb. 2.146 Systematische Modellbildung

die Ergebnisse mithilfe von virtuellen Prüfständen erzeugt, Abb. 2.145. Diese Simulationsergebnisse dienen dann als Basis für die Parametrierung des Reifenmodells.

Ausgehend von einer CAD-Konstruktion wird über verschiedene Modellierungsstufen das Verhalten des Reifens beschrieben und bewertet. Dieser Prozess wird bei der Reifengrundauslegung zur Analyse, Bewertung und Optimierung in der Regel vom Reifenhersteller durchgeführt. Die Simulation erlaubt es, Aussagen auch ohne Hardware zu machen und das Systemverständnis zu vertiefen. Es können auch einfach Störeffekte ein- bzw. ausgeschaltet werden. Weiterhin können wichtige Größen, die schwer bzw. nicht messbar sind, erfasst werden und wichtige Effekte können isoliert werden. Dennoch muss am Ende letztlich eine Validierung durch den Versuch erfolgen. Der Gesamtprozess der Modellbildung ist in Abb. 2.146 beschrieben.

Abb. 2.147 Reifenmodelle für die Reifen- und die Fahrzeugauslegung

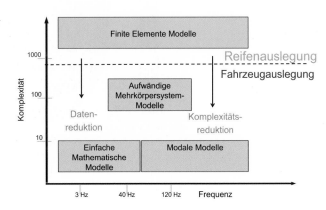

Reifenmodelle zur Vorhersage der Reifeneigenschaften sind meist auf Basis von Finite-Elemente-Modellen oder auch mithilfe von Mehrkörpersystemmodellen aufgebaut. Man unterscheidet zudem Reifenmodelle für die Reifenauslegung und für die Gesamtfahrzeugauslegung, siehe Abb. 2.147.

2.7.1 Reifenmodelle für die Reifenentwicklung

Bei der Reifenentwicklung werden klassische Finite-Elemente-Modelle beispielsweise eingesetzt, um Spannung und Dehnung bei Reifen mit Notlaufeigenschaften im Notlaufbetrieb vorherzusagen, Abb. 2.148. Hierzu müssen allerdings spezielle Elemente, die das Gummiverhalten approximieren, eingesetzt werden. Reifen mit Luft müssen zusätzlich Ansätze für den Reifeninnendruck beinhalten. Damit lassen sich dann für die Reifeneigenschaften elementare Eigenschaften wie das Einfederverhalten, Abb. 2.149, sehr präzise vorhersagen. Auch die Analyse von Eigenfrequenzen und Eigenformen von stehenden und rollenden Reifen erfolgt mithilfe der FEM-Simulation. Damit sind diese Größen, die zu Resonanzen führen können, in einer sehr frühen Phase bekannt und können entsprechend berücksichtigt werden, Abb. 2.150.

Abb. 2.148 Spannungen bei Notlaufreifen im Notlaufbetrieb ohne Luft (Quelle: Goodyear)

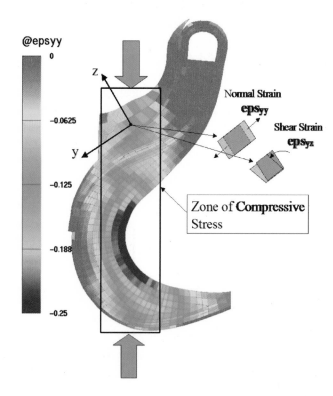

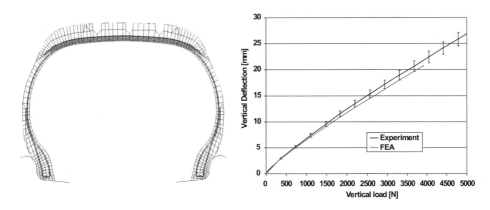

Abb. 2.149   Simulation der Einfederkennlinie (Quelle: Pirelli)

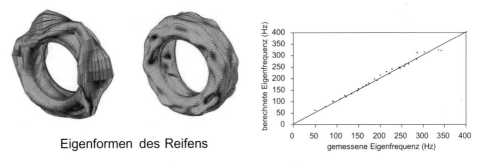

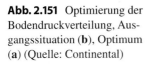

Abb. 2.150   Simulation der Struktur (Quelle: Continental)

Abb. 2.151   Optimierung der Bodendruckverteilung, Aus-gangssituation (**b**), Optimum (**a**) (Quelle: Continental)

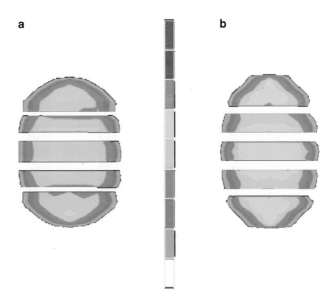

Abb. 2.152 Gleitbewegungen
im Latsch (Quelle: Continental)

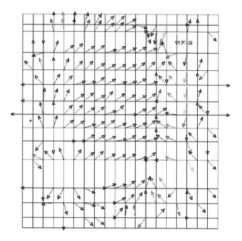

Ebenfalls elementar ist die Vorhersage der Bodendruckverteilung, Abb. 2.151. Ziel
ist es dabei zum einen, eine möglichst große Aufstandsfläche und zum anderen möglichst keine Druckspitzen in der Bodendruckverteilung zu haben. Die Optimierung der
Bodendruckverteilung ist im Besonderen für die gute Längs- und Seitenkrafterzeugung
entscheidend. Werden die Haft- und Gleiteigenschaften der Kontaktfläche mit in das Modell einbezogen, ist auch die Simulation der Seiten- und Längskräfte möglich. Es können
damit Aussage über die Latschverformung, aber auch über die Schubspannungsvertei-
lungen im Latsch gemacht werden, Abb. 2.152.

Für weitergehende Analysen der Bodendruckverteilung erfolgt auch eine Diskretisierung des Profils, was allerdings erheblich die Modellkomplexität erhöht, Abb. 2.153.

Modelle mit diskretisierter Lauffläche werden auch für die Auslegung der Verschleiß-
eigenschaften aber auch für die Geräuschsimulation verwendet, Abb. 2.154. Ausgehend

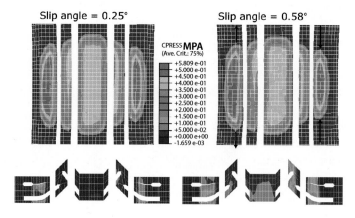

Abb. 2.153 Simulation von Seitenkräften (Quelle: Pirelli)

Abb. 2.154 Modellierung des
Profils (Quelle: Pirelli)

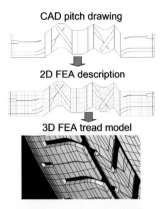

Abb. 2.155 FE-Simulation
Bodendruckverteilung inklusive Profilmodell

von der CAD-Zeichnung des Profils wird ein 2D-Finite-Elemente-Modell erstellt und in
ein 3DModell überführt.

Letztlich kann sogar die Interaktion von Straße und Reifen simuliert werden. Abbildung 2.155 zeigt die Simulation der Interaktion Reifen mit Profil – Fahrbahn. Diese
Gesamtsimulation erlaubt es, in einem durchgängigen Simulationsprozess die Wechselwirkungen des Reifens direkt zu beurteilen.

2.7.2 Reifenmodelle für die Fahrzeugentwicklung

Die korrekte Abbildung des Reifens ist eine zentrale Herausforderung in der Gesamtfahrzeugsimulation, da sie als einzige Elemente im direkten Kontakt zu der Straße stehen
und alle Anregungen vom Boden an das System weitergeben. So ist bei der Reifenmodellierung das Ziel, einen Kompromiss zwischen detaillierter Beschreibung und geringem
Berechnungsaufwand zu erreichen. Reifen können in MKS-Simulationsprogrammen mit
Kraftelementen gleichgesetzt werden.

Reifenmodelle dienen dazu, Reifeneigenschaften qualitativ oder quantitativ darzustellen und vorherzusagen. In der Fahrwerksentwicklung erfolgt die Fahrzeugsimulation unter Berücksichtigung aller Fahrwerkkomponenten, wie Lenksystem, Achsmodellen, Feder- und Dämpfermodellen und natürlich auch Reifenmodellen. Bei der Reifenmodellierung werden zum Aufbau eines funktionsfähigen Modells ebenfalls diverse Informationen benötigt. Dazu gehören die Kinematikpunkte des Fahrwerks, Massen und Trägheiten der einzelnen Fahrwerkskomponenten sowie die Kennlinien für Steifigkeiten und Dämpfungen der elastischen Bauteile. Aufgrund der hohen Anzahl von Fahrwerk- und Reifenmodellen stellt sich innerhalb einer Fahrzeugsimulationsschleife meist die Frage nach einer auf den jeweiligen Prozess abgestimmte Reifenbeschreibung. Dabei ist unumstritten, dass der Reifen die Ergebnisse der Fahrzeugsimulation wie kein anderes Teilsystem des Fahrzeuges beeinflusst und darüber hinaus auch das komplizierteste Teilsystem darstellt.

Je nach Themenstellung werden ganz unterschiedliche Anforderungen an die Reifenmodelle gestellt. Die Spanne reicht dabei von einfachen Modellen für stationäre Rollzustände auf ebener Fahrbahn, bis hin zu komplexen Methoden zur Simulation des Reifeneigenverhaltens beim Überrollen von Hindernissen oder unebenen Fahrbahnen. Wird das Reifenmodell den Erfordernissen der Aufgabenstellung nicht hinreichend genau gerechnet, verlieren die Simulationsergebnisse an Wert.

Die Reifenmodelle sind aus Komplexitäts- und Rechenzeitgründen meist mathematisch oder teilphysikalisch und werden mithilfe von Messdaten oder Simulationsergebnissen parametriert.

Reifenmodelle sind zur Untersuchung der Fahrzeugdynamik und zur Vorhersage von Reifeneigenschaften und Reifenverhalten meistens auf Basis von mathematischen Ansatzfunktionen, mithilfe von Mehrkörpersystemmodellen (MKS) oder sogar Finite-Element-Methoden aufgebaut, Abb. 2.156. Zusätzlich zu reinen Mehrkörpersystem-Elementen wie Starrkörper, nichtlineare Kraftelemente (Feder, Dämpfer) und kinematische Bedingungen, können auch viele andere systemdynamisch komplizierte Komponenten, wie beispielsweise Kontaktmodelle in das Gesamtmodell mit einbezogen werden, Abb. 2.162.

Die Parameterbestimmung ist ein wesentlicher Bestandteil bei der Reifenmodellierung, [35]. Mit Hilfe von standardisierten Reifenmessungen können in kurzer Zeit die Modellparameter ermittelt und die notwendigen Validierungen vorgenommen werden. Ziel dabei ist es den betrachteten Reifen ja nach Aufgabenstellung bezüglich der Kraftübertragungsmechanismen und des Bewegungsverhaltens korrekt abzubilden. Für die Approximationsparameter der Modelle werden Methoden aus der Parameteridentifikation eingesetzt, während die nicht direkt messbaren Parameter – wie beispielsweise der Verlauf des Reibwertes – anhand von Reifenkennfeldern ermittelt werden.

Auf Basis von Messergebnissen können die freien Parameter der verschiedenen Reifenmodelle angepasst werden, um in der Simulation ein realistisches Reifenverhalten zu erhalten.

Ein wesentliches Unterscheidungsmerkmal der Modelle ist dabei die Modelltiefe, Abb. 2.157, und die Eignung für die unterschiedlichen Anwendungsfälle.

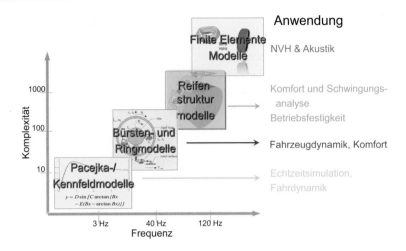

Abb. 2.156   Anwendungsbereiche von Reifenmodellen

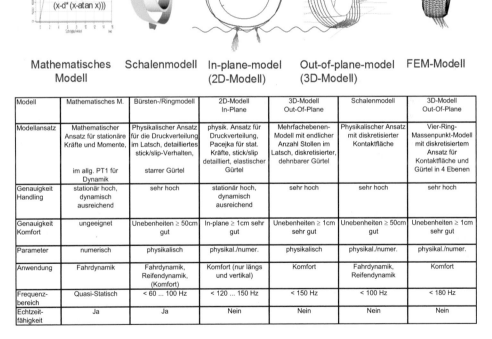

Abb. 2.157   Unterschiede der Modelltiefe

2.7.2.1 Horizontaldynamik

Bei der Benutzung von Kennfeldmodellen wird die Bewegung der Reifenbestandteile zueinander nicht berechnet, sondern nur der Zusammenhang zwischen Eingangs- und Ausgangsgrößen eines Systems betrachte, Abb. 2.158. Kennfeldmodelle sind die Grundlage von Echtzeitsimulationen. Sie können zur Fahrdynamikberechnung, aber nicht zur Komfortanalyse eingesetzt werden. Die Erstellung von Kennfeldmodellen ist aufgrund der geringen Parameter wenig aufwändig.

Sind die Messungen durchgeführt, werden die Messdaten für Reifenmodelle identifiziert. Bei einer Kennlinie sind einfache Pacejka-Ansätze hervorragend geeignet, [36].

$$Fy = D \cdot \sin(C \cdot \arctan \cdot (B \cdot a - \arctan(B \cdot a)))$$

Abbildung 2.159 zeigt, dass die Ansätze sowohl bei Längskraft- als auch bei Seitenkraftmessungen hervorragend geeignet sind. Während das Approximieren einzelner Kurven y = f(x) mittels gängiger Modelle sehr gut gelingt, wird es bei Kennfeldern wesentlich schwieriger.

Dasselbe Problem zeigt sich auch bei den aus den Kennfeldern generierten Grunddaten wie Schräglaufsteifigkeiten und Nachlauf, Abb. 2.160. Die Abweichungen wichtiger charakteristischer Kenndaten, z. B. Schräglaufsteifigkeit und Sturzsteifigkeit, zwischen Messung und aus der Messung identifizierten Modelldaten betragen oft mehr als 10 %.

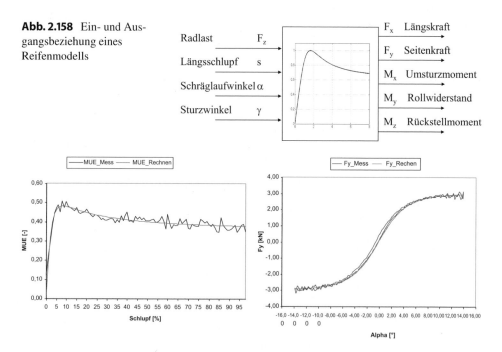

Abb. 2.158 Ein- und Ausgangsbeziehung eines Reifenmodells

Abb. 2.159 Identifikation von Reifenmodellen

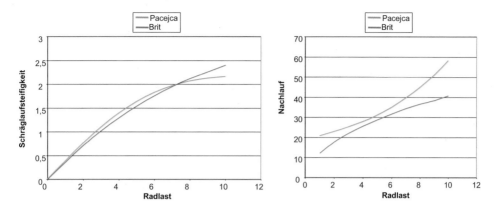

Abb. 2.160 Schräglaufsteifigkeit und Nachlauf bei verschiedenen Modellen

	Temperatur	Realitätsnähe	Identifikation	Messdauer	Anmerkung
Reale Messungen	Realistisch	Sehr gut	Sehr schlecht	Sehr hoch	Sturz und Schräglauf nicht separierbarSonderfälle
Standard Schräglauf- winkelmessung	Unrealistisch hoch	Schlecht	Spezielle Gewichts - Funktion hilfreich	Mittel	State of the Art
Zustandsraum - messungen	Realistisch hoch	Hoch	Sehr gute Eignung	Sehr kurz	Seitekraft geregelter Prüfstand
Zustandsraummessungen mit konstanter Gleitgeschwindigkeit	Niedrig konstant	Hoch	Sehr gute Eignung	Sehr kurz	Seitekraft geregelter Prüfstand und Geschwindigkeits - Ansteuerung
TIME	Realistisch hoch	Hoch	Gute Eignung	Kurz	Gute Verfügbarkeit

Abb. 2.161 Einfluss verschiedener Messverfahren auf die Simulationsqualität

Zunehmend wird zur Identifikation von Reifenkennfeldern auch eine Messung auf Vergleichsfahrzeugen durchgeführt. [37]. Hierbei ist zu beachten, dass Messungen am Fahrzeug mit verschiedenen Beladungen für das Kennfeld erforderlich sind, und zusätzlich eine genaue Sturz-Messung (Felge-Straße) und Nickwinkelmessung durchgeführt werden muss. Folglich müssen Messungen am Fahrzeug bis in Extrembereiche durchgeführt werden. Eine Übersicht über den Einfluss der Messverfahren auf die Ergebnisqualität zeigt Abb. 2.161 und 2.157. Es zeigt sich auch, dass die gesamte Prozesskette abgesichert sein muss.

Der Gültigkeitsbereich dieser Modelle ist jedoch relativ gering, da die eingesetzten Parameter nur für bestimmte Bedingungen und Zustände gelten. Aufgrund ihrer kurzen Rechenzeiten werden diese Modelle in der Fahrdynamiksimulation jedoch häufig eingesetzt.

Erweiterungen sind beispielsweise in [38] beschrieben. Alternative Reifenmodelle sind z. B., in [39], zu finden. Die Reifentemperatur spielt bei der Fahrdynamik eine große Rolle, Daher gibt es in jüngere Zeit immer mehr Bestrebungen auch die Auswirkungen der Reifentemperatur auf das Reifenverhalten in die Simulation mit einzubeziehen, [40, 41].

2.7.2.2 Vertikaldynamik

Als Beispiel für ein einfaches MKS-Reifenmodell bestehend aus Federn, Massen und Dämpfern, kann der Einzelkontaktpunkt aus Abb. 2.162 angesehen werden.

Weitere Verfeinerungen sind dann ein Rollenmodell, radiale Federmodelle oder Modell mit einem deformierbaren Gürtelband sowie die Kräfte in der Reifenaufstandsfläche, [42, 43]. Die zur Berechnung notwendigen Reifenparameter können über spezielle Messungen oder Berechnungen aus komplexeren Reifenmodellen bestimmt werden. Das Modell ist damit in der Lage, unebene Straßen zu überfahren und die entstehenden Kräfte an die Achse und damit an ein angekoppeltes Fahrzeugmodell weiterzugeben. Der Bodenkontakt wird über sog. Bürsten abgetastet und die entstehenden Kontaktkräfte berechnet. Eine Möglichkeit, den Rechenaufwand von Komfortmodellen zu verringern, besteht in der Reduktion der Freiheitsgrade der mechanischen Struktur.

Bürsten- und Ringmodelle bilden den Reifengürtel mit einem starren Kreisring ab, der über nichtlineare Steifigkeiten und Dämpfer an die starre Felge gekoppelt ist. Beim Bürstenmodell wird der Kontaktbereich so modelliert, dass einzelne verformbare Borsten zwischen Reifengürtel und Untergrund die Kraftübertragung in Längs- und Querrichtung beschreiben. Mit dem Modell ist eine Erfassung von stufenförmigen Hindernissen nur unter starken Einschränkungen möglich.

Das am weitesten verbreitete analytische Modell ist der elastisch gebettete Kreisring in all seinen Variationen. Mit diesen Reifenmodellen lassen sich nicht nur Schlupfkennlinien und modale Eigenschaften des Reifens erfolgreich berechnen, sondern auch instationäre Rollvorgänge. Eine, bei allen Reifenmodellen wichtige Forderung, ist die möglichst leichte Parametrierung aus Standardmessungen, Parametrieroptimierungsmethoden und der Wunsch nach eine möglichst geringen Anzahl von Modellparametern.

Einzelpunktkontakt
•Feder + Dämpfer
•Für große Wellenlängen (>3m)

Radiale Feder
•Radial verformbarer Körper
•Mit nichtlinearen Federn gute
 Radlastapproximation bei Hindernisse

Rollen-Modell
•Starres Rad + Feder + Dämpfer
•Kontaktpunkt ist realistischer
•Für kleine Wellenlängen

Flexibler Ring
•Radial verformarbarer Gürtel,
•Tangential steife Seitenwand
•Mit linearen Federn gute
 Radlastapproximation bei Hindernisse

Fester Footprint
•Gleichmässig verteilte Federn und Dämpfer
•Strassenunebenheiten werden gemittelt

Finite Elemente (FEM)
•Detaillierte Beschreibung
 der Reifenstruktur

Abb. 2.162 Reifenkontaktmodelle

Mit etwas feineren Diskretisierung arbeiten die so genannten strukturmechanischen Modelle. Ihre Genauigkeit und Rechenzeiten hängen allerdings stark vom Grad der Diskretisierung ab. Ihre Rechenzeiten sind in der Regel deutlich kürzer als bei FEM-Modellen, was einen Einsatz in der Fahrdynamik ermöglicht. Diese Modelle werden insbesondere für Simulationen auf unebener Fahrbahn und im Bereich komfortrelevanter Schwingungen sowie für Simulation von Hindernisüberfahrten genutzt. Die Rechenzeiten sind jedoch deutlich länger verglichen mit empirischen oder halbempirischen Modellen, während die Anzahl der benötigten Modellparameter und der Bestimmungsaufwand geringer sind. Durch die Diskretisierung des Reifens können auch die Schwingungen des Reifens selbst und seine Eigenfrequenzen dargestellt werden. Es ist damit möglich Hindernisüberfahrten und auch das Überrollen kurzwelliger Fahrbahnunebenheiten zu simulieren. Bei einer Hindernisüberfahrt, beispielsweise einer Querrinnenüberfahrt, wird der Reifen durch das Hindernis bis zum Durchschlag auf die Felge belastet. Wird die Überfahrt simuliert, muss das Reifenmodell folgende Merkmale aufweisen. Es muss die Masseverteilung detailliert abgebildet werden aber auch der Felge-Gürtel-Kontakt dargestellt werden können. Darüber hinaus sollte auch der Reifeninnendruck physikalisch abgebildet sein.

2.7.2.3 Hochfrequente Dynamik

Die genausten Reifenmodelle, die auch tiefere Einblicke in die Vorgänge im Reifen bieten, sind FEM-Modelle. Ihre langen Rechenzeiten verhindern jedoch ihren Einsatz in der Fahrdynamiksimulation.

FE-Modelle berücksichtigen die Verformung von Bauteilen unter Krafteinfluss und werden meistens eingesetzt, um Festigkeiten, Eigenfrequenzen oder andere Bauteileigenschaften zu bestimmen, [44]. Dabei werden nichtlineare Materialmodelle für die verschiedenen Gummimischungen verwendet und die Stahleinlagen von Gürtel und Karkasse in die Elemente miteingebettet. FE-Berechnungen zeichnen sich im Vergleich zu MKS-Rechnungen durch hohe Ergebnisgüte und Modellierungstiefe, aber auch extrem langen Rechenzeiten aus.

Durch das detaillierte Abbilden und Verknüpfen der einzelnen Reifenbestandteile ist damit das Reifenverhalten auch ohne vorherige Messung simulierbar. Jedoch ist dazu bei der Modellierung derartiger Reifenmodelle die genaue Kenntnis über den Reifenaufbau essentiell. Die hohen Berechnungszeiten werden in dem Bereich der Fahrwerksimulationen in Kauf genommen, bei dem Verformungen elastischer Fahrwerkskomponenten zu berücksichtigen sind, d. h. bei beispielsweise Fahrzeugcrashsimulationen. FE-Reifenmodelle können jedoch nicht in der Gesamtfahrzeugsimulation verwendet werden. Der echtzeitfähige Einsatz von FE-Modellen erscheint erst in naher Zukunft realistisch, Abb. 2.163, [14].

Finite Elemente Reifenmodelle können auch andere Finite-Elemente Systeme gekoppelt werden. Abbildung 2.164 zeigt die Anbindung die Erweiterung eines Finite Elemente Kontaktmodelles an ein FE-Reifenmodell an ein FE Radmodell und ein Modell das die Schwingung der im Reifen eingeschlossenen Luftsäule (Kavität) abbilden kann.

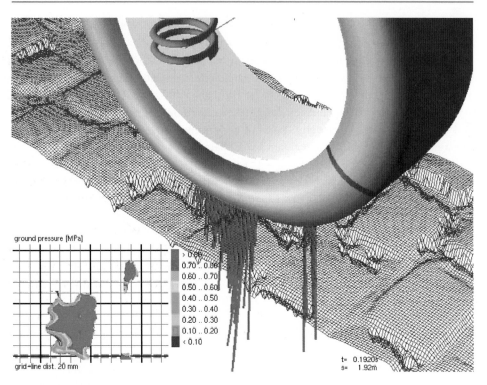

Abb. 2.163 Simulation der Interaktion Straße und Reifen (Quelle: COSIN, Prof. Gipser, Esslingen)

Abb. 2.164 FE Kontaktmodell, Strukturreifenmodell, Struktur-Rad-Reifenmodell, Struktur Reifen-Akustikmodell (Quelle: COSIN, Prof. Gipser, Esslingen)

Räder

3

Ohne Räder läuft gar nichts – diese elementare Feststellung beschreibt nicht nur die technische Grundvoraussetzung für ein funktionierendes Automobil, sondern auch die Bedeutung des Rades für ein überzeugendes Fahrzeugdesign. Deshalb tragen anspruchsvoll gestaltete Räder, die mit dem Karosseriekörper harmonieren und als gestalterisch logische Fortsetzung erscheinen, entscheidend zur hohen Designgüte der Gesamtfahrzeuge bei, [45].

Über das Rad werden viele fahrzeug- und achsspezifischen Aufgaben bewältigt, wie z. B. die Übertragung von fahrdynamischen Kräften zwischen Fahrzeug und Fahrbahn. Hierzu gehört das Aufnehmen der Fahrzeuglast und der Stoßkräfte des Fahrbahnuntergrunds, das Übertragen der Drehbewegung der Achsen an die Reifen, das Aufnehmen und Übertragen von Brems- und Beschleunigungskräften sowie von Seitenführungskräften bei Kurvenfahrt. Die Radgröße wird hauptsächlich durch den Platzbedarf der Bremsanlage, der Achsbauteile und der Größe des verwendeten Reifens bestimmt.

Gießen gilt als kürzester Weg vom Rohmetall zum Fertigprodukt und bietet zugleich ausgezeichnete Gestaltungsmöglichkeiten. Verschiedene Funde von gegossenen Bronzerädern deuten darauf hin, dass man bereits gegen Ende der Bronzezeit (1800–800 v.Chr.) diese Eigenschaften des Gießens nutzte, um vergleichsweise leichte und zugleich optisch ansprechende Räder zu gestalten, Abb. 3.1. Diese in einem Stück gegossenen Räder hatten hohle Speichen und Naben kamen jedoch im Gegensatz zu den damals gebräuchlichen Scheiben- oder Speichenrädern aus Holz nur für sehr exklusive Anwendungen in Frage.

Das vermutlich erste Leichtmetallgussrad für ein Motorfahrzeug ist im UK-Patent Nr. 7928 vom 14. April 1899 von Edwin Perks und Harold Birch dokumentiert, Abb. 3.2. Dieses „Motor Wheel" bestand aus zwei miteinander verschraubten Aluminium-Gussteilen, zwischen denen – ganz modern – ein Motor untergebracht war. So etwas war mit den fragilen Drahtspeichenrädern kaum zu machen. Bei diesem Rad standen also funktionelle Gründe im Vordergrund.

© Springer Fachmedien Wiesbaden 2015
G. Leister, *Fahrzeugräder – Fahrzeugreifen*, ATZ/MTZ-Fachbuch,
DOI 10.1007/978-3-658-07464-7_3

Abb. 3.1 Gussrad aus Bronze,
um 800 v. Chr. (Rekonstrukti-
on)

Abb. 3.2 Gussrad von Perks
und Birch, 1899

Abb. 3.3 Leichtmetallgussrad
von Bugatti 1924–1932

Als in den 1920er Jahren Holz als Werkstoff für Automobilräder zunehmend durch
Stahl ersetzt wurde und das Drahtspeichenrad längst zum Standard bei sämtlichen Grand-
Prix-Wagen geworden war, stellte Ettore Bugatti 1924 zum Großen Preis von Frankreich
in Lyon das erste praktikable Leichtmetallgussrad vor, Abb. 3.3. In drei Patenten beschrieb
er vor allem die bessere Kühlung der Bremsen, die gegenüber Drahtspeichenrädern höhere Festigkeit und die Möglichkeit der Verwendung von schlauchlosen Reifen. Obwohl das
Debut in Lyon wegen zahlreicher Reifenpannen nicht erfolgreich war, wurden die charakteristischen Bandspeichenräder zum Markenzeichen der Bugatti-Wagen. Aber 10 Jahre
später, bei Bugatti's verzweifeltem Versuch, gegen die verloren gehende Dominanz im
Grand-Prix-Sport anzukämpfen, kehrt er aus funktionalen Gründen zum leichteren, gewichtsoptimierten Drahtspeichenrad zurück.

Bugatti's Sohn Roland beklagte später in den 1960er Jahren die schlechte Qualität dieser Gussräder, insbesondere ihr mangelhaftes Verformungsverhalten. Als einzigen Vorteil
bezeichnete er die im Vergleich zu den Drahtspeichenrädern wesentlich geringeren Her-
stellungskosten.

Als nach dem zweiten Weltkrieg wieder mit dem Motorsport begonnen wurde, nahm
man die Alleingänge einzelner Avantgardisten wie Charles und John Cooper oder Alex
von Falkenhausen mit ihren Gussrädern zunächst kaum wahr. Aber mit der Entwicklung
der Motoren und der Fahrwerke, besonders aber auf Grund der rasanten Fortschritte bei
der Reifen-Entwicklung gerieten die bis dahin noch immer üblichen Drahtspeichenräder
Ende der 1950er Jahre an ihre Grenzen. Breitere Reifen benötigten breitere und formsta-
bilere Räder, die auch für schlauchlose Reifen geeignet waren.

Abb. 3.4 Magnesiumguss-
Rad für Lotus F1-Rennwagen
von 1958 (Größe 5J × 15.
Gewicht 3,7 kg!)

Abb. 3.5 Korrosion an Magnesiumrädern

Im Hinblick auf ein möglichst geringes Gewicht war Magnesium mit seiner gegenüber
Aluminium 32 Prozent geringeren Dichte die erste Wahl, Abb. 3.4.

Das problematische Korrosionsverhalten und die geringe Dehnung spielte bei diesen Rädern kaum eine Rolle. Als aber einige Fahrzeughersteller in den 1960er Jahren
damit begannen, auch Serien-Modelle mit Magnesiumrädern auszurüsten, zeigte sich
im Alltagsbetrieb schnell die Korrosionsproblematik von Magnesium als Radwerkstoff,
Abb. 3.5.

3.1 Radbegriffe

Beim Rad wird zwischen zwei Hauptteilen unterschieden, der Felge und der Radscheibe. Diese beiden Teile können aus einem Stück bestehen, sie können auch fest oder lösbar miteinander verbunden sein. Als Scheibenrad wird eine dauernde Verbindung einer Felge mit einer Radscheibe bezeichnet, [46, 47].

Im täglichen Sprachgebrauch werden die Begriffe Felge und Rad oft nicht unterschieden. Es wird häufig der Begriff Felge verwendet, wenn tatsächlich das komplette Rad gemeint ist. Außerdem umfasst das „Rad" im allgemeinen Sprachgebrauch häufig das Komplettrad, also auch den Reifen, Abb. 3.6.

Die Radscheibe (Radschüssel) ist das Verbindungsteil zwischen Felge und Achsnabe. Diese Radscheibe weist Löcher zur Belüftung der Bremsanlage auf. Die Mitte der Radscheibe enthält das Mittenloch und die Radschrauben- beziehungsweise die Bolzenlöcher. Über diese wird das Rad an der Achse befestigt. Das Mittenloch ist mit einer Passbohrung versehen, über die das Rad an der Achse radial zentriert wird. Darüber hinaus sind an Rädern häufig Spurmesslöcher vorhanden. Diese erlauben es die Fläche der Bremsscheibe als Referenz für die Spur- und Sturzeinstellung des Fahrwerkes zu verwenden. Diese bestimmt zusammen mit der Felgenschulter die Rundlaufqualität (Höhenschlag) des Rades. Die Radanlagefläche ist zusammen mit den Felgenhörnern für den Planlauf des Rads (Seitenschlag) verantwortlich.

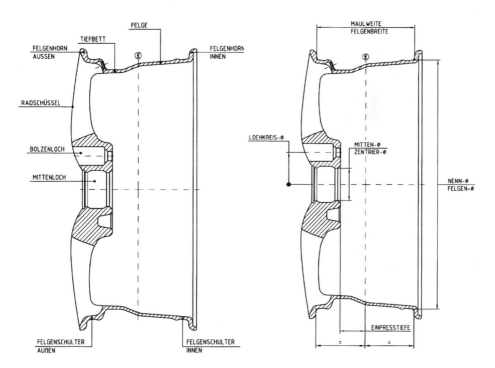

Abb. 3.6 Fachbegriffe am Rad

Der Begriff Felge beschreibt strenggenommen nur den radial äußersten Teil des Rads, der den Reifen aufnimmt. Damit stellt die Felge das elementare Bindeglied zwischen Radscheibe und Reifen dar. Sie übernimmt bei schlauchlosen Reifen die Funktion der Luftabdichtung und ist geometrisch auf den Reifen abgestimmt. Die Felge wird bei der am häufigsten verwendeten Bauform in vier Bereiche unterteilt.

Die Felge wird innen und außen von einem Felgenhorn (Felgeninnenhorn und Felgenaußenhorn) begrenzt. Es stellt den seitlichen Anschlag für den Reifenwulst dar und nimmt die aus dem Reifendruck und der axialen Reifenbelastung resultierenden Kräfte auf. Das Felgenhorn wird in den Richtlinien der ETRTO (European Tyre and Rim Technical Organisation) spezifiziert. Damit werden die Geometrie des Felgenhorns und das Verhältnis zum Tiefbett maßlich beschrieben. Es richtet sich nach dem Einsatz und der Verwendung des Rads. Die für Pkw gebräuchlichste Felgenhornform ist die J-Hornform. Das niedrigere B-Horn findet man bei kleineren Fahrzeugen und bei Notrad-Systemen.

Die Felgenschulter beschreibt die Kontaktzone des Reifens mit der Felge. Sie zentriert den Reifen in radialer Richtung. In diesem Bereich erhält der Reifen seine korrekte Position für Rund- und Planlauf. Hier werden alle fahrdynamischen Kräfte übertragen. Bei den heute im Pkw überwiegend verwendeten schlauchlosen Reifen wird das Rad-Reifensystem an der Felgenschulter abgedichtet.

Das Felgenbett verbindet die innere mit der äußeren Felgenschulter. Im Pkw-Bereich kommt überwiegend die Tiefbettfelge zum Einsatz. Tiefbettfelgen haben eine eindeutig definierte Form mit einem tief liegenden Felgenbett (Felgentiefbett).

Bei der Montage des Reifens auf das Rad wird der Reifen zunächst mit einer Seite des Reifenwulstes im Tiefbett positioniert, um auf der gegenüberliegenden Seite über das Felgenhorn gezogen werden zu können. Das Felgentiefbett ist die erforderliche Ausformung im Felgenbett zur Aufnahme des Reifenfußes bei der Montage und Demontage des Reifens.

Das Hump ist die im Bereich der Felgenschulter umlaufende, erhabene Sicke. Es ist für schlauchlose Reifen vorgeschrieben. Im Fall eines geringen Reifendrucks soll das Hump das Abspringen des Reifens von der Felgenschulter verhindern. Im Pkw-Bereich werden überwiegend H2-Felgen eingesetzt. Außerdem kommen gelegentlich Extended-Hump (EH2) Räder mit etwas größerem Humpdurchmesser, insbesondere bei Einsatz von Notlaufreifen zum Einsatz, Abb. 2.47.

Die wichtigsten Begriffe für die Funktion und die Konstruktion eines Rads sind:

- Felgendurchmesser (Nenndurchmesser, Maß von Felgenschulter zu Felgenschulter),
- Felgenumfang (Messwert, wird mit Kugelband um die Felgenschulter ermittelt),
- Felgenmaulweite (Felgenbreite, Innenmaß zwischen den Felgenhörnern),
- Mittenlochdurchmesser (Zentrierdurchmesser, ist als Passmaß ausgeführt),
- Einpresstiefe ET (Maß in mm von der Felgenmitte bis zur Radanlagefläche des Scheibenrads),
- Lochkreisdurchmesser (Durchmesser des Kreises, auf dem die Mittelpunkte der Schraubenlöcher liegen),

- Hornhöhe (gemessen vom Felgennenndurchmesser bis zum Sattelpunkt des Hornradius).

Für die Auslegung von Pkw-Rädern ist eine Vielzahl von Kriterien zu beachten, die oftmals einen Zielkonflikt darstellen können. Die wichtigsten Kriterien sind:

- Hohe Dauerfestigkeit,
- gute Unterstützung der Bremskühlung,
- zuverlässige Radbefestigung,
- geringe Rund- und Planlauffehler,
- wenig Platzbedarf,
- guter Korrosionsschutz,
- niedriges Gewicht,
- geringe Kosten,
- problemfreie Reifenmontage,
- guter Reifensitz,
- guter Wuchtgewichtsitz,
- ansprechendes Design,
- teilweise Anforderungen zur Verbesserung der Aerodynamik des Fahrzeugs (cw-Wert).

3.2 Stahlräder

Das Fahrzeugrad stellt die Verbindung zwischen Reifen und Fahrzeugachse her. Es sorgt für die Weitergabe der an der Aufstandsfläche des Reifens eingeleiteten Kräfte in die Radnabe.

Im Fahrzeugbau kommen unterschiedliche Räderkonzepte zur Anwendung, die sich hinsichtlich der Bauarten, Werkstoffe und Herstellungsverfahren unterscheiden.

Das bei den meisten Fahrzeugherstellern als Serienausstattung verbaute Stahlrad bildet aufgrund seiner Robustheit und werkstofflichen Zähigkeit, aber auch hinsichtlich des Leichtbaus durch hochfeste Stähle und kostengünstige Fertigungstechnologien, die wirtschaftlichste Radvariante während der betrieblichen Lebensdauer eines Fahrzeuges.

Das Stahlrad besteht aus zwei Teilen, der Felge und der Radscheibe. Sie werden aus warmgewalztem Stahlblech im Roll- und Biegeumformverfahren hergestellt und durch Schweißen zusammengefügt. Die insgesamt kostengünstigste Variante von Pkw-Rädern wird aus warmgewalzten und gebeiztem Stahlbandblech, vom Coil abgewickelt, gefertigt. Die sehr guten mechanischen Eigenschaften dieses Werkstoffs ermöglichen dünnwandige Radkonstruktionen, die durch hochautomatisierte sehr präzise Biegeumformverfahren auf Endmaße mit engen Toleranzen gefertigt werden.

Der insbesondere seit der CO_2-Diskussion anhaltende Trend zum Leichtbau hat den Einsatz von hochfestem feinkörnigem Baustahl und von Dual-Phasen-Stahl beschleunigt. Deren hohe Zugfestigkeiten (600 ... 750 N/mm^2) und sehr gute Umformbar- und

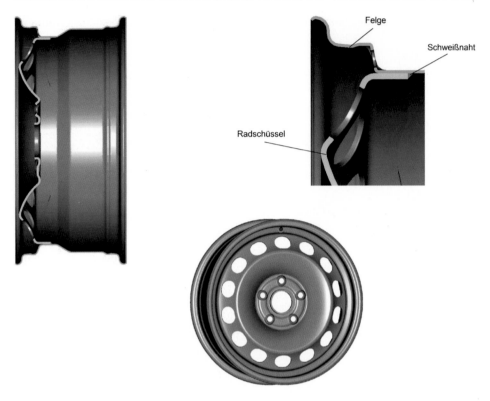

Abb. 3.7 PKW-Standardrad aus Stahl

Schweißbarkeit ermöglichen eine effiziente Herstellung von leichten und kostengünstigen Rädern.

Weiteres Gewichtspotential kann durch den Einsatz von „Tailored Blanks" für die Felgenfertigung erschlossen werden. Hierbei wird die Blechstärke des Ausgangsmaterials den Spannungen im Rad angepasst, indem Materialstreifen aus unterschiedlich dicken Blechen durch Laserschweißen zu einer Platine gefügt werden.

Das PKW-Standardrad aus Stahl Abb. 3.7, auf das an dieser Stelle der Fokus gelegt werden soll, besteht in der Regel aus zwei Einzelteilen, der Felge und der Radschüssel, die entweder durch Punkt- oder durch Lichtbogenschweißen miteinander verbunden werden.

Die Felge Abb. 3.8 dient zur Aufnahme des Reifens und gewährleistet durch ihr genormtes Profil einen luftdichten und sicheren Sitz während des Fahrzeugbetriebes. Die heutzutage im PKW-Bereich fast nur noch verwendete Tiefbettfelge ermöglicht durch die radiale Vertiefung im Felgenbett die Montage des Reifens und vergrößert gleichzeitig das Luftvolumen. Außerdem ist durch das Tiefbett eine günstige Platzierung sowohl des Ventils als auch der Reifenluftdruckelektronik an der Tiefbettflanke möglich. Die beiden Felgenschultern zentrieren die Reifenwülste in radialer Richtung und nehmen hauptsächlich die aus dem Gesamtfahrzeuggewicht resultierenden Kräfte auf. Der zwischen der

Abb. 3.8 Felge

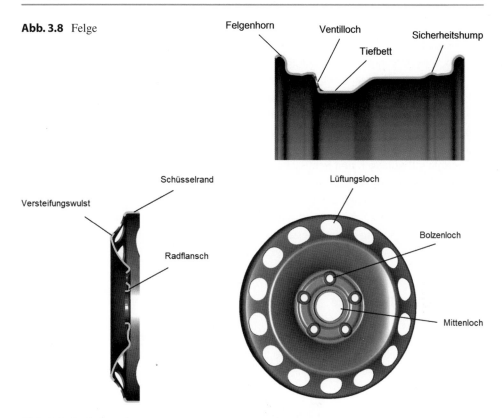

Abb. 3.9 Radschüssel

Felgenschulter und dem Tiefbett angeordnete Sicherheitshump verhindert bei einem Fahrzeugbetrieb mit zu geringem Luftdruck und starken Seitenkräften ein Abrutschen der Reifenwülste in das Tiefbett, das einen schlagartigen Luftverlust zur Folge hätte. Die Felgenhörner dienen als axiale Begrenzung der Reifenwülste und nehmen die auftretenden Seitenkräfte als auch die dem Reifenluftdruck zuzuordnenden Kräfte auf. Außerdem ermöglichen die Felgenhörner das Anbringen von Wuchtgewichten zur Verbesserung der Laufeigenschaften des Rades mit montiertem Reifen.

Die Radschüssel Abb. 3.9 hat die Aufgabe, Felge und Fahrzeugnabe zu verbinden, und kann im Wesentlichen in drei Bereiche eingeteilt werden:

- Radflansch mit zentralem Mittenloch und Bolzenlöchern,
- Versteifungswulst (Kümpel) mit Lüftungslöchern,
- Schüsselrand.

Die Zentrierung der Schüssel erfolgt am dafür vorgesehenen Ansatz der Fahrzeugnabe über das Mittenloch, das meistens mit engtolerierten Segmenten versehen ist. Die lösbare Befestigung an der Nabe wird durch Radschrauben beziehungsweise durch Radmuttern bei der Verwendung von Stehbolzen bewerkstelligt. Die Befestigungsmittel werden in den zum Mittenloch konzentrischen Bolzenlöchern, die entweder sphärisch oder konisch ausgebildet sind, aufgenommen und sorgen so für eine formschlüssige Verbindung. Durch die Hochstellung der Bolzenlöcher in der Radschüssel erreicht man in Verbindung mit dem vorgeschriebenen Anzugsdrehmoment eine entsprechende Elastizität in diesem Bereich, die dem Lösungsbestreben der Befestigungsmittel im Fahrbetrieb entgegen wirkt. Außerdem sorgt die axiale Neigung der äußeren Anlagefläche des Radflansches zur inneren für eine Vorspannung der Verschraubung.

Zwischen Radflansch und Schüsselrand verläuft die Kontur bauchig, um für die Fahrzeugbremse Raum zu schaffen und gipfelt in axialer Richtung in einem Wulst zur Erreichung einer entsprechenden Steifigkeit und homogeneren Spannungsverteilung. Zwischen Versteifungswulst und Schüsselrand sind die Lüftungslöcher zur Kühlung der Bremse und zur Gewichtseinsparung in Umfangsrichtung angeordnet. Der Schüsselrand dient als Aufnahme und Verbindungsstelle mit der Felge.

3.2.1 Stahlradkonzepte

Die Unterschiede zwischen den Stahlradkonzepten bestehen hauptsächlich in der Art der Anbindung der Radschüssel an die Felge, sowie dem Radschüssel- und Felgendesign.

Abb. 3.10 Strukturrad

Abb. 3.11 Semi-Fullface-Rad

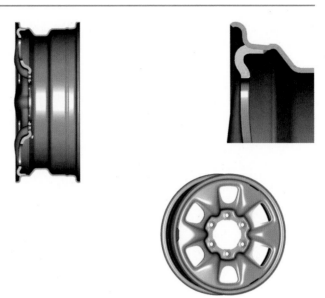

3.2.1.1 Standardrad

Beim Standardrad Abb. 3.7 erfolgt die Anbindung der Radschüssel an die Felge im Bereich des Tiefbetts. Auf diese Weise ergibt sich eine flächige Anlage des Schüsselrandes
am kleinsten Innenumfang der Felge und resultierend eine gewichtssparende und wirt-
schaftliche Konstruktion. Zur Erreichung einer sicheren Verbindung wird die Anlage als
Presssitz ausgebildet, wobei der Außendurchmesser der Radschüssel entsprechend größer
gefertigt wird. Dies entlastet die Verbindungsschweißnaht unter dynamischer Beanspruchung.

3.2.1.2 Strukturrad

Die Anbindung der Radschüssel an die Felge ist identisch zum Standardrad. Der Hauptun-
terschied besteht im Schüsseldesign, das relativ große Lüftungslöcher vorsieht und damit
einen höheren Gestaltungsfreiheitsgrad der zu verbauenden Radblende ermöglicht. Die
Anzahl der Speichen ist beim Strukturrad Abb. 3.10 aus Festigkeitsgründen in den meisten Fällen analog der Anzahl der Bolzenlöcher. Die größere Designfreiheit muss durch
dickere Materialwandstärken in der Schüssel erkauft werden und weist dadurch Gewichts-
und Kostennachteile gegenüber dem Standardrad auf.

3.2.1.3 Semi-Fullface-Rad

Beim Semi-Fullface-Rad Abb. 3.11 erfolgt die Anbindung der Radschüssel unterhalb der
äußeren Felgenschulter und ermöglicht dadurch bessere Platzverhältnisse für die Bremse sowie von der Optik her ein robusteres Schüsseldesign. Diese Konstruktion erfordert
zusätzlichen spanabhebenden Fertigungsaufwand hinsichtlich der Gestaltung des Schüsselrandes, um die Formschlüssigkeit zum Schulterbereich zu gewährleisten.

Abb. 3.12 Fullface-Rad

3.2.1.4   Fullface-Rad

Das äußere Felgenhorn ist beim Fullface-Rad Abb. 3.12 ein Bestandteil der Schüssel. Die Felge wird entweder stumpf mit zwei umlaufenden Nähten oder an einer Abkantung der Felge mit einer Naht im Hornbereich angeschweißt. Diese Bauform führt zu einem Flächendesign, welches das Rad im Durchmesser optisch größer erscheinen lässt und hinsichtlich der geometrischen Gestaltung der Lüftungslöcher entsprechende Möglichkeiten bietet. Dem stehen ein erheblich größerer Fertigungsaufwand und ein vergleichsweise sehr hohes Radgewicht gegenüber. Fullface- und Semi-Fullface-Räder finden hauptsächlich Verwendung bei Off-Road und Pick-Up Fahrzeugen.

3.2.2   Auslegung von Stahlrädern

Die Konzeption des Stahlrades erfolgt unter Berücksichtigung der vom Fahrzeughersteller für das neue Modell festgelegten Randbedingungen. Dabei werden folgende Hauptkriterien vorgegeben:

- Felgengröße,
- Einpresstiefe,
- Achs- bzw. Radlast,
- Nabenanschlussmaße,
- Bremsenkontur,
- Stylingvorgaben (Anzahl und evtl. Form der Lüftungslöcher),
- Geometrische Anforderungen aufgrund der Radblende,
- Prüfspezifikation zur Entwicklungsfreigabe.

Abb. 3.13 Spannungsverteilung im Stahlrad

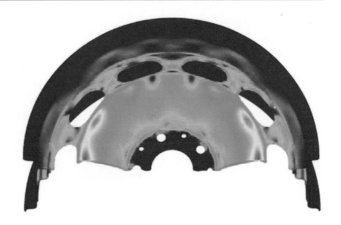

Mit Hilfe von CAD-Systemen werden beim Konstruktionsstart erste Radentwürfe kreiert, die auf den vorgegebenen Randbedingungen und den Erfahrungswerten des Konstrukteurs basieren. Von den daraus resultierenden Varianten durchlaufen die aufgrund einer Vorauswahl als am geeignetsten bewerteten einen rechnerischen Festigkeitsvergleich mit Hilfe einer computerunterstützten Berechnung nach der Methode der Finiten Elemente.

Dabei werden die auf die späteren Prototypenräder angewandten Betriebsfestigkeitsprüfungen simuliert. Maßgebend für die Schüsselauslegung ist die Simulation der Umlaufbiegeprüfung, für die Felge die Simulation der Abrollprüfung. Als wichtigstes Resultat der Berechnungen erhält man die entsprechenden Spannungsverteilungen infolge der auf das Rad wirkenden äußeren Kräfte Abb. 3.13. Die Radvariante mit dem niedrigsten Spannungslevel und der homogensten Spannungsverteilung wird für eine finale Gestaltoptimierung herangezogen, um die erforderliche Steifigkeit und ein minimalstes Eigengewicht des Stahlrades zu erreichen.

Die nach der letzten Berechnung erhaltenen Spannungswerte dienen zur Verifizierung der optimierten Variante. Dabei werden sie mit den zur Verfügung stehenden Materialdaten des vorgesehenen Stahles und den Ergebnissen von bereits abgeschlossenen Projekten verglichen. Bei einer positiven Bewertung erfolgt die Entscheidung zur Anfertigung von Prototypen; ist sie negativ, müssen weitere Optimierungsschleifen durchgeführt werden. Ist der Freiraum hinsichtlich der Gestaltoptimierung aufgrund der Randbedingungen ausgereizt, bleiben nur noch die Wahl eines höherfesteren Materials oder die Anhebung der Ausgangsmaterialstärke übrig.

Durch die Simulation der Betriebsfestigkeitsprüfungen und der gewonnenen Projekterfahrung, auch auf Basis von Messungen mit Dehnungsmessstreifen bei realer Belastung, ist heutzutage nur die Anfertigung eines Produktionswerkzeuges für Prototypen und eine Versuchsserie zur Verifizierung erforderlich. Dies reduziert die Entwicklungszeit und die Projektkosten erheblich.

Der Einsatz von immer höherfesteren Stahlsorten mit reduzierten Dehnungseigenschaften erfordert begleitend zur Fertigungswerkzeugkonstruktion aussagekräftige Umformsi-

Abb. 3.14 Materialdickenverteilung in einer Umformstufe

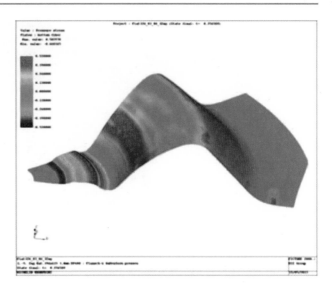

mulationen mit Hilfe entsprechender Berechnungsprogramme mit nicht-linearem Ansatz. Dabei werden die einzelnen Umformstufen, speziell bei der Herstellung der komplexen Schüsselgeometrie, mit den jeweiligen Randbedingungen simuliert. Das Berechnungs-ergebnis Abb. 3.14 liefert die Möglichkeit, eventuelle Querschnittsreduzierungen oder Aufdickungen im Material während des Umformprozesses zu erkennen. Dies wiederum bietet dem Werkzeugkonstrukteur entsprechendes Optimierungspotential zur funktions- und prozesssicheren Auslegung der Umformwerkzeuge.

3.2.3 Materialauswahl

Die Festlegung des Ausgangsmaterials bei Stahlrädern richtet sich nach den Vorgaben des Fahrzeugherstellers hinsichtlich der Betriebsfestigkeits- und Gewichtsanforderungen. Ein wesentlicher Gesichtspunkt ist auch die Verfügbarkeit der ausgewählten Materialqualität am jeweiligen globalen Produktionsstandort des Stahlrades. In der Regel wird im PKW-Bereich warmgewalztes und gebeiztes Bandmaterial verwendet.

Aufgrund der zunehmend hohen Anforderungen hinsichtlich des Radlast-/Radge-wichts-Verhältnisses kommen in den meisten Fällen hochfeste Stähle zum Einsatz, um das Stahlrad so leicht wie möglich darstellen zu können. Dabei werden für die Radschüs-seln vorwiegend Dual-Phasen Stähle und für die Felgen mikrolegierte Stähle verarbeitet, Abb. 3.15. Das mit zunehmender Festigkeit abnehmende Dehnungsvermögen der Stähle setzt deren Einsatz in einem Kaltumformprozess, wie er bei der Stahlradfertigung zur Anwendung kommt, physikalische Grenzen.

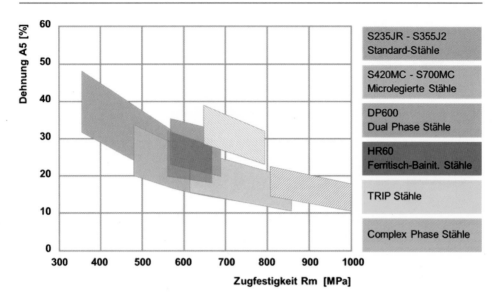

Abb. 3.15 Stähle für Fahrzeugräder

3.2.4   Herstellung von Stahlrädern

Die Herstellung von Stahlrädern erfolgt in einem mehrstufigen Prozess. Radschüssel und Felge werden auf unterschiedlichen Anlagen gefertigt und final zusammengefügt. Das fertige Bauteil wird anschließend noch beschichtet, damit die Korrosionsanforderungen erfüllt werden.

3.2.4.1   Radschüssel

Die Anfertigung der PKW-Radschüssel erfolgt in mehrstufigen, automatisierten Transferpressen, Abb. 3.16, bei kleinen Serienstückzahlen greift man aus wirtschaftlichen Gründen auch auf Einzelpressenlinien zurück.

Abb. 3.16 Transferpresse zur Produktion von PKW-Radschüsseln

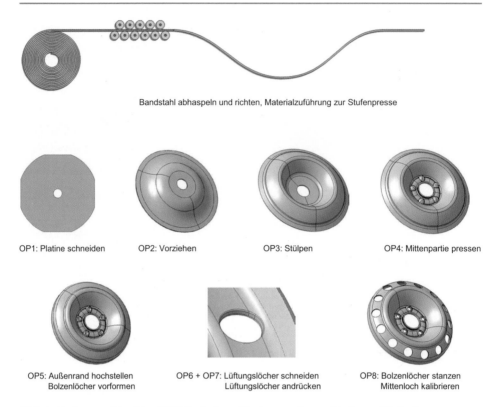

Bandstahl abhaspeln und richten, Materialzuführung zur Stufenpresse

OP1: Platine schneiden   OP2: Vorziehen   OP3: Stülpen   OP4: Mittenpartie pressen

OP5: Außenrand hochstellen   OP6 + OP7: Lüftungslöcher schneiden   OP8: Bolzenlöcher stanzen
    Bolzenlöcher vorformen   Lüftungslöcher andrücken   Mittenloch kalibrieren

Abb. 3.17 Prozessablauf der PKW-Radschüsselfertigung mit verschiedenen OP-Stufen

Der Prozessablauf, Abb. 3.17, beginnt mit dem Abhaspeln des meist als Coil angelieferten Bandstahls und der Zuführung über den Richtapparat zu der vorgelagerten Platinenschnittstufe. Die quadratische, an den Ecken gerundete und zur Identifizierung gestempelte Platine, wird daraufhin in die erste Umformstufe, dem Vorziehen, übergeben. Je nach Komplexität der Schüsselform kommt ein zweiter Vorzug zur Anwendung. Nach dem Stülpen, dem Mittenlochschneiden und dem Außenrandbeschneiden wird die Mittenpartie fertiggepresst und der Mittenlochrand hochgestellt. In der nächsten Stufe erfolgen das Vorformen der Bolzenlöcher sowie das Hochstellen des Außenrandes. Anschließend werden alle Lüftungslöcher komplett mit einem keilwirkenden Werkzeug gestanzt; abhängig von Anzahl und Geometrie der Löcher müssen dafür aus Platzgründen bis zu zwei Stufen in der Transferpresse vorgesehen werden. Das folgende Andrücken der Lüftungslochränder auf der Ausbruchseite verringert die Kerbwirkung, verbessert den Korrosionsschutz und dient zur Vermeidung von Handverletzungen beim Umgang mit dem Rad. In der letzten Fertigungsstufe werden die Bolzenlöcher gestanzt, die zur Aufnahme der Radschraubenköpfe dienenden Kalotten teilweise mit einer Oberflächenstruktur zur Optimierung des Radschraubenlöseverhaltens geschlagen, sowie das Mittenloch final auf Maß kalibriert.

3.2.4.2 Felge

Die Anfertigung der Felge erfolgt in einer automatisierten Produktionslinie mit Vorstraße, Abb. 3.18. Der Prozessablauf, Abb. 3.19, beginnt ebenfalls mit dem Abhaspeln des als Coil oder als Streifen angelieferten Bandstahls und der Zuführung über den Richtapparat zu der vorgelagerten Schnitteinheit. Der zuvor mit entsprechenden Rollen an den Längskanten arrondierte Bandstreifen wird hier auf die errechnete Länge geschnitten, zur Identifizierung gestempelt und zur Rundemaschine weitergeleitet. Hier wird der Bandstreifen zu einem offenen Ring geformt und an den beiden Enden zur Verbesserung des nachfolgenden Gleichstrom-Pressstumpfschweißens flachgedrückt.

Abb. 3.18 Vorstraße einer Felgenproduktionslinie

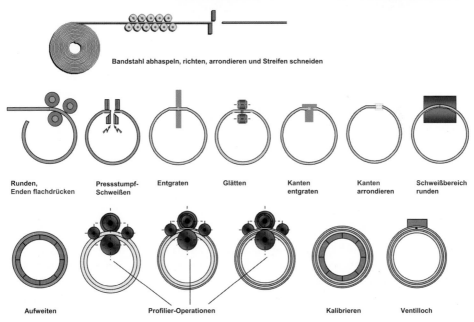

Abb. 3.19 Prozessablauf bei der Felgenherstellung

Abb. 3.20 Profilierstation zur
Felgenherstellung

Der durch das Schweißen entstandene Stauchgrat wird auf der Innen- und Außenseite des Ringes bei noch schweißwarmer Temperatur mit möglichst geringem Überstand zur Blechfläche abgehobelt.

Im nächsten Arbeitsschritt erfährt die Schweißzone zur Verbesserung der Oberflächenstruktur durch entsprechendes Rollen eine Glättung. Daraufhin wird der Stauchgrat an der Kante des Ringes abgeschnitten und arrondiert. Im letzten Arbeitsschritt der Vorstraße wird der flachgedrückte Schweißbereich gerundet und es entsteht ein kreisrunder, geschlossener Ring.

Durch die hohen Anforderungen des zu produzierenden Felgenprofils an die Umformfähigkeit des Ausgangsmaterials muss der Ring an den offenen Seiten in einer Presse konisch aufgeweitet werden. Anschließend erfolgt sukzessive, in der Regel in drei Stationen, das Profilieren der Felgenkontur. Dabei wird das in der unteren und oberen Werkzeugrolle vorgegebene Profil durch die sich drehenden Rollen in den Ring eingewalzt, Abb. 3.20. Ist das Endprofil nach der dritten Operationsstufe erreicht, erfolgt die Weitergabe an eine Presse zur Kalibrierung der Felge. Mit Hilfe eines horizontal geteilten Backenwerkzeuges wird hier die Felge durch radiale Überdehnung des Werkstoffes gleichförmig auf die normierten Umfangsmaße gebracht.

Abschließend erfolgt auf einem Rundtisch mit drei Stationen das Einbringen des Ventillochs. Zuerst wird die Ventillochnische, die aufgrund von Funktionsanforderungen hinsichtlich der Lage des Ventils gegenüber der Tiefbettflanke mit einem bestimmten Winkel geneigt sein kann, eingeprägt. In der zweiten Station wird das Ventilloch gestanzt und in der dritten erfolgt das Andrücken des Lochrandes auf der Einschnitt- und Ausbruchseite um Beschädigungen des Ventilgummis bei der Montage oder während des Radeinsatzes am Fahrzeug zu vermeiden.

Die Materialdicken in den heutigen Felgenprofilen bei Stahlrädern werden zunehmend durch einen Fließdrückprozess (Flowforming) der Beanspruchung angepasst, Abb. 3.21.

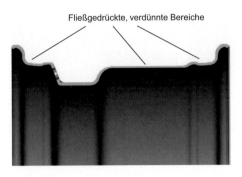
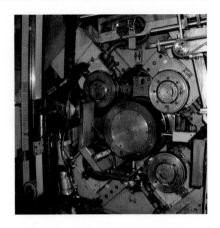

Fließgedrückte, verdünnte Bereiche

Abb. 3.21 Fließgedrücktes Felgenprofil und Maschine zum Fließdrücken von Felgenringen

Dadurch sind Gewichtseinsparungen je nach Ausgangsmaterialdicke und Felgengröße bis zu 800 g pro Rad möglich.

Der kreisrunde, vorher noch kalibrierte Felgenring wird dazu in eine parallel zur Felgenlinie stehende Maschineneinheit ausgeschleust, auf einem Drückfutter aufgenommen und durch vier rotierende Drückrollen ausgewalzt. Die Bewegung der CNC-gesteuerten Drückrollen erzeugt die gewünschte Materialdickenverteilung in der Felge. Das verdrängte Material fließt unter den Drückrollen durch (Gegenlaufverfahren). Nach Beendigung des Fließdrückprozesses wird überschüssiges Material abgeschnitten und der fließgedrückte Ring wieder der Felgenlinie zugeführt.

3.2.4.3 Radzusammenbau

Die beiden Einzelteile werden auf Rollengängen einer automatisierten Schweißlinie, Abb. 3.22, zugeführt, in der zuerst die Felge horizontal in Abhängigkeit der Ventillochlage positioniert wird. Danach erfolgen die lagerichtige Positionierung der Radschüssel in einer Messeinrichtung und das Einlegen auf die Felge. Im nächsten Schritt drückt eine Einziehpresse die Schüssel im Bereich des Tiefbetts in die Felge bis zu der durch die Einpresstiefe vorgegebenen Position. Durch die unterschiedlichen Durchmesser der Radschüssel und des Tiefbetts bleibt die Schüssel aufgrund dieses Presssitzes während des Weitertransports in dieser Lage.

Vor dem Verschweißen der beiden Einzelteile werden die in der Regel vier Brenner auf den Schüsselrand eingestellt. Je nach Anforderung kommen vier oder acht Nähte durch Drehen der Felge beim anschließenden Metallaktivgasschweißen (MAG), bei dem das Gas entweder aus reinem CO_2 oder einem Mischgas aus Argon und geringen Anteilen CO_2 besteht, zur Anwendung. In nachfolgenden Stationen werden Schweißspritzer und Zunderrückstände durch rotierende Bürsten entfernt, sowie optische und in Zyklen metallurgische Prüfungen der Schweißnaht durchgeführt. Am Ende des Zusammenbaus erfolgen Messungen von Merkmalen des Rades wie Rund- und Planlauf, erste harmoni-

Einlegen und Einziehen der Radschüssel in die Felge   MAG-Schweißen

Abb. 3.22 Radzusammenbau

sche Schwingung, Einpresstiefe, etc.; diese Werte werden im CAQ-System gespeichert und dienen, wie auch die Messwerte der Einzelteile Felge und Schüssel, der Prozessregelung und Qualitätskontrolle.

3.2.4.4 Oberflächenbehandlung

Die an Kettenförderern angehängten Stahlräder durchlaufen zum Oberflächenschutz zuerst ein Reinigungsbad, in welchem sie von Fertigungsrückständen wie Schmiermitteln, metallischem Abrieb und Schmutz befreit werden. Anschließend erfolgt die Beaufschlagung mit einer Zinkphosphatschicht. In der nachfolgenden kathodischen Tauchlackierung (KTL) erfolgt die Lackabscheidung infolge von chemischen Umsetzungen des Bindemittels durch einen elektrischen Stromfluss von einer äußeren Elektrode (Anode) über den leitfähigen Lack zum Rad, das die Kathode darstellt. Das Ergebnis der KTL ist eine sehr gleichmäßige Beschichtung von ca. 20 µm die bei einer Temperatur von ca. 190 °C in einem Ofen eingebrannt wird.

Als letzter Fertigungsschritt kann bei Bedarf eine zusätzliche Decklackierung bis zu 30 µm mittels eines Rundtisches und entsprechenden Automaten aufgebracht werden.

3.3 Leichtmetallräder

Leichtmetallräder bestehen üblicherweise aus Aluminium- oder Magnesiumlegierungen, [48–51]. Sie werden mit verschiedenen Technologien hergestellt. Das Aluminiumrad gibt es als Gussrad, Schmiederad, Blechrad oder als Hybridrad. Das Magnesiumrad wird als Guss- oder Schmiederad gefertigt.

Die Vorteile leichter Räder sind ein verbessertes Schwingungsverhalten, eine sensibel ansprechende Federung, ein reduzierter Kraftstoffverbrauch sowie eine höhere Nutzlast. Leichtmetallräder werden im Nfz-Bereich insbesondere in gewichtssensiblen Transportaufgaben eingesetzt. Dies sind z. B. Tank- oder Silotransporte, bei denen es auf das maximale Transportgewicht ankommt. In diesen Fällen amortisiert sich der Mehrpreis für Leichtmetallräder meist schon innerhalb des ersten Nutzungsjahrs.

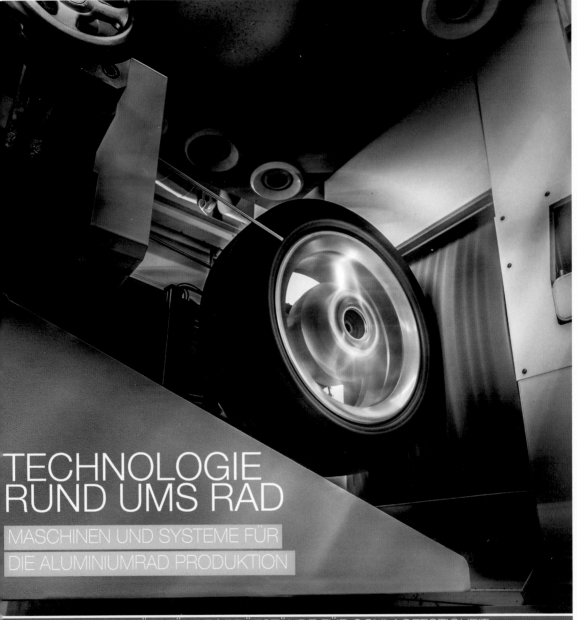

Aluminiumblech als Alternative zum Stahlblech lässt sich leichter umformen und ist ebenfalls – wenn auch durch teurere Verfahren (MIG-Schweißen) – gut schweißbar. Der relativ zum Stahlrad größere Fertigungsaufwand und die vergleichsweise hohen Materialkosten verhindern ein breiteres Anwendungsspektrum. Der Einsatz von hochfesten Stahlblechen hat den ursprünglichen Gewichtsvorteil von Aluminiumblech stark reduziert, sodass die Kosten-Nutzen-Analyse für das Stahlrad spricht.

Leichtmetalllegierungen basieren in den meisten Fällen auf Aluminiumlegierungen, in seltenen Fällen (z. B. im Rennsport) auf Magnesiumlegierungen, [52]. Bei Aluminiumrädern wird je nach Herstellungsverfahren zwischen Guss- und Schmiedelegierungen unterschieden.

Aluminiumgussräder werden im Niederdruckgussverfahren aus Aluminiumlegierungen hergestellt. Der Gussrohling wird in einer stählernen Kokille geformt, die mit flüssiger Schmelze befüllt und kontrolliert zum Erstarren abgekühlt wird. Eingesetzt werden Aluminiumlegierungen, deren Siliziumanteil zwischen 7 und 11 Prozent liegt, je nachdem, ob gute Gießbarkeit oder hohe Festigkeit erreicht werden soll, [53].

Zwei Legierungen haben sich durchgesetzt. GK-AlSi11 wird für kleine Räder (bis 16 Zoll) mit geringen Radlasten verwendet. Die hervorragende Gießbarkeit dank des hohen Siliziumanteils ermöglicht eine sehr effiziente Fertigung mit geringen Ausschussquoten durch Gussfehler. Diese Legierung ist durch Wärmebehandlung nicht aushärtbar, deswegen werden die Räder mit höheren Wandstärken ausgelegt, was sich in einem etwas höheren Radgewicht äußert.

GK-AlSi7Mg wird bei großen Rädern mit höherer Radlast sowie bei gewichtsoptimierten Rädern eingesetzt. Die Zugabe von 0,2 … 0,5 Prozent Magnesium in die Aluminiumlegierung führt durch die anschließende Wärmebehandlung (Lösungsglühen und warm Auslagern) des gegossenen Rads zu höherer Festigkeit. Dieser Vorteil wird genutzt, um hohe Lastanforderungen im Fahrbetrieb mit einem Minimum an Materialeinsatz zu begegnen.

Damit die hohen Anforderungen bezüglich Festigkeit, Dichtigkeit und Zähigkeit an diese sicherheitsrelevanten Fahrzeugteile erfüllt werden können, wird als Ausgangsmaterial nur reines Primär-Aluminium verwendet. Durch eine Verunreinigung der Legierung mit Eisen würden sich im Gefüge nadelförmige Strukturen bilden, welche die mechanischen Eigenschaften (Bruchdehnung und Zugfestigkeit) schwächen. Die Verunreinigung mit Kupfer würde die chemische Beständigkeit herabsetzen.

Aluminium-Schmiederäder werden im Pkw- und Nutzfahrzeug-Bereich eingesetzt, wenn leichte, gewichtsoptimierte Räder benötigt werden und das Gewichtsziel mit Gussrädern nicht erreicht werden kann. Die durch den Schmiedeprozess verursachte Materialverfestigung der Aluminium-Knetlegierung, (Zunahme der mechanischen Festigkeit durch plastische Verformung) ermöglicht die Auslegung des Rads mit dünneren Wandstärken, was einen kleineren Materialverbrauch und damit weniger Gewicht zur Folge hat, Abb. 3.23, 3.24 und 3.25.

Ausgangsmaterial beim Schmiederad sind runde Stranggussstangen aus AlSi1Mg, die in genau „portionierte" Scheiben gesägt werden. Diese werden einem dreistufigem

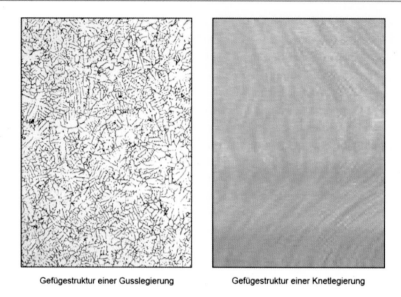

Abb. 3.23 Gefügestrukturen

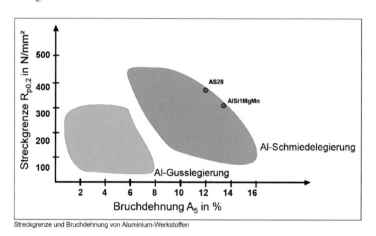

Abb. 3.24 Festigkeitskennwerte Aluminiumwerkstoffe

Schmiedeprozess zur Erzeugung der Sichtseite (Designseite, Scheibe, Stern) und einem Fließ-Rolldrückprozess zur Herstellung der Felge zugeführt. Zusätzlich zu der durch die plastische Verformung erreichten Verfestigung wird der Werkstoff durch einen Wärmebehandlungsprozess veredelt.

Magnesiumlegierungen konnten sich in der Großserie – wegen höheren Fertigungskosten unter besonderen Sicherheitsvorkehrungen (Brandgefahr bei der spanenden Bearbeitung) – nicht etablieren, werden aber im Einzelfall bei Sonderfahrzeugen und im Motorsport eingesetzt.

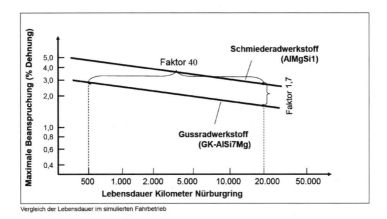

Vergleich der Lebensdauer im simulierten Fahrbetrieb

Abb. 3.25 Auswirkungen Materialunterschiede beim fertigen Rad

3.3.1 Leichtmetallblechräder

Der grundsätzliche Fertigungsprozess ist weitgehend identisch mit dem des Stahlblech-rads. Wegen der geringeren Festigkeit muss die Wandstärke im Vergleich zum Stahlblech-rad höher ausgelegt werden. Aluminiumblechräder haben sich trotz gut beherrschbarer Technologie nicht durchgesetzt, da Stahlräder insgesamt die wirtschaftlichere Radvarian-te darstellen und die Gestaltungsmöglichkeiten bezüglich Design sehr eingeschränkt sind. Abbildung 3.26 zeigt ein Aluminiumblechrad wie es von Mercedes eingesetzt wurde. Eine der Herausforderungen waren die Einhaltung der Schweissparameter an der Verbindung zwischen Felge und Radschüssel.

3.3.2 Leichtmetallgussräder

Das gebräuchlichste Verfahren stellt das Niederdruck-Kokillen-Gussverfahren dar. In der Gießmaschine befindet sich die kontrolliert temperierte Aluminiumschmelze in einem Tiegel unterhalb der Gießform (Kokille). Kokille und Schmelztiegel sind über ein Steig-rohr verbunden. Nach Schließen der Gießform wird im Schmelztiegel der Druck auf ca. 1 bar erhöht, wodurch die Schmelze im Steigrohr aufsteigt und die Kokille befüllt.

Durch genau definierte Kühlkanäle in der Kokille wird Schmelzwärme beim Erstar-rungsvorgang abgeführt. Die gezielte Kühlung und die Wärmeabfuhr während des Er-starrungsvorgangs, die Gesamtheit der Gießparameter (Druck, Temperatur und Zeit) sind entscheidend für die Gussqualität.

Der Fertigungsprozess ist ab dem Gießen komplett automatisiert. Die durch Robo-terarme entnommenen Gussrohlinge durchlaufen über verkettete Förderanlagen folgende Bearbeitungsschritte, bis sie als Rad im Versandbereich ebenfalls automatisch gestapelt und verpackt werden:

Alublech - Rad
BR 123
1979

Hersteller: HLEM Königswinter, KPZ Solingen

Radgröße: 5,5 Jx14 ET30   A 123 400 13 02

                6 Jx14 ET 30   A 123 400 15 02

Gewicht: ca 4,7 kg

Verwendung: BR 123, 123 USA (6Jx14)

Schüssel ausgewalzt, Rundplatine, Schweissung 360°

Spanende Bearbeitung von Schüssellappen, Mittenloch,
AWG-Sitz Felgenhorn, Kugelkalotte geprägt

Konventionelle Stahlblechblende mit eigenen Haltefedern
(Kunststoffeinlagen)

Oberfläche: KTL Tauchlackerung
schwarz

Abb. 3.26   Alublechrad der Baureihe 123 von Mercedes, 1979

- Gießen,
- Steigerbohrung entfernen,
- Röntgenprüfung,
- Wärmebehandlung,
- Mechanische Bearbeitung,
- Bürsten und Entgraten,
- Dichtheitsprüfung,
- Lackierung,
- Versand.

Bei der Röntgenprüfung werden alle Rohlinge nach vom Kunden vorgegebener Spezifikation auf Gussfehler geprüft. Die Fehlteile mit von außen nicht sichtbaren Gießfehlern, wie z. B. Porositäten oder Schrumpflunker (Hohlräume, Materialtrennungen) und Fremdeinschlüssen oder Verunreinigungen, werden ausgeschleust und zurück zum Schmelzofen geleitet.

Das erste Aluminiumgussrad präsentierte BMW im Oktober 1968 auf dem neuen 2800 CS. Im Laufe der folgenden Jahre boten auch fast alle anderen Automobilhersteller solche Räder zunächst für ihre Topmodelle und danach für die ganze Modellpalette an. Man hatte erkannt, wie stark das Raddesign das Erscheinungsbild des Fahrzeugs zu prägen in der Lage ist. Einige Automobilhersteller wie BMW und VW sowie Toyota und Nissan stellten einen Teil ihrer Leichtmetallräder für einige Zeit sogar selbst her.

Hersteller: Stahlschmidt&Maiworm

Radgröße: 6 Jx15 ET 49

Gewicht: ca 7,3 kg, ursprünglich 8,2 kg

Verwendung: BR 201

Erstes für Serie entwickeltes Alu-Gußrad

Finaler Werkstoff: GK-AlSi7 wa

Oberfläche: Oberfläche 3-Schichtlackierung,
Grundierung   Polyester-Pulver, Klarlack
Polyester Basis

Erstmalig erfolgreich eingesetzt FEM-Berechnung bei der
Optimierung des Rades – Resultat u.a.
Flaschenhalsrippe

Erstes Alu-Gussrad
A 201 400 12 02
W201
1984

Abb. 3.27 Erstes Mercedes Aluminium Gussrad

Vorreiter für diese Entwicklung waren die Hersteller bzw. Anbieter der sogenannten Nachrüsträder, die in den 1960er Jahren den Bedarf der sportlich orientierten Autofahrer erkannt hatten und Leichtmetallräder aus Magnesium oder Aluminium für die nachträgliche Umrüstung anboten. Diese Räder waren nicht nur leichter, sondern hatten meist ein bis zwei Zoll breitere Felgen und verbreiterten die Spurweite, womit höhere Kurvengeschwindigkeiten möglich wurden. Aber meist war das attraktive Erscheinungsbild der Räder der dominante Grund für die Umrüstung. Spätestens ab den 1980er Jahren wurden fast nur noch Aluminiumräder angeboten und Magnesiumräder für Straßenfahrzeuge waren aus den erwähnten Gründen verschwunden Ihre Anwendung beschränkte sich auf reine Rennfahrzeuge und wenige exklusive Straßenmodelle. Abbildung 3.27 zeigt das erste Mercedes Aluminium Gussrad aus dem Jahre 1984.

Für Aluminiumgussräder wurde in den frühen 1970er Jahren vorzugsweise die Legierung AlSi12 verwendet. Sie war sehr gut gießbar und brachte hohe Dehnungswerte im Gussstück.

Als aber die Reifenquerschnitte unter 70 Prozent sanken, kam es beim Überfahren von größeren Schlaglöchern oder Bordsteinen auf Grund der geringen Härte des Werkstoffs zunehmend zu plastischen Deformationen besonders am Innenhorn der Felge, Abb. 3.28.

Versuche, das Deformationsverhalten mit Hilfe der Legierung AlSi11 mit einem etwas geringeren Silizium-Anteil und der Zugabe von Magnesium bei fast gleich guten Dehnungswerten zu verbessern, waren nicht ausreichend. Mit dem definierten Überfahren einer Schwelle wurde das Schadensbild praxisnah nachgestellt und die dimensionellen und werkstofflichen Einflüsse auf das Deformationsverhalten untersucht, Abb. 3.29. Als Grenzwert wurde eine Verformung von 2 mm festgelegt.

Die Ergebnisse führten zum Einsatz der Legierung AlSi7Mg0,3. Wie bereits aus der Bezeichnung hervorgeht beträgt bei dieser Legierung der Siliziumgehalt nur noch 6,5

Abb. 3.28 Deformiertes Felgenhorn

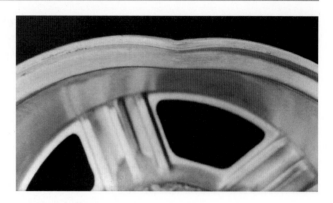

bis 7,5 und der Magnesiumgehalt ca. 0,3 Prozent. Aber entscheidend für die erheblich besseren Festigkeitswerte ist die Wärmebehandlung (T6) der Gusstücke. Dabei werden die Rohlinge nach dem Gießen 4 bis 8 Stunden bei 525 °C + 5 °C lösungsgeglüht, um die aushärtenden Legierungsbestandteile vollständig in Lösung zu bringen. Sofort nach der Entnahme aus dem Glühofen müssen die Rohlinge in Wasser abgeschreckt werden, um den durch das Lösungsglühen erzeugten Gefügezustand zu fixieren. Abschließend werden die Rohlinge bei 150 bis 180 °C 6 bis 8 Stunden ausgelagert, um die die überschüssig ge-lösten Legierungselemente auszuscheiden. Die nachfolgend für Zustand „T6" genannten Festigkeitswerte werden nur erreicht, wenn sämtliche Parameter für die Wärmebehand-lung genau eingehalten werden und die Zusammensetzung der Legierung im Detail darauf abgestimmt ist, Abb. 3.30.

Die mit der Wärmebehandlung erreichbaren Festigkeitswerte überzeugten auch Fahr-zeughersteller, die wie Mercedes-Benz bis dahin ausschließlich geschmiedete Räder be-vorzugten, Abb. 3.31.

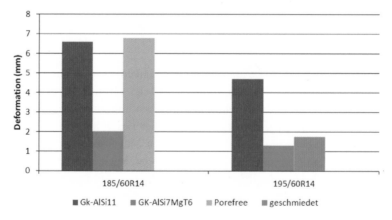

Abb. 3.29 Felgenhorndeformation in Abhängigkeit von Werkstoff, Reifenquerschnitt und Herstel-lung

Abb. 3.30 Wärmebehand-
lungsanlage

Für das Gießen von Rädern werden diese Zusammensetzungen nach EN 1706 bei verschiedenen Elementen, insbesondere bei Fe, Cu, Mn, Mg und Ti deutlich eingeengt, um
ein feines eutektisches Gefüge und die erforderlichen Festigkeitseigenschaften zu erreichen. Ein in der EN 1706 nicht erfasster Bestandteil ist die sogenannte Dauer-, besser
Langzeitveredelung mittels ca. 0,03 % Strontium (Sr) oder Antimon (Sb).

| 1988 | 1991 | 1995 | 1998 |

Abb. 3.31 Aluminumgussräder für Mercedes-Modelle nach 1985. Werkstoff GK-AlSi7Mg0,3 T6

Aluminiumgusslegierungen für Räder

Chemische Zusammensetzung in % der Masse

Legierung	AlSi11	AlSi7Mg0,3
Silizium (Si)i	10,0–11,8	6,5–7,5
Eisen (Fe)	0,19 (0,15)	
Kupfer (Cu)	0,05 (0,03)	
Mangan (Mn)	0,10	
Magnesium (Mg)	0,45	0,25–0,45
Zink (Zn)	0,07	
Titan (Ti)	0,15	0,08–0,25 (0,10–0,18)
Beimengungen einzeln	0,03	
Beimengungen gesamt	0,10	
Aluminium (Al)	Rest	

Mechanische Eigenschaften

Legierung	AlSi11	AlSi7Mg0,3 T6
Gießart	Kokillenguss	Kokillenguss
Nachbehandlung	–	Warm ausgelagert (T6)
Zugfestigkeit R_m (MPa)	80	290
Dehngrenze $R_{p0,2}$ (MPa)	170	210
Bruchdehnung A (%)	7	4
Brinellhärte HB	45	90
Wärmeleitfähigkeit (W/mk)	120–190	150–220
Dichte (kg/dm^2)	2,65	2,70

Hierbei handelt es sich um Mindestwerte von getrennt gegossenen Probestäben für Kokillenguss nach EN 1706. Je nach Lage und Wandstärke und den damit verbundenen Erstarrungsbedingungen ergeben sich unterschiedliche Werte. Deshalb gelten für die verschiedenen Radbereiche wie das vordere und hintere Felgenhorn, das Tiefbett, die Speichen und die Nabe des Rades unterschiedliche Mindestwerte. Um diese einhalten zu können, werden mittels der Gieß- und Erstarrungssimulation spezielle Kühlmethoden und Kühlmedien verwendet, immer mit dem Ziel, die Erstarrung zu beschleunigen.

Ferner muss der Einfluss von Höhe und Dauer der Einbrenntemperatur(en) bei der Lackierung auf die Festigkeitswerte berücksichtigt werden, um eine Entfestigung zu vermeiden. Aus diesem Grund sind auch nachträgliche Reparaturen, die höhere Temperaturen erfordern, nicht möglich.

Auf Grund der erwähnten Korrosionsprobleme sollten sich eigentlich weitere Ausführungen zum Thema Magnesiumgussräder erübrigen. Dennoch soll das beachtliche Potenzial für eine Gewichts-Einsparung beispielhaft aufgezeigt werden.

Abb. 3.32 Magnesium-
druckgussrad von Mahle für
Porsche 914/6

Abb. 3.33 Magnesiumgussrad
des Mercedes C111 von 1970

Auf der Suche nach einer preiswerteren Alternative zum teuren Schmiederad entwickelte Porsche 1969/70 mit Mahle ein Magnesiumdruckgussrad in der Größe 5,5J × 15, das mit 4,5 Kilo nur halb so schwer wie das vergleichbare Stahlblechrad und ein Kilo leichter wie das geschmiedete Rad war. Das Fahrzeuggewicht verringerte sich bei fünf Rädern um 22,5 kg, Abb. 3.32.

Im Fall der Magnesiumsandgussräder der Größe 10 K bzw. 13 K × 15 des Daimler-Benz-Versuchsmodells C111 von 1970 ergab sich sogar eine Gewichts-Ersparnis von 49 kg bei fünf Rädern, Abb. 3.33.

Angesichts solcher Potenziale sollte die weitere Entwicklung der Magnesiumlegierungen in Bezug auf Festigkeit, Korrosionsverhalten und Kosten beobachtet werden. Immerhin gelang es bereits, das Korrosionsverhalten von Magnesium durch die Entwicklung von HP-(High Purity) Legierungen deutlich zu verbessern, Abb. 3.34.

Neuere Anwendungen von Magnesium für Straßen-Räder beschränkten sich auf wenige exklusive Fälle. Da es sich hierbei um Fahrzeuge handelt, die ihre Besitzer vermutlich kaum winterlichen Bedingungen mit Streusalz aussetzen, kann das unbefriedigende Korrosionsverhalten von Magnesium vernachlässigt werden. Trotzdem weisen die Hersteller in der Betriebsanleitung ausführlich und eindrücklich auf die Notwendigkeit hin, dass Be-

Abb. 3.34 Korrosionsraten
(10–4 mm/3,6 Ks) im Vergleich
(Quelle SAE 9504422)

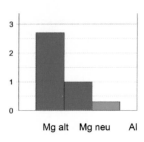

schädigungen der Lack- bzw. Schutzschicht wegen hoher Korrosionsgefährdung schnellst-
möglich beseitigt werden müssen. Vorsorgemaßnahmen zur Vermeidung von Kontaktkor-
rosion zwischen Fahrzeugnabe und Radschrauben mittels Aluminium-Adaptern unum-
gänglich. Parallel zu den Bemühungen um eine bessere Korrosionsbeständigkeit ging und
geht es auch darum, die Kosten der Magnesiumlegierungen zu senken.

Aber ohne signifikante Veränderungen der Werkstoffeigenschaften, insbesondere des
Festigkeitsverhaltens bei dynamischer Belastung, ist das Potential von Magnesium für
eine Gewichtreduzierung bei Rädern für den Alltagsbetrieb nicht nutzbar.

Magnesiumgusslegierungen für Räder

Chemische Zusammensetzung in % der Masse		
Legierung	MgAl9Zn1 (AZ91) EN-MC 21121	MgAl6Mn (AM60) EN-MC 21230
Verwendung	Sand-, Kokillen- und Druckguss	Druckguss
Aluminium (Al)	8,0–10,0	5,5–6,5
Zink (Zn)	0,30–1,0	0,2 max.
Mangan (Mn)	–	0,1 min.
Silizium (Si)	0,30 max.	0,10 max.
Eisen (Fe)	0,03 max.	0,005 max.
Kupfer (Cu)	0,20 max.	0,010 max.
Nickel (Ni)	0,01 max.	0,002 max.
Sonstige, je	0,05 max.	0,01 max.
Magnesium (Mg)	Rest	

Wie bei den Aluminiumlegierungen für Gussräder werden die max. zulässigen Bei-
mengungen auch der Magnesiumguss-Legierungen für Räder zur Verbesserung der Festigkeitseigenschaften und der Korrosionsbeständigkeit gegenüber diesen Normen-Werten
eingeengt.

Mechanische Eigenschaften

Legierung	MgAl9Zn1 (AZ91) EN-MC 21121			MgAl6Mn (AM60) EN-MC 21230
Gießart	Sandguss	Kokillenguss	Druckguss	Druckguss
Zugfestigkeit R_m (MPa)	F 160–220 ho 240–280 wa 240–280	F 160–220 ho 240–280 wa 240–300	F 200–250 (240)	190–250 (225)
Dehngrenze $R_{p0,2}$ (MPa)	F 90–120 ho 110–140 wa 150–190	F 110–130 ho 120–160 wa 150–190	F 150–170 (160)	120–150 (130)
Bruchdehnung A (%)	F 2–5 ho 6–12 wa 2–7	F 2–5 ho 6–10 wa 2–7	F 0,5–3,0 (3)	4–14 (8)
Brinellhärte HB	F 50–65 ho 55–70 wa 60–90	F 55–70 ho 55–70 wa 60–90	F 65–85 (70)	55–70 (65)
Wärmeleitfähigkeit (W/mk)	51			61
Dichte (g/cm^2)	1,81			1,80

F = Gusszustand, ho = homogenisiert, wa = warmausgehärtet, [54].

Bemerkenswert ist, dass die Wärmeleitfähigkeit der Magnesium-Legierungen deutlich geringer als die der Aluminumlegierungen ist.

3.3.2.1 Sandgießen

Unabhängig vom Gusswerkstoff unterscheidet man zwischen dem Gießen mit der verlorenen Form, die nach jedem Guss zerstört werden muss, wie beispielsweise beim Sandgießen, und dem Gießen mit der Dauerform, der Kokille. In den 1960er Jahren wurden nicht wenige Leichtmetallräder in diesem Verfahren gegossen, Abb. 3.35. Die Stückzahlen zu dieser Zeit waren zu gering, um die Kosten für eine Kokille zu amortisieren. Für

Abb. 3.35 Sandgießen

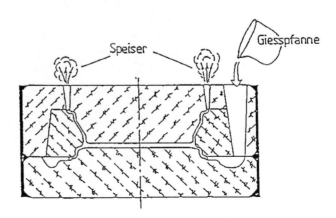

jeden Abguss wird über ein Positivmodell eine Negativform aus Sand angefertigt, die mit der Aluminiumschmelze befüllt wird. Nach der Erstarrung wird der Formsand entfernt und die Angüsse und Steiger abgesägt. Die gegenüber dem Kokillengießverfahren langsamere Erstarrung und die deshalb schlechteren Festigkeitswerte mussten dimensionell kompensiert und die mäßigen Oberflächenqualitäten in Kauf genommen werden. Neben Kleinserien wurde das Sandgießen von Rädern besonders für die Herstellung von Prototypen oder Designstudien verwendet. Heute gibt es hierfür bessere Methoden.

3.3.2.2 Kokillengießen

Mit zunehmenden Stückzahlen, aber besonders um die ab den 1970er Jahren bestehenden Anforderungen an die Festigkeit, die Maßgenauigkeit und die Oberflächenqualität zu erfüllen, wurde das Kokillengießen allgemeiner Standard für das Gießen von Leichtmetallrädern. Die einfachste Form ist das Schwerkraft-Kokillengießen, Abb. 3.36. Hierbei füllt die Aluminiumschmelze durch ihre eigene Schwere eine Negativform aus Stahl. Die Befüllung der Form erfolgt entweder durch den Gießer von Hand oder automatisiert. Um das Gefüge zu verbessern, kann die Kokille nach der Befüllung während des Erstarrungsvorgangs in Rotation versetzt werden (Schleudergießverfahren).

Abb. 3.36 Schwerkraft-Kokillengießen: Das erstarrte Gussteil vor der Entnahme aus der geöffneten Kokille

3.3.2.3 Niederdruck-Kokillengießen

Über 90 Prozent aller Aluminiumräder werden heute in diesem Verfahren gegossen, Abb. 3.37. Es eignet sich besonders gut für rotationssymetrische Gusstücke wie Räder. Die Kokille wird hierbei über einen einzigen zentralen Anschnitt gefüllt, indem auf den Badspiegel des unter ihr angeordneten, geschlossenen Warmhalteofens ein Druck von ungefähr einem bar ausgeübt wird. Dadurch wird das flüssige Metall über das Steigrohr in die Kokille gedrückt. Es findet sich eine ruhige, besonders gleichmäßige Formfüllung statt.

3.3.2.4 Druckgießen

Insgesamt werden 70 Prozent aller Leichtmetallgussteile im Druckguss-Verfahren hergestellt, Abb. 3.38. Hierbei wird die Form unter hohem Druck und mit großer Geschwindigkeit mit flüssigem Metall gefüllt. Das Verfahren ermöglicht maßgenaue Gussteile in sehr guter Oberflächenqualität mit vergleichsweise hoher Produktivität. Nachteilig sind neben den hohen Werkzeugkosten die verfahrensbedingten metallurgischen Mängel, welche durch die Art der Formfüllung verursacht werden und die für Sicherheitsteile wie Räder nicht akzeptabel sind.

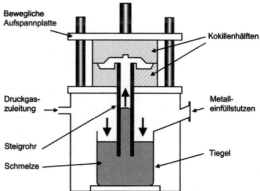

Abb. 3.37 Niederdruckgiessmaschine

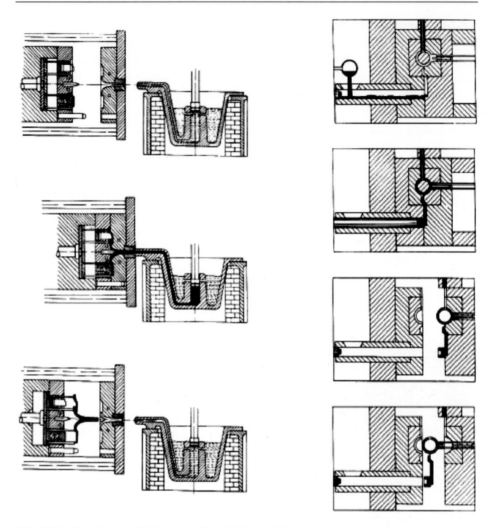

Abb. 3.38 Warmkammer/Kaltkammer-Druckgießmaschine

Man unterscheidet zwischen dem Warmkammer- und dem Kaltkammer-Druckgießen. Beim Warmkammer-Verfahren befindet sich die Gießkammer im beheizten Metallbad.

Beim Kaltkammerverfahren wird die Gießkammer der Druckgussmaschine mit der benötigten Metallmenge aus dem von der Gießmaschine getrennten Schmelzofen gefüllt.

Die genannten Vorteile und die damit verbundene Wirtschaftlichkeit von Druckguss waren Anlass für die Entwicklung zahlreicher Verfahren, um die metallurgischen Nachteile von Druckguss zu kompensieren. Beim Vakuum-Druckgießen wird der Hohlraum der Form evakuiert, um die Formfüllung zu verbessern. Ein weiteres Verfahren mit ähnlicher Zielsetzung ist das Pore-Free-Druckgießen, bei dem der Formhohlraum vor dem Füllen mit flüssigem Aluminium mit Sauerstoff gefüllt wird, der mit dem einströmenden Metall

Abb. 3.39 Gefüge beim
Squeeze-Cast-Verfahren

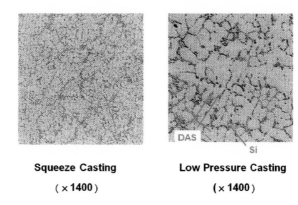

Squeeze Casting   Low Pressure Casting

(× 1400)   (× 1400)

zwar feinverteilt im Gussgefüge vorliegende Oxide bildet, aber die Bildung von Gasporen oder Lufteinschlüssen verhindert.

Mit dem Sqeeze-cast-Prozess wird versucht, die Vorteile des Druckgusses für Aluminiumräder zu nutzen. Eine genau portionierte Aluminiumschmelze wird unter hohem Druck in eine Druckgussform unter exakt definierten Gießparametern gepresst. Der große Vorteil liegt in der hohen Erstarrungsgeschwindigkeit mit positiven Auswirkungen auf das Materialgefüge. Mit deutlich weniger Zerspanungsaufwand – und damit weniger Einsatzmaterial – und der vergleichsweise hohen Ausbringung und längerer Kokillenstandzeit sind weitere Vorteile genannt. Dieses Gießverfahren wird vereinzelt eingesetzt, setzt allerdings spezielle, relativ aufwändige Gießmaschinen und Kokillen voraus. Der japanische Druckgussmaschinen-Hersteller UBE entwickelte das Squeeze-Cast-Verfahren, mit dem Toyota Gussräder in eigener Regie herstellt, Abb. 3.39. Auch beim diesem Verfahren wird versucht, die Vorteile des Druckgießens zu nutzen und Verwirbelungen und Lufteinschlüsse dadurch zu vermeiden, dass die Geschwindigkeit der Formfüllung reduziert wird und der Fülldruck bis zur vollständigen Erstarrung aufrecht erhalten bleibt.

Untersuchungen der Festigkeitseigenschaften solcher Räder ergaben keine bemerkenswerten Vorteile gegenüber herkömmlichen Niederdruckrädern. Über die Wirtschaftlichkeit im Vergleich zum Niederdruckgießen liegen keine Angaben vor.

Eine weitere Variante des Druckgießens ist das Thixocasting, das auch als Semi-Solid-Casting bezeichnet wird. Hierbei wird statt flüssigem Metall ein aufgeheizter Metallbolzen für die Formfüllung verwendet wird, der sich auf Grund seiner thixotropen Struktur durch den auf ihn ausgeübten Druck verflüssigt und dadurch die Gießform füllt, ohne dass die beim konventionellen Druckguss stattfindende Verwirbelungen stattfinden.

3.3.2.5 Gießen und Flowforming

Nachdem man mit der Rollumformung von Schmiederädern und Felgenhälften in der Knetlegierung AlSi1Mg einige Jahrzehnte positive Erfahrungen gemacht hatte, schlugen die Hersteller von Drückwalzmaschinen Mitte der 1990er Jahre vor, die Festigkeit von Gussrädern in der Legierung AlSi7Mg0,3 mittels der gleichen Methode zu steigern,

Abb. 3.40 Flowforming
(Drückwalzen) von Felgen

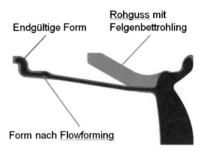

Abb. 3.40 und 2.41. Ermöglicht wurde die Umformung dadurch, dass das geeignet vorge-
formte Gussteil während der Umformung auf einer Temperatur von über 300 °C gehalten
wird.

Durch das Drückwalzen stellt sich eine markante Verbesserung des Gussgefüges,
Abb. 3.42, und damit der Festigkeit ein, sodass die Wandstärke im umgeformten Fel-
genbereich deutlich verringert werden kann. Damit ergibt sich je nach Felgenbreite und
-durchmesser eine Gewichtseinsparung von über einem Kilogramm, [55].

Abb. 3.41 SSB Fließdrückma-
schine (3. Rolle verdeckt)

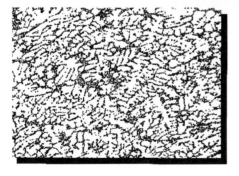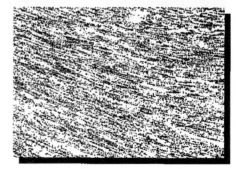

Abb. 3.42 Gefüge vor und nach der Umformung

3.3.3 Leichtmetallschmiederäder

Wie der Name andeutet, entsteht ein Schmiederad durch das Warmumformen einer Aluminiumronde zwischen zwei formgebenden Werkzeugen. Der Umformprozess findet in zwei Umformstufen statt: dem Vorschlag (4000 t) und dem Fertigschlag (7000 t). Das Design wird bei dem zweiten Schmiedeprozess eingebracht. Anschließend erfolgt das Fließdrückrollen der Felgenkontur.

Das Ausgangsmaterial für Aluminiumschmiederäder sind 6 m lange Stranggussstangen aus AlSi1Mg mit einem Durchmesser von 254 bis 303 mm. Die Radgröße gibt die Höhe vor. Nach einer Ultraschallprüfung werden die lunkerfreien Stangenabschnitte auf eine vordefinierte Länge abgesägt. Der Sägestutzen – ein Zylinder mit einem Durchmesser zwischen 254 und 303 mm und 150 mm Höhe, wird der automatisierten Schmiedelinie zugeführt. Diese besteht aus einem Aufwärmofen und drei Pressen. Die Schmiedepressen haben eine maximale Kraft von 4000 t (Vorschlag), 7000 t (Fertigschlag) und 8000 t (Lochen). Die Teilehandhabung zwischen den Pressen erfolgt durch Roboter. Das Ergebnis dieses ersten Umformprozesses ist ein Rohling mit fertigem Design der Radscheibe, ausgestanztem Mittenloch und einem am Umfang platzierten ringförmigen Materialreservoir mit dem für die Felge vorgesehenem Material.

Durch eine Fließdrückumformung mit drei Rollen wird die ringförmige Scheibe aufgespalten (daher auch der Name Spaltrad) und auf einem glockenförmigen Werkzeug zur Felge ausgewalzt. Bevor der Schmiederohling dann der spanenden Bearbeitung zugeführt wird, erfolgt die Wärmebehandlung, um die mechanischen Eigenschaften zu verbessern.

Die spanende Bearbeitung erfolgt innerhalb einer Fertigungsinsel, bestehend aus Drehmaschine, Bohrzentrum und Entgrateroboter. Die komplette Radkontur wird in einer Drehmaschine mit zwei Aufspannungen überdreht (d. h. zerspanend auf Endmaß bearbeitet), danach werden auf einem Bearbeitungszentrum die Schraubenbohrungen und das Ventilloch gebohrt und gefräst. Nach dem Bohren erfolgt die Roboterentgratung zur Erhöhung der Lebensdauer und Verbesserung der Lackierbarkeit, anschließend werden die Räder gewaschen, gemessen Unwucht- und Härtemessung durchgeführt und durch Stempeln beschriftet.

Danach erfolgt bei BiColor-Rädern die Erstlackierung (3-Schicht Lackierung), um anschließend glanzgedreht und poliert zu werden. Der Polierprozess verleiht dem Rad den reflektierenden Glanz. Abschließend erfolgt die Fertiglackierung mit Klarlack. Die hoch präzise maschinelle Bearbeitung stellt sicher, dass jedes Rad absolut rund läuft. Weder Höhen- noch Seitenschlag sind vorhanden.

Wenn kleine Losgrößen die Herstellung eines Schmiedewerkzeugs nicht rechtfertigen, wird eine Sonderform der Schmiederadherstellung angewendet. Dabei wird ein Schmiederohling mit der Form eines dickwandigen Zylinders hergestellt, dessen Boden eine Scheibe ist, die die Rotationskontur des Designs und der Radinnenseite darstellt. Mit hohem Zerspanungsaufwand wird das Raddesign meist zu 100 % gefräst und das Felgenbett zuerst durch Fließdrücken geformt und nachher überdreht.

6 ½ J × 14 H 2
108 400 10 02
Fuchs Serie

Erstes MB
Leichtmetallrad (Barock)
1970

Hersteller: Fa. Fuchs Meinerzhagen

Gewicht: 6,1 kg für 6Jx14

                              6,3 kg für 6,5Jx14

Verwendung: S-Klasse 108/109/116/126, B7,
SL, BR 114/115/123, 121 (Pagode)

Walzverfahren bis heute nahezu unverändert (Patent KPZ)

Eigene Vormaterialherstellung (Strangguss)

Zierdeckel geschmiedet, Haltefedern angenietet

Klammer-AWG aussen und innen

Oberfläche: Vorbehandlung durch Anodisieren/Eloxieren,

Abb. 3.43 Erstes Mercedes Leichtmetallrad (geschmiedet)

Schmiede-Leicht Rad R 170

A 170 401 00 02

1995

Hersteller: Fa. Fuchs Meinerzhagen, Suoftec Ungarn

- Breitbandiger Einsatz insbesondere bei Fahrzeugen mit

  engen Gewichts- und Kostenvorgaben

- Bench bei Belastungsfähigkeit und Gewicht

- Vollautomatisierte Fertigung mit reduziertem Schmiedeprozess und

  dadurch auch reduzierten Gestaltungsmöglichkeiten

- Oberflächen durch Chromatschicht vorbehandelt

Abb. 3.44 Mercedes Leichtschmiederad

Abbildung 3.43 zeigt das erste Mercedes Schmiederad aus dem Jahre 1970. Das erste Mercedes Leichtbau-Schmiederad aus dem Jahre 1995 zeigt Abb. 3.44.

Vor über 50 Jahren nahm mit der Entwicklung des Porsche 911 die Erfolgsgeschichte der Schmiederäder ihren Anfang.

Als Porsche 1962 dieses Fahrzeug entwickelte, suchte man dafür ein ganz besonderes Rad. Es sollte herausragende Eigenschaften haben und auch optisch neue Dimensionen eröffnen. Ein Leichtmetallrad sollte es sein. Neben dem attraktiven Äußeren versprach es durch sein geringeres Gewicht und die damit verbundene Reduzierung der ungefederten Massen einen deutlich besseren Fahrkomfort.

Porsche hatte schon Erfahrungen mit Leichtmetallrädern, wenngleich nicht an seinen Automobilen. Die Zuffenhausener Autoschmiede entwickelte zu der Zeit nämlich auch leichte Panzer für die Bundeswehr. Und deren Laufrollen waren geschmiedet und aus

Aluminium. Die Firma OTTO FUCHS nahm die Herausforderung an und entwickelte das erste Leichtmetallrad für die Serienfertigung, das legendäre Porsche-Flügelrad (Fuchs-felge). Mehr als zwanzig Jahre wurde es als Serien- und Sonderausstattung angeboten. Sie wird sogar heute noch für Porsche Klassik als Originalersatzteil produziert. Anfang der 1970er Jahre entwickelte OTTO FUCHS gemeinsam mit Mercedes die so genannte Barockfelge, Abb. 3.43. Es war das erste in Großserie hergestellte Aluminiumrad. Mit 15 Jahren Marktpräsenz wurde dieses Rad auf dem Mercedes ein Klassiker. Bis heute steht das Barockrad als Synonym für die Marke Mercedes und ist mit diesem selbst zu einem Klassiker gereift.

Durch den Erfolg der Schmiederäder wurde die Entwicklung der Gießtechnologie for-ciert, und die Gussräder schafften den Durchbruch in die Erstausstattung. In drei ent-scheidenden Disziplinen können gegossene Räder jedoch nicht mit geschmiedeten Rädern mithalten: im Gewicht, in der Materialqualität und in der Schönheit der Oberfläche.

Das eingesetzte Aluminium bietet, im Vergleich zum Gusswerkstoff, eine deutlich höhere Streckgrenze und Bruchdehnung. Diese Vorteile des Schmiedewerkstoffes und Verfahrens-Knowhow ermöglichen größte Sicherheitsreserven. Die polierte Oberfläche verleiht, in Verbindung mit dem abgestimmten Design, dem Automobil ein unverwech-selbares Marken- und Erkennungszeichen.

Weitere Vorteile der geschmiedeten Räder sind:

- maximaler Bremsfreiraum durch geringe Wanddicken,
- weitere Gewichtseinsparung durch Hinterschnitte bei außen angebundenen Rädern mit dem so genannten Fullface-Design sowie
- ein hohes Gestaltungspotenzial durch die Kombination von verschiedenen Oberflä-chen.

Heute ist das Thema Klimaschutz aktueller denn je. Schmiederäder sind wesentlich an der Reduktion des Fahrzeuggewichtes und damit an einhergehend an dem kontinuierlich sinkenden Kraftstoffverbrauch beteiligt.

Schönheit und Individualität können in geschmiedeten „Individual Schmiederäder" er-reicht werden. Durch den Einsatz eines vereinfachten Werkzeugkonzeptes haben damit nicht nur für die Fahrzeughersteller sondern auch den Premiumtunern die Möglichkeit ihr Fahrzeug mit einem Exklusiven Schmiedrad auszustatten. Diese Individual Schmiederä-der haben zudem ein größtes Gestaltungspotenzial und eine hervorragende Oberflächen-qualität, allerdings bei deutlich höheren Preisen.

In vielen Schritten wird das Rad auf seine wichtige Aufgabe für ein langes Autole-ben vorbereitet. Die Prozessführung garantiert ausgezeichnete Werkstoffeigenschaften. Schmiederäder haben damit nicht nur ein geringes Gewicht, sondern bieten auch in kriti-schen Fahrsituationen optimale Sicherheit, Abb. 3.45.

Die 3-Schicht Lackierung stellt bei den meisten Leichtmetallrädern die Standardlackie-rung dar. Durch ihre Grundierung, den Farbeffekt und den schützenden Klarlack bietet sie neben der ansprechenden Optik einen sehr guten Schutz vor Korrosion.

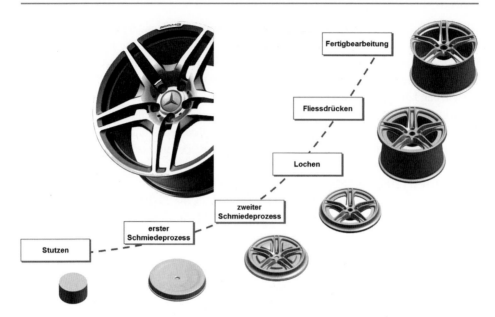

Abb. 3.45 Schmiedeprozess

Für die polierte Oberflächenausführung sind Schmiedeleichträder geradezu prädes-tiniert, Abb. 3.46. Die ausgezeichnete Oberflächenqualität in Verbindung mit dem hohen Glanzgrat des Schmiedewerkstoffs ermöglicht, in Kombination mit der 2-Schicht-Klarlackierung, eine sehr hochwertige Oberfläche in Langzeitqualität. Während Leicht-bauschmiederäder entgratepoliert werden, kommt bei Exklusiv- und Individual-Schmie-deräder das Hochglanzpolieren zum Einsatz.

Bei dem Gleitschleifverfahren wird die gesamte Radoberfläche poliert und anschlie-ßend klarlackiert. Auch hier erzielt man mit Schmiederädern einen besonders wertigen Glanzgrad, Abb. 3.47.

Die ehrlichste aller Aluminium-Oberflächen ist Eloxal. Auch heute noch ist die elo-xierte „Fuchsfelge" in der Lage aktuellen Anforderungen gerecht zu werden, Abb. 3.48.

Klimaschutz, CO_2 Emissionen, Recycling – alles Begriffe, die in den heutigen Zeiten wichtiger sind als je zuvor. Deshalb sind heute immer mehr leichte und aerodynamisch günstige Räder gefragt, sogenannte Aeroschmiedeleichträder für niedrigstes Radgewicht, steigenden Fahrkomfort und reduzierte CO_2 Emissionen, Abb. 3.49. Vorteilhaft sind die geringen Wandstärken und damit der maximale Bremsfreiraum. Die Gewichtsoptimierung durch optimale Materialeigenschaften lässt sich durch den Einsatz modernster Fertigungs- und Simulationstechniken noch stringenter durchführen.

Abb. 3.46 Entgratepoliertes
Leichtbau-Schmiedrad

Abb. 3.47 Hochglanzpoliertes
Exklusiv-Schmiederad (gleit-
geschliffen)

Abb. 3.48 Eloxiertes
Schmiedrad „Fuchsfelge"

Abb. 3.49 Aeroschmiede-
leichtrad bei der C-Klasse
(BR 205)

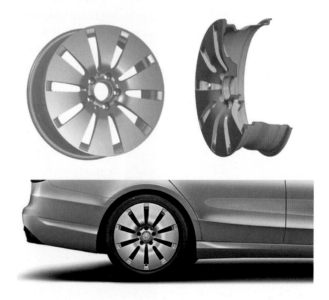

3.4 Kunststoff- und Carbonräder

Kunststoffräder werden im Spritzguss aus mineralfaserverstärktem Polyamid und mit Metalleinsätzen hergestellt. Kunststoff befindet sich besonders wegen ungenügender Warmfestigkeit, problematischer Radbefestigung und Radfertigung noch im Entwicklungsstadium. Insbesondere die unzureichende Schlagzähigkeit und thermische Belastungsfähigkeit sowie die unberechenbaren Langzeiteigenschaften lassen Kunststoff zum gegenwärtigen Zeitpunkt als Werkstoff für ein Sicherheitsbauteil wie das Scheibenrad im Automobilbau nicht als ausgereift erscheinen.

In verschiedenen Veröffentlichungen wird auf die erfolgreiche Entwicklung eines Kunststoffrades hingewiesen. Es wurden immer wieder TÜV-taugliche Kunststoffräder vorgestellt, deren Anwendung am Fahrzeug jedoch aus techn. Gründen scheiterte. Eine der Herausforderungen ist ein Metall – Kunststoff Hybridlösung zur Eliminierung der kunststoffspezifischen Schwächen im Verschraubungsbereich.

Technik, Werkstoff und Herstellverfahren beinhalten Risiken, die mit Einsatz von modifizierten vernetzten Kunststoffen aber zunehmen eliminiert werden. Erstmalig am Fahrzeug wurden Kunststoffräder in den 70-er Jahren beim Citroen SM mit Maserati-Motor eingesetzt, wurde aber kurz nach Einführung wegen technischer Probleme wieder abgesetzt (Polyester mit Glasfaserverstärkung).

Die Potentiale von Kunststoffrädern sind im Gewicht und bei entsprechend großer Stückzahl auch in den Kosten zu sehen. Man geht von einem Gewichtspotential von ca. 10–30 % gegenüber gegossenen Aluminium-Rädern aus (Grobschätzung unter der Voraussetzung, dass alle techn. Rahmenbedingungen gelöst sind). Interessant sind auch das günstigere Offset-Crash-Resultate wegen Bruchverhalten (Energie-Absorption) des Rades (Vorteile u. a. bei der Fußraumintrusion, Rad dringt wegen seiner Zerstörung weniger in den Fußraum ein). Auch ist ein Günstigeres Korrosionsverhalten zu erwarten und die spanende Bearbeitung kann minimiert werden. Die Räder haben ein ungünstiges Werkstoffverhalten, da es eine starke Temperaturabhängigkeit aller Werkstoff-Kennwerte gibt. Zudem sind eine geringe Bruchdehnung, hohe Kerbempfindlichkeit insbesondere faserverstärkter, vernetzter Kunststoffe (Duroplaste), Neigung zum „Kriechen" unter permanenter Zug-, Druckbelastung abzusichern.

Die Faser-Orientierung ist äußerst komplex aber entscheidend für mechanische Eigenschaften, insbesondere bei mehrachsigen Spannungszuständen. Kunststoff ist ein schlechter Wärmeleiter und hat relativ große Temperatur-Ausdehnungskoeffizienten. Zudem besteht das Risiko, dass eine Werkstoffveränderungen unter z. B. UV-Bestrahlung des Tageslichtes, Klimaeinflüsse, Einflüsse durch chem. Reinigungsmittel über gesamte Betriebszeit stattfindet. Der geringere E-Modul gegenüber Aluminium zwingt zu deutlichen Wanddickenerhöhungen im Felgen- und Schüsselbereich, was bei knappen Einbauverhältnissen kritisch sein kann.

Bei Hybridbauweise – Leichtmetall/Kunststoff sind zudem die Verbindungen komplex und müssen beherrscht werden. Auch müssen die Zusatzmaßnahmen ergriffen werden, damit die notwendigen Rundlaufeigenschaften erreicht werden.

Abb. 3.50   FE-Auslegung der Smart ForVision Kunststoffrad (Quelle: BASF)

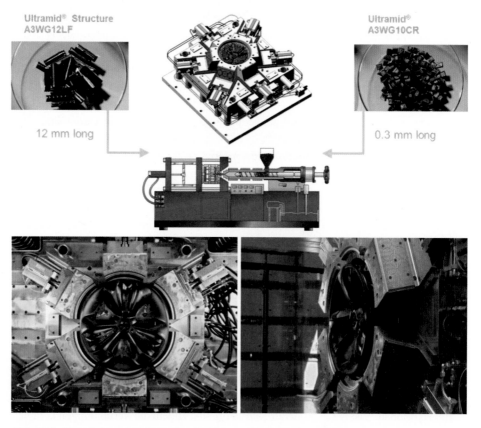

Abb. 3.51   Produktionseinrichtung für ein Kunststoffrad (Quelle: BASF)

Abb. 3.52 Smart ForVision mit Kunststoffrad (Quelle: Kooperation zwischen Daimler und BASF)

Abb. 3.53 Carbonrad mit Metalleinlegern für die Radverschraubung (Quelle: Carbon Revolution)

Auch bei Kunststofffrädern sind umfangreiche Berechnungen im Vorfeld unabdingbar, Abb. 3.50. Die Produktionsanlagen sind extrem aufwändig und amortisieren sich nur bei sehr großer Stückzahl an Rädern, Abb. 3.51. Beim Rad ergibt sich das größte Potenzial zur Gewichtsreduzierung im ganzen Auto. Ein Rad mit einer Vollkunststoff-Felge wiegt nur 6 kg, eines aus Metall rund 9 kg, Abb. 3.52.

Ebenfalls unter die Kategorie Kunststofffräder fallen Carbonräder, Abb. 3.53 und 3.54. Die technischen Herausforderungen sind vergleichbar mit denen spritzgegossener Räder. Carbon ist allerdings ein sehr teurer Werkstoff, der bis zu 50 % geringeres Gewicht bei gleicher Festigkeit wie Aluminium aufweist.

Carbon hat gegenüber Kunststoff noch den Vorteil, dass das Material für Leichtbau steht und damit vermarkt bar ist, wenn auch nur im obersten Premium-Segment. Erste Carbon-Zubehörräder sind bereits primär im Bereich Ultrasportiver Fahrzeuge im Markt, sind aber auf ansehbare Zeit Nischenprodukte aufgrund der Preisstellung.

Abb. 3.54 Carbon-
Aluminium Hybridrad (Quelle:
Mubea Carbo Tech)

3.5 Radentwicklung

Der außerordentliche Einfluss des Raddesigns auf das Erscheinungsbild der Automobile ist unbestritten und es sind keine Anzeichen zu erkennen, dass sich dies ändert, Abb. 3.55. Deshalb müssen die Radhersteller Herstellungsverfahren entwickeln, welche die Gestaltungsfreiheit möglichst wenig einschränken. Design-Kompromisse zu Gunsten eines geringeren Radgewichtes gelten als Rarität. Es darf deshalb nicht verwundern, wenn sich die Begeisterung der Designer über die sogenannten Leichtbauräder aus Stahlblech oder Aluminium, egal ob gegossen oder geschmiedet, in Grenzen hält.

3.5.1 Designentwurf

Die Entwicklungsingenieure definieren für die Designer den zur Verfügung stehenden Gestaltungsraum. So entstehen Räder, die einerseits durch ihre Leistungsfähigkeit die Fahrdynamik, den Komfort und die Sicherheit von Fahrzeugen unterstützen. Andererseits können die Formgestalter den zur Verfügung stehenden Raum für eine überzeugende Modellierung in der gewohnten Designqualität frei nutzen, Abb. 3.56.

Wie die Fahrzeugdesigner müssen auch die Räderdesigner in die Zukunft blicken können, denn ihre Entwürfe kommen bedingt durch den komplexen Entwicklungsprozess mit einiger Zeitverzögerung auf den Markt. Der Trend zu größeren Rädern mit einer zur Karosserie außenbündigen Montage und möglichst kleiner Radsichel (sichtbarer Abstand

Abb. 3.55 Raddesign vor 100 Jahren (Mercedes Simpex) und heute (E-Klasse BR 212)

Abb. 3.56 Entwicklung
neuer Raddesigns für das For-
schungsfahrzeug F800 Style

zwischen Reifenaussendurchmesser und Karosserieaussparung) hält in allen Fahrzeug-
klassen an. In der frühen Entwicklungsphase eines neuen Leichtmetallrades legen die
Ingenieure zunächst die groben Rahmenbedingungen fest: In enger Kooperation mit den
Verantwortlichen der Fahrzeugbaureihen werden für die Automodelle die neuen Radtypen
bestimmt. Gleichzeitig untersuchen die Räderspezialisten, welche Tendenzen der Räder-
markt zeigt. Diese Parameter definieren dann die nötigen Raddimensionen. Es folgt die
technische Grundauslegung: Daten wie die maximal zulässige Achslast, die Größe des
Radhauses oder der nötige Bremsenfreigang ergeben den Bauraum, innerhalb deren die
Designer ihren Gestaltungsfreiraum haben – natürlich immer in Abhängigkeit der Design-
sprache. Nach einer technischen Machbarkeitsstudie folgt die endgültige Festlegung des
Rad-Designs, Abb. 3.57.

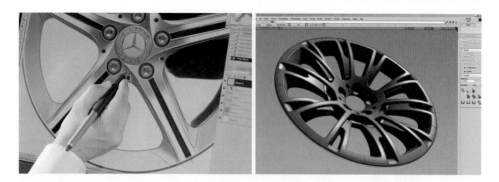

Abb. 3.57 2D und 3D Designentwicklung von Leichtmetallrädern

3.5.2 Oberflächenauswahl

Sozusagen das „Make-Up" eines gelungenen Raddesigns ist die Behandlung seiner Oberfläche. Für alle Ausführungen gilt, dass die Bereiche, mit denen das Rad beim Zusammenbau mit der Fahrzeugnabe in Kontakt kommt (Radanlagefläche, Mittenloch, Befesti-
gungsaugen) lackfrei bleiben und deshalb bei jedem Auftrag von Farbschichten abgedeckt
werden müssen, um sowohl die Toleranzen für die Zentrierung zu erhalten als auch ein
unerwünschtes Setzverhalten von Rad und Radschrauben zu vermeiden. Außerdem steht
vor jeder Lackierung eine mehrstufige chemische Vorbehandlung als Grundlage für die
nachfolgende Grundierung.

Einfarbige Lackierung
Das grundierte Rad wird mit dem gewünschten, meist metallic-silbernen Farbton nass
lackiert und nach einer kurzen Ablüftzeit nass-in-nass mit Klarlack überzogen. Danach
wird dieser Lackaufbau eingebrannt.

Mehrfarbige Lackierung
Es gibt unterschiedliche Ausführungsformen der Mehrfarbigkeit. Häufig werden vertief-
te Bereiche des bereits meist silber lackierten Rades mit einer kontrastierenden Farbe,
oft anthrazit oder matt schwarz, überlackiert. Hierfür sind eine geeignete Gestaltung und
ein spezielles Maskierverfahren erforderlich. Diese Ausführung hat den Vorteil einfacher
Reinigung.

Es kann auch die Oberfläche zuerst mit einer beispielsweise roten Farbe lackiert und
eingebrannt werden. Diese Farbschicht wird mit einer zweiten, beispielsweise schwarzen
Farbe überlackiert und ebenfalls eingebrannt. Danach wird die zweite Farbe mit hoch-
präzisen CNC-Methoden so bearbeitet, dass die zuerst aufgetragene Farbe an den dafür
vorgesehen Stellen wieder sichtbar wird. Abschließend wird der gesamte Aufbau mit Klarlack lackiert und eingebrannt, Abb. 3.58.

Abb. 3.58 Ronal-Studie: Mehrfarbig lackiertes Mercedesrad

Glanzgedrehte Oberfläche

Glanzgedrehte oder Bicolor genannte Räder benötigen ebenfalls eine hierfür geeignete Geometrie. Die Glanzfläche wird durch lokales Abdrehen der Lackierung (Basislack und Grundierung) mit hoher Schnittgeschwindigkeit erzeugt. Um die gewünschte Qualität zu erreichen, ist ein porenfreies Gussgefüge erforderlich. Außerdem ist es wichtig, dass an den Übergängen lackiert/glanzgedreht keine scharfen Kanten entstehen, weil diese stets Ausgangspunkt von Korrosion sein können. Gegenüber dem nicht überdrehten Bereich mit Drei-Schicht-Aufbau ist die Hochglanzfläche mit nur einer Klarlackschicht klar im Nachteil. Deshalb kommt es darauf an, die Glanzfläche vor der Lackierung sorgfältig chemisch zu behandeln und mit Klarlacken bester Qualität zu lackieren.

Glanzgedrehte Leichtmetallräder erfordern einen ganz speziellen Lackaufbau, der besonders die scheinbar blanken Metallflächen vor korrosiven Angriffen zuverlässig schützt. Im Herstellungsprozess werden diese Räder zunächst komplett lackiert. Anschließend wird der Lackaufbau in bestimmten Bereichen der Radschüssel, meist auf den Speichen, durch eine Drehmaschine mit sehr feinen Bearbeitungswerkzeugen wieder entfernt. Es entsteht eine hochglänzende Metalloberfläche, die in einem erneuten Lackierungsprozess transparent versiegelt wird. Ihren besonderen Reiz beziehen diese Räder aus dem Kontrast zwischen den farbig lackierten Bereichen und der hochglänzenden Metalloberfläche, Abb. 3.59.

Bicolor-Räder werden mit einem erheblichen Zusatzaufwand hergestellt, spezielle Beschichtungen verhindern zuverlässig korrosive Angriffe. Nach der ersten Lackierung schleust die Anlage diese Räder aus dem Fertigungsprozess aus und transportiert sie zu besonderen Drehmaschinen, die mit Diamantwerkzeugen die Lackschichten in ge-

Abb. 3.59 Glanzgedrehtes
Rad

nau definierten Bereichen wieder entfernen – meist auf den Speichen oder im äußeren
Felgenbett. Durch dieses sogenannte „Glanzdrehen" entstehen metallisch hochglänzende Bereiche, die im Kontrast zur verbleibenden Lackierung stehen. Natürlich müssen
diese mit einem erneuten Lackierprozess wieder versiegelt werden. Dies geschieht mit
einem dreischichtigen Aufbau: Nach einer erneuten Vorbehandlung folgt der Auftrag des
transparenten Korrosionsschutzlackes; den glänzenden Abschluss bilden verschiedene
Klarlacke, Abb. 3.60.

In der Entwicklungsphase definierten Fahrzeughersteller für Lackentwicklung anspruchsvolle Ziele. Die Herausforderung: Die bei glanzgedrehten Rädern auftretende
„Filiform"-Korrosion – dabei wird der Lack im Bereich der metallisch glänzenden Flächen zunächst fadenförmig (filiform) unterwandert – sollte zuverlässig verhindert werden.
Meist folgen die Filiform-Fäden den mikroskopisch kleinen Riefen, die durch das Dreh-
werkzeug beim Glanzdrehen verursacht werden. Im fortgeschrittenen Stadium können
sich dann die Lackschichten teilweise ablösen – es kommt zur sogenannten Delamination.

Zur Entwicklung der neuen Korrosionsschutzlacke für glanzgedrehte Räder wurden
härteste Testmethoden eingeführt: Es sind ultimative Prüfungen für die Räderbeschich-
tungen. Zunächst werden einzelne Radsegmente im glanzgedrehten Bereich mit tiefen
Ritzen versehen, die bis auf das blanke Leichtmetall reichen, Abb. 3.61.

Anschließend kommen die so präparierten Radsegmente für 24 Stunden in den
sogenannten CASS-Test (copper accelerated salt spray test = beschleunigter Kupfer-
Salzsprühtest), Abb. 3.62. In der truhenähnlichen Anlage werden die Lackierungen

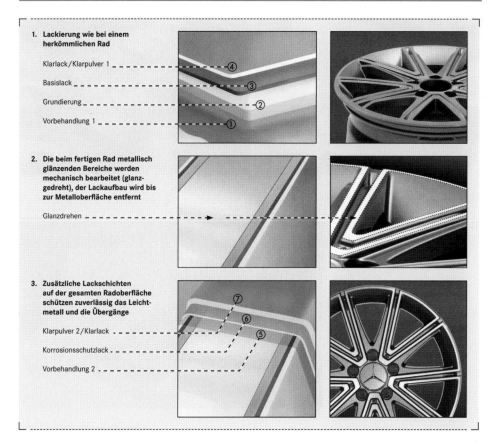

1. Lackierung wie bei einem
   herkömmlichen Rad

   Klarlack / Klarpulver 1 — — — — — — — — — — — — — ④

   Basislack — — — — — — — — — — — — — — — — ③

   Grundierung — — — — — — — — — — — — ②

   Vorbehandlung 1 — — — — — — — — — — ①

2. Die beim fertigen Rad metallisch
   glänzenden Bereiche werden
   mechanisch bearbeitet (glanzgedreht), der Lackaufbau wird bis
   zur Metalloberfläche entfernt

   Glanzdrehen — — — — — — — — — — — →

3. Zusätzliche Lackschichten
   auf der gesamten Radoberfläche
   schützen zuverlässig das Leichtmetall und die Übergänge

   Klarpulver 2 / Klarlack — — — — — — — — ⑦ ⑥ ⑤

   Korrosionsschutzlack — — — — — — — —

   Vorbehandlung 2 — — — — — — — — — —

Abb. 3.60 Lackaufbau glanzgedrehter Räder

permanent verschiedenen, hoch korrosiven Salznebeln ausgesetzt. Anschließend wartet die Filiform-Kammer auf die Probanden. Hier müssen die teilweise mit einer Salzkruste aus dem CASS-Test bedeckten Prüfteile einem 28-tägigen Klimawechselprogramm trotzen. Bei der anschließenden Begutachtung bewerten die Mitarbeiterinnen und Mitarbeiter die von den Ritzen fadenförmig ausgehende Filiform-Korrosion. Es erhalten nur diejenigen Korrosionsschutzlacke eine Freigabe, die eine Unterwanderung auf ein Minimum reduzieren und sich gleichzeitig nicht negativ auf andere Eigenschaften auswirken, Abb. 3.63.

Der Klimawechseltest, kurz KWT, orientiert sich an den extremsten Klimaanforderungen weltweit. In speziellen Klimakammern werden einzelne Räder ständig wechselnden Umweltbedingungen ausgesetzt. Die unterschiedlichen Klimabelastungen basieren auf weltweiten Wetterdaten, Schmelzwasseranalysen und Schadstoffangaben der Luft. Der KWT bildet verschiedene Klimazonen ab. So wurde beispielsweise eine Heiß-Feucht-Phase zur Simulation eines Tropenklimas und eine Kältephase zur Simulation der Kalt-

Abb. 3.61 Filiformtest

Abb. 3.62 Salzsprühkammer
Cass Test

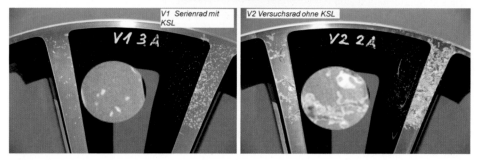

Abb. 3.63 Wirkung von Korrosionsschutzlacken am glanzgedrehten mechanisch (Steinschlag) vor-
geschädigtem Rad

länder integriert. Aus dem automobilen Alltag kommen die verschiedenen Feuchte- und
Klimaverläufe wie eine morgendliche Betauung und eine nachmittägliche Abtrocknung.
Zusätzlich wird das zu prüfende Rad vier Mal pro Woche mit einer Salzlösung besprüht,
damit die korrosive Belastung initiiert und verstärkt wird. Der KWT stresst die Korrosi-
onsschutzmaterialien der Leichtmetallräder erheblich mehr als der Klimawechseltest nach

Abb. 3.64 Steinschlagtest

Angaben des VDA und läuft zudem schneller ab. In gleicher Zeitspanne können also mehr Testreihen durchgeführt werden. Letztendlich profitieren auch Kunden in Ländern, die das Korrosionsschutzsystem weniger belasten, von dem Stressmarathon und den daraus resultierenden erhöhten Schutzmaßnahmen. Denn einen Unterschied zwischen Rädern, die in Gegenden extremer Klimate oder im heimischen Markt ausgeliefert werden, gibt es nicht.

In Ergänzung des Klimawechseltests sowie der CASS- und Filiform-Prüfungen werden in den Labors unterschiedlichste Steinschlagtests, Ritz- oder Kratzprüfungen oder eine Dampfstrahlprüfung durchgeführt, die Kältebeständigkeit überprüft und damit die mechanische Widerstandsfähigkeit der Lackierung unter genormten Laborbedingungen beurteilt, Abb. 3.64. Zusätzlich können die so vorgeschädigten Proben aggressiven Korrosionsbelastungen ausgesetzt werden. Mit diesen Versuchsreihen können die Labormitarbeiter die Unterwanderung der Lackschichten durch Korrosion auch bei herkömmlich lackierten Rädern beurteilen.

Die Einhaltung der Farbe und den Glanz der Lackoberflächen beurteilen die Farbspezialisten in eigenen Lichtkabinen mit konstanter Farbtemperatur und Lichtintensität. Dazu greifen sie auf ein umfangreiches Archiv mit Lackmusterkarten zurück. Das umfangreiche Prüfprogramm führen die Spezialisten auch dann durch, wenn ein Radzulieferer neue Materialien wie Basislacke, Klarlacke, funktionelle Lacke wie Korrosionsschutzlacke, Grundierungen oder Vorbehandlungen einsetzen will. Die Änderungen erhalten nur dann eine „Materialgrundsatzfreigabe", wenn alle Prüfungen anstandslos absolviert sind. Gleichzeitig werden auch aus der laufenden Produktion Räder auf die Einhaltung der strengen Qualitätskriterien überprüft.

Glanzpolierte Oberflächen
Die gleichen Voraussetzungen wie beim Glanzdrehen gelten auch für mechanisch polierte Räder. Da der Farbauftrag hier in der Regel nach der Politur erfolgt, entfällt das Problem der Kantenbildung. Dafür sind aber präzise Maskierungen erforderlich, um eine saubere Abgrenzung Poliert/Lackiert zu erreichen. Außerdem muss darauf geachtet werden, dass

Abb. 3.65 Verchromtes Rad
beim Maybach (Basisrad
gleich mit Abb. 3.47)

das polierte Rad vor der Lackierung frei von jeden Poliermittelresten ist. Auch diese Ausführung erfordert einen abschließenden Klarlacküberzug, Abb. 3.47.

Galvanisch behandelte Oberflächen
Wie so vieles schwappte in den letzten 20 Jahren die Welle hochglänzender oder sogar verchromter Räder von den USA nach Europa. Kaum nachdem die verchromten Stoßstangen verschwunden waren, an denen man, wenn sie nicht aus Edelstahl waren, bessere und schlechtere Qualitäten studieren konnte, wurden Räder vermehrt auch in verchromter Ausführung angeboten, womit sie nicht nur erheblich teurer, sondern auch schwerer werden, Abb. 3.65. Straßenschmutz, Salz und Bremsabrieb sind für diese Räder ein echter Härtetest.

Da Leichtmetallräder vornehmlich wegen ihrer Attraktivität gekauft werden, erwartet der Käufer, dass diese so lange wie möglich erhalten bleibt. Grundlage hierfür ist neben einer ausreichenden Pflege im Betrieb die Qualität der Beständigkeitseigenschaften. Folgende Oberflächen-Prüfungen kommen vor einer Freigabe zur Anwendung und müssen im laufenden Produktionsprozess ständig überprüft werden:

Prüfkriterium	Prüfmethode
Aussehen, Verlaufsgüte	Sichtprüfung
Haftung	Gitterschnitt
Schichtaufbau/-Dicke	Schichtdickenmessung
Korrosionsbeständigkeit	Salzsprühnebeltest (ASTM B 117), Cass-Test (Kupfer-Essigsäure Salzsprühtest)
Alterung	Florida-Bewitterung, Künstliche Bewitterung
Beständigkeit gegen Öl, Fett, Kraftstoff, Bremsflüssigkeit, Frostschutzmittel	Lösungsmitteltest
Wasserbeständigkeit	Wassereintauchtest
Abriebfestigkeit (Abrasion)	Abriebtest (ASTM D 968)
Schlagfestigkeit	Schlagfestigkeitstest (DIN 53154)
Verunreinigung durch Straßenschmutz und Bremsenstaub	Ohne Beschädigung entfernbar
Temperatur	Temperaturschock

3.5.3 3-D Volumenmodell

Mit modernen 3-D-Computerprogrammen entsteht anschließend ein dreidimensionales Volumenmodell. Mit diesem Modell können die Entwickler zur Visualisierung und Diskussion im Entwicklungsteam dreidimensionale Zeichnungen ableiten oder Bauteileigenschaften wie Gewicht, Bearbeitungsmöglichkeiten im späteren Produktionsprozess, Materialverteilung oder auch Eigenresonanzen und Trägheitsmomente bestimmen. Basierend auf diesen Datensätzen wird mithilfe der Finite-Elemente-Berechnung (kurz: FE-Berechnung) das Rad mit virtuellen Testdaten optimiert. Die digitale Welt kann anspruchsvolle mechanische oder thermische Betriebsbedingungen simulieren: zum Beispiel das Durchfahren einer Kurve mit maximaler Radlast oder eines Schlaglochs, das Anfahren eines Randsteines oder die Bremshitzebelastung bei einer Passabfahrt. Es können ebenso Aussagen über den späteren Produktionsprozess und dessen Verbesserung getroffen werden, z. B.: wie sich das angestrebte Radmodell in eine Kokillenform gießen lässt, ob die Materialerstarrung wie erforderlich ab und ob sich der gegossene Radrohling problemlos aus der Form entnehmen lässt. Nach Fertigstellung des Leichtmetallrades in dieser virtuellen Welt entsteht ein digitales Mock-up, also ein computergestütztes Radmodell, das als Datenbasis für alle weiteren Schritte dient, Abb. 3.66.

Aufgrund des Mock-ups kreiert dann der mit der Fertigung beauftragte Radhersteller die nötigen Formen, Produktionswerkzeuge und -verfahren, anschließend entstehen die ersten Musterräder. In dieser „Prototypenphase" führt der Radhersteller in Zusammenarbeit mit dem Fahrzeughersteller detaillierte Untersuchungen der entstehenden Räder und des gesamten Produktionsprozesses durch.

Abb. 3.66 Radentwicklung
mit der Finite-Elemente-
Methode (FEM)

3.5.4 Absicherung, Betriebsfestigkeit und Freigabe

Mit einem umfangreichen Entwicklungsprogramm wird beim Fahrzeughersteller die Qualität neuer Radmodelle abgesichert. Dabei gehen die Prüfungen und Untersuchungen weit über das gesetzlich geforderte Maß hinaus. Auch bei der Räderentwicklung gilt der Grundsatz: man orientiert sich in der Entwicklungs- und Erprobungsphase am tatsächlichen Belastungsprofil von Leichtmetallrädern unter realen Betriebsbedingungen und stimmt darauf die Programme ab, Abb. 3.67. Deshalb gehören Leichtmetallräder zu den sichersten, leistungsfähigsten und langlebigsten Produkten im gesamten Automobilmarkt.

Eine der effektivsten Testmethoden zur Beurteilung eines neuen Leichtmetallrades ist der Zwei-axiale Räder-Prüfstand, kurz ZWARP, Abb. 3.68. Im Gegensatz zur herkömmlichen Abrollprüfung, bei der die Räder mit einer bestimmten Aufstandskraft gerade auf einer Außentrommel laufen, werden die Räder beim ZWARP in einer überdimensionalen Innentrommel durch zusätzliche Querbewegungen der Testanlage in zwei Richtungen mit Aufstands- und Seitenkräften belastet – deshalb der Name ZWARP. Diese Prüfverfahren ersetzt sechswöchige Testfahrt z. B. auf dem kleinen Hockenheimring. Die Belastungen werden dabei am Abrollprüfstand validiert, Abb. 3.69.

Im Prüflauf werden die Räder über mehrere Tausend Kilometer mit einer Aufstandskraft von bis zu 35 kN beaufschlagt, was einer Fahrleistung im realen Betrieb über die gesamte Lebensdauer des Fahrzeugs entspricht. Durch die Lenkbewegungen wird das Rad zusätzlich mit einer Seitenkraft von bis zu 25 kN an die seitlichen Wülste der rotierenden Trommel gepresst und damit die Radbelastungen bei scharfen Kurvenfahrten simuliert.

Zunächst werden die Räder mit der entsprechenden Reifengröße bestückt und zur Verschärfung der Prüfbedingungen durch eine simulierte Bordsteinanfahrt mit 2,5-facher

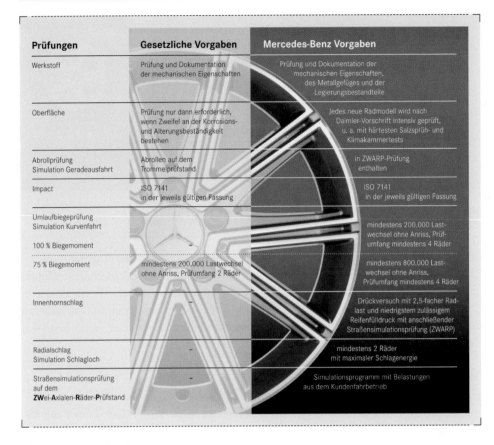

Prüfungen	Gesetzliche Vorgaben	Mercedes-Benz Vorgaben
Werkstoff	Prüfung und Dokumentation der mechanischen Eigenschaften	Prüfung und Dokumentation der mechanischen Eigenschaften, des Metallgefüges und der Legierungsbestandteile
Oberfläche	Prüfung nur dann erforderlich, wenn Zweifel an der Korrosions- und Alterungsbeständigkeit bestehen	Jedes neue Radmodell wird nach Daimler-Vorschrift intensiv geprüft, u. a. mit härtesten Salzsprüh- und Klimakammertests
Abrollprüfung Simulation Geradeausfahrt	Abrollen auf dem Trommelprüfstand	in ZWARP-Prüfung enthalten
Impact	ISO 7141 in der jeweils gültigen Fassung	ISO 7141 in der jeweils gültigen Fassung
Umlaufbiegeprüfung Simulation Kurvenfahrt		
100 % Biegemoment	–	mindestens 200.000 Lastwechsel ohne Anriss, Prüfumfang mindestens 4 Räder
75 % Biegemoment	mindestens 200.000 Lastwechsel ohne Anriss, Prüfumfang 2 Räder	mindestens 800.000 Lastwechsel ohne Anriss, Prüfumfang mindestens 4 Räder
Innenhornschlag	–	Drückversuch mit 2,5-facher Radlast und niedrigstem zulässigem Reifenfülldruck mit anschließender Straßensimulationsprüfung (ZWARP)
Radialschlag Simulation Schlagloch	–	mindestens 2 Räder mit maximaler Schlagenergie
Straßensimulationsprüfung auf dem ZWei-Axialen-Räder-Prüfstand	–	Simulationsprogramm mit Belastungen aus dem Kundenfahrbetrieb

Abb. 3.67 Typische Vorgaben eines Fahrzeugherstellers

Abb. 3.68 Zwei-axialer Räderprüfstand

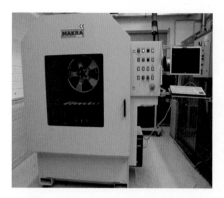  

Abb. 3.69 Abrollprüfstand zur Kalibierung der ZWARP Eingangsdaten

Radlast am inneren Felgenhorn vorgeschädigt. Diese Vorschädigung gilt gleichzeitig als Einzelprüfung „Innenhornschlag", die Verformung darf dabei höchstens einige Millimeter betragen. Ist diese Eingangsforderung erfüllt, folgt der eigentliche Prüflauf, der in 22 Belastungsblöcke aufgeteilt ist. Die Belastungsblöcke orientieren sich an dem späteren Einsatzprofil am Fahrzeug – je nachdem, ob das Rad für eine Limousine, einen Roadster, einen Geländewagen oder eine Großraumlimousine vorgesehen ist.

Die Anforderung ist: Trotz der mechanischen Vorschädigung darf das Testrad über die Prüfdistanz keine Risse zeigen. Besteht ein Rad die ZWARP-Prüfung, hält es erfahrungsgemäß im normalen Fahrbetrieb ein Mehrfaches der Lebensdauer eines Fahrzeugs.

Eine weitere Stressprüfung ist der Umlaufbiegetest, Abb. 3.70. Dabei werden die Räder mit der Felgeninnenseite formschlüssig auf den Prüftisch gespannt, die Radschüssel wird über die normalen Löcher der Radschrauben wie bei der herkömmlichen Montage am Fahrzeug auf einer Nabe befestigt. Diese stresst das Radgefüge mit Lastwechseln durch taumelnde Bewegungen, die maximale Kurvenfahrten simulieren; es werden Biegemomente zwischen 1900 und 11.000 Newtonmeter eingesetzt.

Der Umlaufbiegetest läuft parallel mit mehreren Rädern und unterschiedlichen Lastfällen ab:

- 4 Räder absolvieren mit 100 % Biegemoment 200.000 Lastwechsel;
- 4 Räder absolvieren mit 75 % Biegemoment 800.000 Lastwechsel,
  (das entspricht dem mehrfachen der gesetzlichen Forderung).

Alle Räder müssen diese Bedingungen ohne Rissbildung überstehen. Allerdings wird der Test so lange gefahren, bis sich erste Anrisse zeigen. Dabei zeigt sich, dass Leichtmetallräder häufig viele Millionen Lastwechsel schadlos überstehen. Das reicht bei normalen Betriebsbedingungen für mehrere Autoleben.

Neben dem in die ZWARP-Prüfung integrierten Schlag auf das Felgeninnenhorn müssen Leichtmetallräder weitere Missbrauchsversuche überstehen. Beim sogenannten

Abb. 3.70 Umlaufbiegetest

Impact-Test, der die schräge Anfahrt auf ein Hindernis wie einen Bordstein simuliert, wird das Rad liegend mit einem leichten Kippwinkel unter einem stumpfen Fallbeil fixiert, Abb. 3.71. Danach fällt das Fallbeil mit einem nach der zulässigen Radlast berechneten Gewicht (0,6-fache Radlast plus 180 in Kilogramm) aus einer definierten Höhe auf das äußere Felgenhorn. Es resultiert daraus eine Verformung des getroffenen Felgenbereichs, die ein bestimmtes Maß nicht überschreiten darf. Es dürfen keine Ausbrüche oder Undichtigkeiten auftreten. Der montierte Reifen muss nach dem Schlag den Luftdruck halten, um im Praxisfall eine Weiterfahrt zu ermöglichen.

Der zweite Schlagtest läuft ähnlich ab, nur wird beim Radialschlag die Reifenlauffläche des senkrecht stehenden Rades von dem Fallbeil getroffen, das mit großer Wucht bis auf die Felgenhörner durchschlägt. Auch hier darf die Schädigung nicht zum Ausfall des Rad-Reifen-Systems führen. Hier dürfen keine Ausbrüche oder Undichtigkeiten auftreten. Der Radialschlag kommt einem Überfahren eines Gegenstandes mit hoher Geschwindigkeit gleich, auch hier darf der Test nicht zum Ausfall des Rad-Reifen-Systems führen.

Abb. 3.71 Impact Test

Zu dem Abnahmeprozess neuer Leichtmetallräder gehört auch die Kontrolle der geometrischen Daten mit einer 3-D-Messmaschine, Abb. 3.72. Dieser Prozess läuft vollautomatisch ab. Nach dem Einspannen des Testrades überprüft die Anlage mit höchster Präzision im Mikrobereich 20 Hauptmassen an 150 Punkten und vergleicht diese mit den abgespeicherten CAD-Daten. Nur wenn mehrere Räder auch diese Prüfung wie alle anderen Tests innerhalb der engen Toleranzen absolviert haben, führt der Fahrzeughersteller eine finale Prüfung zur Erteilung der endgültigen Freigabe durch.

Trotz aller technischen Möglichkeiten sind einige wichtige Freigabekriterien händisch durchzuführen. Im Einzelnen sind das:

- Lackqualität: In Ergänzung der Prüfungen im Korrosionsprüfzentrum wird die Lackierung auf Farbgebung, Schichtdicke, Einschlüsse oder Poren untersucht; außerdem müssen die Bereiche der Anlagefläche und die Radlöcher lackfrei sein.
- Gussqualität: Keine Porosität oder oberflächliche Lunker
- Mechanische Bearbeitung: Saubere Entgratung
- Kontrolle des vorgegebenen Gewichts
- Korrekte Kennzeichnung
- Problemlose Montage des Ventils und des Sensors der Reifendruckkontrolle

Abb. 3.72 Radmessmaschine

- Zugänglichkeit des Ventils bei der Reifendruckkontrolle mit tankstellenüblichen Befüllarmaturen
- Korrekter Sitz des Nabendeckels
- Rundlaufkontrolle

Fahrzeughersteller orientieren sich in der Entwicklungs- und Erprobungsphase neuer Leichtmetallräder am tatsächlichen Belastungsprofil unter realen Betriebsbedingungen und stimmt darauf die Programme ab. Dabei müssen die Räder ein umfangreiches Testprogramm absolvieren, das weit über das gesetzliche Maß nach der Straßenverkehrs-Zulassungsordnung hinausgeht.

Im Unterschied zur Röntgenuntersuchung, Abb. 3.73, die nur ein zweidimensionales Bild liefert, ergeben sich im Computertomographen (CT) dreidimensionale Darstellungen. Sie entstehen durch das schichtweise Röntgen der Räder. Das dreidimensionale Bild

Abb. 3.73 Röntgenanlage

errechnet ein Computerverbund (Cluster) mit einem Arbeitsspeicher von 54 Gigabyte aus den bis zu 2880 einzelnen Röntgen-Schichtbildern, die der CT in einem komplett bleige-kapselten Raum horizontal und vertikal von dem Rad erstellt.

In Verbindung mit den Tests auf den Prüfständen lassen sich mit diesen CT-Auswer-tungen Aussagen treffen, wo kleinste Störungen möglicherweise große funktionelle Aus-wirkungen haben. Diese Bauteilbereiche werden gießtechnisch und konstruktiv optimiert. Außerdem lassen sich diese Erkenntnisse auf zukünftige Radentwicklungen übertragen. Somit können Schwachstellen aus dem Gießprozess wie Lunker oder Gaseinschlüsse räumlich und größenmäßig exakt bestimmt werden.

3.5.5 Großserienproduktion

Als Grundmaterial für die Leichtmetallräder kommen immer Primärlegierungen zum Ein-satz, ergänzt mit den Metallrückständen aus der eigenen Produktion, wie Bearbeitungs-späne und fehlerhafte Räder aus der laufenden Produktion. In dem Schmelzofen wird ein enger Temperaturkorridor um die 775 °C gehalten werden muss. Nach dem Abstich der flüssigen Aluminiumlegierung und dem anschließenden Reinigungen der Schmelze mit speziellen Zusätzen transportieren die Mitarbeiter die sogenannte Transportpfanne zu den eigentlichen Gießmaschinen und füllen das flüssige Metall um.

Aluminiumgussräder werden ausschließlich im Niederdruck-Kokillenguss hergestellt. Mittels Überdruck wird aus einem unteren Behälter die Flüssigkeiten über ein Steigrohr nach oben gedrückt. Auch hier gilt es, einen engen Temperaturkorridor einzuhalten, damit das Metall durch die Form fließen kann und nach einem genau eingestellten Ablauf er-starrt. Sowohl das Gießverhalten wie der Erstarrungsprozess werden in der Entwicklungs-phase eines neuen Rades exakt simuliert. Nach der Erstarrung wird die mehrteilige Kokille geöffnet und der Radrohling vollautomatisch zur nächsten Station befördert, Abb. 3.74.

Abb. 3.74 Entnahme
des Gussrades aus der
Niederdruck-Kokillengussform

Alle Räder durchlaufen nach dem Gießen eine vollautomatische Röntgenanlage, Abb. 3.75. In gekapselten Kabinen durchleuchtet die Röntgenanlage die noch unbehandelten Rohlinge und analysiert die entstehenden Bilder in Echtzeit. Gießfehler wie Lunker (Lufteinschlüsse) oder Poren, die zu einer verminderten Stabilität des Rades führen können, werden zuverlässig diagnostiziert. Die betreffenden Räder schleust die Anlage aus, anschließend werden diese Teile erneut eingeschmolzen.

Räder werden meist ausschließlich aus der warm ausgelagerten Aluminiumlegierung Gk-AlSi7 gefertigt. Dieses Material erreicht durch eine dem Gießprozess folgende, dreistufige Wärmebehandlung seine außerordentlich hohe Festigkeit. Vor dem Abschrecken im Wasserbad werden die Radrohlinge beim „Lösungsglühen" zunächst auf eine Temperatur von rund 530 °C gebracht, abschließend erfolgt das mehrstündige Warmauslagern bei rund 150 °C. Dabei erhält der Aluminiumwerkstoff seine endgültige Festigkeit.

Alle Räderrohlinge werden anschließend in mehreren mechanischen Bearbeitungsschritten in ihre finale Form gebracht, Abb. 3.76. In diesem Produktionsbereich, wo eine zuverlässige Maßhaltigkeit im Fertigungsprozess und eine hohe Genauigkeit unbedingt

Abb. 3.75 100-Prozent-Röntgenprüfung in der laufenden Fertigung

Abb. 3.76 Mechanische Bearbeitung des Gussrades

nötig sind, kommen ausschließlich computergesteuerte Bearbeitungsmaschinen zum Einsatz, die Fertigungstoleranzen von wenigen Hundertstel Millimetern einhalten.

Folgende Radbereiche werden hier in Dreh-, Fräs- und Bohrzentren ausgeformt:

- Felgenbett – der Teil des Rades, auf dem später der Reifen sitzt.
- Äußeres Felgenhorn – Abschlussprofil am Umfang des Rades.
- Anlagefläche – hiermit liegt das Rad an der Radnabe des Fahrzeugs an.
- Mittenzentrierung – das korrekte Maß garantiert einen zentrischen Sitz des Rades auf der Radnabe.
- Klemmsitz – Nut in der Mittenzentrierung; hier wird später der Nabendeckel eingefügt.
- Radschraubenlöcher
- Ventilloch – die exakte Ausrichtung ist sehr wichtig für die Reifendruckkontroll-Sensoren, die mit dem Ventil verbaut werden.
- „Bremsenkontur" – an der Innenseite der Radschüssel und der Felge, die den nötigen Freigang für die Bremsanlage garantiert.

Im laufenden Produktionsprozess kontrollieren in die einzelnen Fertigungszentren integrierte Messeinrichtungen die Güte der Bearbeitung. Sollte sich ein Bearbeitungsschritt den engen Toleranzgrenzen nähern, korrigiert sich die Maschine vollautomatisch. Zusätzlich sind 100-Prozent-Kontrollen sinnvoll: So wird die Mittenzentrierung gesondert vermessen, eine weitere Messstation detektiert zuverlässig unzulässige Unwuchten.

Im letzten Prüfdurchgang vor der Lackiererei durchlaufen alle Räder eine automatisierte Dichtheitsprüfung. Dabei wird das Rad zwischen zwei gummibeschichteten Stahlplatten eingeklemmt und mit dem Edelgas Helium beaufschlagt. Heliumsonden außerhalb des Rades erkennen kleinste Mengen austretendes Gas und können so Leckagen zuverlässig diagnostizieren. Die betreffenden Räder werden aus dem Produktionsprozess ausgeschleust. Da das Edelgas eine wesentlich kleinere Molekülstruktur hat als Luft, werden auch die kleinsten Undichtigkeiten verlässlich erkannt.

Im ersten Schritt des Produktionsbereiches Lackiererei durchlaufen die Räder eine Vorbehandlung mit bis zu 16 Behandlungsstationen von knapp hundert Meter Länge. Hier werden die Räder gewaschen und entfettet. Danach wird eine Grundbeschichtung aufgebracht, die als Haftvermittler zwischen dem blanken Metall und der folgenden Beschichtung fungiert und gleichzeitig einen ersten Korrosionsschutz bewirkt, Abb. 3.77.

Mit der folgenden, elektrostatisch aufgebrachten Pulverbeschichtung, die in einem Ofen eingebrannt wird, bekommen die Räder ihre volumenmäßig stärkste Schicht; sie dient zum Ausgleich winziger Rauigkeiten an der Radoberfläche. Im Anschluss kontrollieren besonders geschulte Mitarbeiterinnen und Mitarbeiter mit viel Fingerspitzengefühl in speziellen Lichtkammern das Ergebnis der ersten Beschichtung und können minimale Unebenheiten bearbeiten. Ist dies nicht möglich, wird das entsprechende Rad aus dem Produktionsprozess ausgeschleust. Danach applizieren Lackierroboter unter Reinraumbedingungen den farbgebenden Basislack und – als finale Versiegelung – den Klarlack. In einer finalen Prüfstation werden die Räder für den Versand freigegeben, Abb. 3.78.

Nach der oben beschriebenen Lackierung schleust die Anlage diese Räder aus dem Fertigungsprozess aus und transportiert sie zu besonderen Drehmaschinen, die mit Diamantwerkzeugen die Lackschichten in genau definierten Bereichen wieder entfernen – meist auf den Speichen oder im äußeren Felgenbett, Abb. 3.79. Durch dieses sogenannte „Glanzdrehen" entstehen metallisch hochglänzende Bereiche, die im Kontrast zur verblei-

Abb. 3.77 Grundieren der Räder mit Pulverlack in der Lackiererei

Abb. 3.78 Vollautomatische Förderer in der Lackiererei

Abb. 3.79 Bicolor-Räder:
Fertigungsschritt „Glanzdrehen" mit Diamantwerkzeugen

benden Lackierung stehen. Natürlich müssen diese mit einem erneuten Lackierprozess
wieder versiegelt werden. Dies geschieht mit einem dreischichtigen Aufbau: Nach einer
erneuten Vorbehandlung folgt der Auftrag des transparenten Korrosionsschutzlacks; den
glänzenden Abschluss bilden verschiedene Klarlacke.

Es wird der laufende Produktionsprozess auch in den Labors des Herstellers nach den
Maßgaben des Fahrzeugherstellers genau überwacht. Hier führen die Labormitarbeiter
unter anderem folgende Untersuchungen durch:

- Eingangskontrolle der angelieferten Primärlegierung Gk-AlSi7 im Spektrometer,
- Prüfung der Zugfestigkeit mit speziell präparierten Radproben,
- Kontrolle der Maße in einer 3-D-Messmaschine.

Eine direkte Anbindung des Labors an den Produktionsprozess und standardisierte Abläufe erlauben, im Bedarfsfall eine schnelle Korrektur der Fertigung.

3.6 Qualitätssicherung

Für Sicherheitsbauteile wie Räder ist ein umfassendes Qualitätssicherungssystem unabdingbar.

Außer den Kriterien, die generell bei Kraftfahrzeugrädern zu beachten sind, müssen bei Gussrädern die werkstoffspezifischen Eigenschaften und verfahrensbedingten Einflüsse auf die Qualität im Verlauf der Entwicklung und während der Serienproduktion besonders beachtet werden.

Zu Beginn der Entwicklung wird mittels Machbarkeitsstudien geprüft, inwieweit das gewünschte Design in der Lage ist, die im Lastenheft formulierten Vorgaben zu erfüllen. Gieß- und Erstarrungssimulationen geben Aufschluss über die gießtechnische Machbarkeit.

3.6.1 Röntgen, Computertomografie und Metallografie

Ein wichtiger Bestandteil im Entwicklungsprozess neuer Leichtmetallräder sind Untersuchungen, die sich mit der inneren Gefügestruktur bis hin zum Atomaufbau beschäftigen. Während die Untersuchungen in den verschiedenen Test- und Prüfanlagen Aufschluss darüber geben, ob die Leistungsfähigkeit eines neuen Rades den hohen Anforderungen genügt, ermöglichen die ergänzenden Untersuchungen im Auflicht- oder Rasterelektronenmikroskop, in der Röntgenanlage und im Computertomografen Rückschlüsse, warum verschiedene Rad-Prototypen widerstandsfähiger sind als andere.

Die Untersuchung eines Leichtmetallrades beginnt beim Auflichtmikroskop mit einer Vergrößerung von 20- bis zu 1000-facher Vergrößerung. Von dem zu untersuchenden Rad wird eine wenige Gramm schwere Probe entnommen, diese fein geschliffen und poliert. Durch eine anschließende Kontrastierung wird die Gefügestruktur der kristallinen Metalllegierung sichtbar gemacht. Das so erhaltene zweidimensionale Bild dieser Fläche erlaubt Rückschlüsse auf das verwendete Rohmaterial und die Verarbeitungsgüte im Gießprozess. Zeigen sich hier Unregelmäßigkeiten, wird der Radzulieferer über die Probleme informiert und vor dem Serienanlauf zur Beseitigung aufgefordert.

Die Bewertung der Bruchstellen nach den Testläufen kann nur im Rasterelektronenmikroskop erfolgen, weil diese Anlage ein dreidimensionales Bild bei wesentlich höherer Auflösung im µ-Bereich ($1 \mu = 0{,}001$ mm) liefert. Hier können die Bruchstelle genau analysieren und Aussagen darüber treffen, ob die Rissbildung von einem Gießfehler oder beispielsweise von einer ungünstigen Phasenausbildung im Metallgefüge ausgeht. Ein Riss, der von einem intakten Metallgefüge ausgeht, weist auf eine eventuelle konstruktive Schwachstelle hin. Auch hier folgt die Rückmeldung an die betreffenden Entwicklungsbereiche oder den Zulieferer, wie diese Schwachstellen beseitigt werden müssen.

Während bei den Untersuchungen mit dem Auflicht- oder Rasterelektronenmikroskops zur Herstellung der Proben immer eine Zerstörung des Testrades notwendig ist, ergänzen zerstörungsfreie Prüfungen die Entwicklungsphase und leisten einen wichtigen Beitrag zur Kontrolle der späteren Serienproduktion beim Zulieferer. Zerstörungsfreie Analysen sind notwendig, wenn beispielsweise ein Leichtmetallrad nach den Untersuchungen für weitere Tests zur Verfügung stehen muss. In den Röntgenanlagen werden die Räder in der Abnahmephase durchleuchtet. Im Röntgenbild erkennen die Spezialisten Lunker und Fehlstellen ab einer Größe von 0,3 Millimetern, Abb. 3.73.

3.6.2 Rundlauf und Planlauf

Für die Rundlaufqualität eines Rads am Fahrzeug muss man dieses mit montiertem Reifen, also als Komplettrad, betrachten. Bei der Fertigung eines Rads steht für den Rundlauf die Mittenzentrierung mit den beiden Flächen für den inneren und äußeren Reifensitz im Verhältnis. Ebenso sind die Anlagefläche an der Radnabe und die inneren Flächen der Felgenhörner für den Planlauf des Rads verantwortlich. Fertigungsbedingt sind diese Flächen mit Toleranzen behaftet (für Rund- und Planlauf werden für Pkw-Räder üblicherweise 0,3 mm angegeben), mit denen sich nun die Toleranzen des Reifens überlagern. Das kann den Rundlauf des Komplettrads positiv oder negativ beeinflussen. Um einen optimalen Rundlauf eines Komplettrads zu ermöglichen, nutzt man das „Matchen". Dabei werden Rad und Reifen bei der Montage so zueinander positioniert, dass der „Rundlauf-Hochpunkt" des Rads mit dem „Tiefpunkt" des Reifens übereinander liegt.

Beim Rad wird der Hochpunkt aus den Rundlaufmessungen der beiden Reifensitzflächen ermittelt. Für jede Fläche erhält man so einen eigenen Hochpunkt mit unterschiedlichen Winkellagen am Umfang des Rads. Diese beiden Werte ergeben durch Vektoraddition einen gemeinsamen Wert mit resultierender Winkellage. Diese Stelle wird am Rad mit einem Farb- oder einem Klebepunkt gekennzeichnet.

Beim Reifen entspricht der Tiefpunkt der Position, wo er beim Abrollen die geringste Kraftschwankung erreicht. Er wird ebenfalls mit einem Farbpunkt gekennzeichnet. Technisch gesehen kann der Reifen auch mit einer Feder verglichen werden, die eine radiale Steifigkeit aufweist. Fertigungsbedingt kann der Reifen nie so genau hergestellt werden, dass er über seinen gesamten Umfang eine gleichmäßige Steifigkeit aufweist. Kompletträder mit einem schlechten Rundlauf machen sich am Fahrzeug nicht nur durch eine radiale Bewegung der Karosserie (d. h. in z-Richtung) bemerkbar. In Fahrtrichtung spürt man auch eine minimale Wechselkraft aus Beschleunigung und Abbremsung bei jeder Radumdrehung.

Bei schneller laufenden Nutzfahrzeugen, aber auch bei großen, schweren Rädern, ist eine gute Zentrierung der Räder am Nutzfahrzeug besonders wichtig. Insbesondere bei schneller laufenden Nutzfahrzeugen ist eine möglichst geringe Rund- und Planlaufabweichung (Höhen- und Seitenschlag) auf beiden Schultern und Hornseiten der Felge erforderlich, um eine gute Laufruhe zu erzielen. Dies sorgt für Sicherheit und hilft Kraftstoff einzusparen.

3.6.3 Unwucht

Eine ebenso große Bedeutung wie der Rund- und Planlauf ist für ein ruhig abrollendes Komplettrad die Kompensation der unterschiedlich verteilten Massen an Rad und Reifen. Dazu ist es erforderlich, die Einflüsse der Massen am drehenden Rad mit Ausgleichgewichten durch Auswuchten zu minimieren. Üblicherweise werden Räder für Pkw wegen der Felgenbreite dynamisch gewuchtet, d. h., es wird auf zwei Ebenen (innerer und äußerer Reifensitz) gemessen und die jeweils erforderliche Ausgleichmasse ermittelt. Diese wird dann mit Auswuchtgewichten an der durch die Wuchtmaschine angezeigten Stelle angebracht. Dazu werden entweder geklebte, geklammerte oder geschlagene Auswuchtgewichte verwendet. Die ideale Position der Auswuchtgewichte am Rad bei dynamischer Wuchtung ist der maximale Abstand zur Felgenmitte an möglichst großem Durchmesser.

In den meisten Fahrzeugen ist ein Wuchtfehler, den man als „Restunwucht" bezeichnet, von 5 g je Wuchtebene je nach Fahrzeugtyp und Fahrwerk nicht spürbar. Es sollte je Wuchtebene nur an einer Stelle ein Auswuchtgewicht angebracht werden. Sollte eine relativ hohe Wuchtmasse (über 80 g) in einer Wuchtebene erforderlich sein, empfiehlt es sich, den Reifen auf dem Rad zu verdrehen und den Wuchtvorgang zu wiederholen. Dieses geht aber nur bei Rad-/Reifenkombinationen, die nicht gematcht werden müssen. Je geringer die Wuchtgewichtmasse am Rad, umso geringer ist auch das Potential der Restunwucht.

Schmale Räder für Zweiräder werden nur auf einer Ebene gewuchtet (mit einem Wuchtgewicht in der Felgenmitte). Man nennt diese Methode statische Wuchtung.

Räder für Nutzfahrzeuge sowie Noträder mit eingeschränkter maximaler Geschwindigkeit werden nicht gewuchtet.

3.7 Leichtbautechniken

Bei Bedarf kann man mit einem abgeänderten, etwas aufwändigeren Prozess gewichtsoptimierte Gussräder herstellen, so genannte „Flowforming-Räder". Dabei lässt sich bei einem 19″-Rad ca. 0,9 kg einsparen. Für den Flowforming-Prozess wird der Gussrohling ähnlich gestaltet wie beim Schmieden. Um die Designfläche herum wird anstatt der ausgeformten Felgenkontur ein Ring als Materialdepot für die Felge vorgesehen. Das „Flowforming"-Verfahren ist in Verbindung mit gegossenen, einteiligen Aluminiumrädern ein relativ junges Bearbeitungsverfahren. Zum einen bleibt für die Designer die große Gestaltungsfreiheit eines gegossenen Rades erhalten, zum anderen bekommt das „Flowforming"-Rad teilweise die Vorteile der sehr teuer und aufwendig zu produzierenden Schmiederäder: eine hohe Festigkeit bei optimiertem Bauteilgewicht.

Der Fertigungsablauf beim „Flowforming", Abb. 3.80: Zunächst wird wie bei der bereits beschriebenen Radproduktion ein Rohling gegossen, der allerdings ein sehr schmales Felgenbett mit einer deutlich höheren Wandstärke hat. Nach dem Erhitzen auf rund 350 Grad Celsius wird dieser Rohling auf einen nach oben leicht konisch verlaufenden

Abb. 3.80 Fertigungsablauf
beim Flowforming (von rechts
nach links)

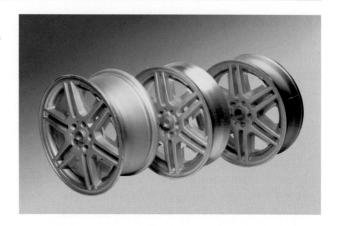

Zylinder gespannt. Rohling und Zylinder rotieren, während sich von außen drei ebenfalls
rotierende Rollköpfe mit hohem Druck von rund 120 Tonnen an den Rohling pressen und
nach unten fahren. Dabei wird das Metall über dem Zylinder in die gewünschte Form
gebracht, also fließend verformt („Flowforming") und gleichzeitig verdichtet. Das so entstandene Felgenbett hat ein schmiedeähnliches Gefüge mit höchster Stabilität bei geringstmöglichem Gewicht. Die anschließende Wärmebehandlung verleiht dem „Flowforming"-
Rad dann seine endgültige Festigkeit, Abb. 3.81. Das so entstandene Felgenbett hat ein
schmiedeähnliches Gefüge mit höchster Stabilität bei geringstmöglichem Gewicht. Die
anschließende Wärmebehandlung verleiht dem „Flowforming"-Rad dann seine endgültige Festigkeit.

Der so ausgeformte Rohling wird dem „normalen" Fertigungsprozess vor der Wärmebehandlung wieder zugeführt.

Eine weitere Möglichkeit, gewichtsoptimierte Räder herzustellen, ist das Einsetzen von
verlorenen Kernen in weniger beanspruchte Zonen des Rads. So wird Aluminium durch
Hohlräume ersetzt, z. B. in der Speiche, viel seltener aber auch im Hump. Demnach gibt
es Hohlspeichenräder und Hohlraumräder. Abbildung 3.82 zeigt ein sogenanntes Nature
Wheel mit einem verlorenen Kern, die im Rad verbleibt, und Abb. 3.83 ein Rad, bei dem
die Speiche hohl ausgeführt ist.

Die Hohlspeichentechnik mit Sandgusskernen oder im Rad verbleibende (verlorene)
Keramikkerne bieten gute Ansätze zur Gewichtseinsparung, erfordert aber ein hierfür geeignetes Design und besondere Fertigungseinrichtungen. Zudem sind diese Verfahren mit
erhöhten Kosten verbunden.

Weiter verbreitet ist heute das Flowforming-Verfahren bei Gussrädern, bei dem das
Felgenbett nur teilweise vorgegossen und anschließend maschinell auf die entsprechende
Felgenbreite ausgewalzt wird. So können durch das verdichtete Material dünnere Wand-
stärken mit weniger Gewicht im Felgenbett realisiert werden.

„Struktur-Räder" werden unter anderem als Reserveräder oder aber als mit Kunststoff-
blenden verkleidete Laufräder eingesetzt. Ziel ist, ohne Restriktionen durch das Design,

Abb. 3.81 Prozessschritte Flowforming

Nature wheel
A 240 401 04 02
Maybach
2001

Hersteller:	AAG Ranshofen
Radgröße:	8 Jx19 ET67
Gewicht:	ca. 13,5 kg
Verwendung:	Maybach

Abb. 3.82 Nature Wheel mit verlorenem Kern

Hohlspeichenrad
A 220 401 03 02
W220 / 215
1998

Hersteller: Fa. Stahlschmidt & Maiworm Werdohl

Radgrösse: 8 Jx18 ET44

9 Jx18 ET46

Verwendung: S-Klasse

Gewicht: 10 bzw 10,8 kg

Verfahren: verlorener Sandkern, Entfernung über Öffnungen im Felgentiefbett

Hohlkammervol: ca. 0,9 Ltr

Abb. 3.83 Hohlspeichenrad

nur das für eine ausreichende Betriebssicherheit und Funktion notwendige Material ein-
zusetzen und den Produktionsaufwand dieser Räder zu straffen.

3.8 Aerodynamik

Im Zusammenhang mit dem bereits erwähnten „Ziehen aller Register" wird vermehrt damit begonnen, die Strömungsverluste im und ums Rad unter die Lupe zu nehmen. Nicht
ohne Grund waren die Räder des Blitzen-Benz von 1909, der als erstes Automobil den
Geschwindigkeitsweltrekord auf über 200 km/h schraubte, strömungsgünstig verkleidet;
Abb. 3.84.

Mit dieser Thematik hatte sich 1920 auch Walther v. Selve befasst. Bei Versuchen
mit Drahtspeichenrädern, ermittelte er den positiven Einfluss der aerodynamischen Ver-
kleidung auf die erreichbare Geschwindigkeit. Allerdings gab es damals noch so gut wie
keine Probleme mit der Abfuhr von Bremswärme und es handelte sich in beiden Fällen um
frei im Fahrtwind laufende Räder. Die in den 1960er Jahren hier und da bei Rennwagen
in Europa und besonders in Amerika verwendeten Verkleidungen der Räder sind wieder
verschwunden.

Wozu die Aerodynamik in der Lage ist, bewies auch der Lotus-Gründer Colin Chapma-
ne in den 1970er Jahren, als seine Formel 1-Rennwagen bei gleicher Motorleistung fast
unschlagbar waren, bevor die Konkurrenz sein Prinzip des „Wing-Car" erkannte. Auch
bei den aktuellen Formel 1-Rennwagen spielt die Aerodynamik eine besondere Rolle. Da
das bestehende Reglement bei den Motoren nur geringe und bei den Rädern so gut wie
keine Unterschiede zulässt, kann neben der Fahrwerksauslegung nur die Aerodynamik
für das unterschiedlichen Leistungsvermögen verantwortlich sein. Möglicherweise können die wenigsten diese Erfahrungen für Serienfahrzeuge nutzbar gemacht werden. Aber

Abb. 3.84 Blitzen-Benz-Rad mit aerodynamischer Verkleidung

Abb. 3.85 Gesamtfahrzeug-aerodynamiksimulation Stahl-rad mit Blende

ob und wenn ja welchen Einfluss die Ergebnisse der noch laufenden Untersuchungen auf das Design des Rades haben werden, ist derzeit noch nicht erkennbar. Sollte das Rad jedoch aus aerodynamischen Gründen mit einer Aeroblende verkleidet werden, könnte das dann nicht mehr sichtbare Rad ausschließlich nach Festigkeitsüberlegungen konstruiert und gewichtoptimiert gestaltet werden.

In Zusammenarbeit mit den Fahrzeugentwicklungsbereichen können auch aerodynamische Aspekte in die Formgebung mit einfließen. Strömungssimulationen haben ergeben, dass aerodynamisch optimierte Leichtmetallräder und Reifen die Gesamtaerodynamik des Fahrzeugs verbessern, was im realen Fahrbetrieb den Kraftstoffverbrauch reduziert und zu einer CO_2-Minderung von über einem Gramm pro Kilometer führen kann, Abb. 3.85.

3.9 Radzierblenden

Radzierblenden kommen hauptsächlich aus optischen Gründen bei Stahlrädern zum Einsatz und werden über elastische Haltefederelemente an den Rädern lösbar befestigt, Abb. 3.86. Außerdem wird über die Radzierblende das Gummiventil abgestützt, das sonst aufgrund der Fliehkraft bei hohen Geschwindigkeiten zu starke Bewegungen durchführen würde. Als Werkstoff für Radblenden hat sich warmfester Kunststoff, z. B. Polyamid 6, durchgesetzt. In einigen Fällen kommt aber auch Aluminium- oder Nirostastahlblech zum Einsatz. Häufig sind die Blenden zweifarbig mit eingeklipsten Emblemen ausgeführt.

Aber auch bei Alugussrädern findet man heute Radzierblenden, die oft zur Verbesserung der Aerodynamik beitragen sollen. Das Aluminiumrad ist dabei meistens im Design schlicht gehalten und auf ein geringes Gewicht ausgelegt. In manchen Fällen gibt es dabei auch geschraubte oder verklebte Anbauteile an den Rädern. Bei manchen Blenden werden auch die Radschrauben mit abgedeckt, Abb. 3.87. Hierbei ist zu beachten, dass es entweder Aussparungen geben muss, damit die Blende vor einem Reifenwechsel entfernt werden kann. Alternativ kann man auch verschraubte Blenden einsetzen.

Abb. 3.86 Radzierblende für ein Stahlrad

Abb. 3.87 Teilblende für ein
Stahlrad mit Abdeckung der
Radschrauben

Es werden auch zur Abdeckung des Mittenloches bei Aluminiumrädern Blenden aus Kunststoff verwendet. Zur optischen Aufwertung werden diese meist mit dünnen farbig lackierten Aluminiumblechen versehen, Abb. 3.88.

Abb. 3.88 Mittenabdeckung

3.10 Radschraube und Radverbund

Nicht nur die Konstruktion und die Ausführung des Rades, sondern auch die Radbefestigungselemente müssen unter allen Betriebsbedingungen des Fahrzeugs sicherheitsrelevante Aufgaben erfüllen. Die im Betrieb auftretenden Radkräfte aus Antrieb, Bremsen, Radlast und Radführung sind vom gesamten Verbund, d. h. Radbefestigung, Rad, Bremsscheibentopf und Radnabe, aufzunehmen, ohne dass die Betriebsfestigkeit und die Funktion von Rad und Achsbauteilen beeinträchtigt wird.

Radverschraubungen sind typische Verschraubungen der Kategorie A nach VDI 2862 Blatt 1, das heißt ein Versagen, z. B. in Form des Verlusts eines Rades, bedeutet Gefahr für Leib und Leben. Andererseits gehören Radverschraubungen zu den am häufigsten gelösten und wieder montierten Schraubenverbindungen am Fahrzeug, was die Ansprüche an die Sicherheit zusätzlich erhöht.

Die Radschraubenauslegung ist eine typische ingenieursmäßige Aufgabe. Bei Zugrundelegung einer gleichzeitig auftretenden Kombination aus allen in der Praxis möglichen maximalen Belastungen wie Antriebs- und Bremsmomente, Aufstandskräfte und Seitenführungskräfte, stoßartige Belastungen (z. B. Durchfahren eines Schlaglochs oder Anstoßen an ein Hindernis) ist die Realisierung eines Reibschlusses in den Trennfugen (insbesondere zwischen Scheibenrad und Bremsscheibentopf) kaum möglich. Daher müssen für die Auslegung möglichst realistische Annahmen getroffen werden, z. B. durch Auswertung von Lastkollektiven aus Fahrversuchen.

Der zunehmende Zwang zum Leichtbau von Komponenten in Verbindung mit gleichzeitig steigenden Motorleistungen und wachsenden Fahrzeuggewichten führt zu höheren
dynamischen Lasten, Bewegungen und Verformungen in den Radverschraubungssyste-
men. Diese können noch verstärkt werden durch lastwechselbedingte Verschiebungen
zwischen Bremsscheibe und Rad in Umfangsrichtung. Bei Überschreiten von sogenannten Grenzverschiebungen oder Grenzverformungen kann es im Bereich der Kopfauflage
in der Kalotte bei niedrigeren Reibungszahlen in Extremfällen zu einem selbsttätigen
Losdrehen der Verbindung kommen. Bei höheren Reibungszahlen kann dagegen durch
Mikro-Oszillationsbewegungen ein Verschweißen im Bereich der Kopfauflage auftreten.
Diese Neigung zu Kaltverschweißungen ist bei Stahlrädern aufgrund ihrer größeren Nachgiebigkeit üblicherweise stärker ausgeprägt als bei Aluminium-Rädern.

Neben der Radverschraubung selbst haben die Nachgiebigkeit und das Verformungsverhalten von Scheibenrad, Bremsscheibentopf und Nabe einen entscheidenden Einfluss
auf den dynamischen Radfestsitz. Das Verformungsverhalten von Scheibenrad und „Hinterland" bestimmt wesentlich die auf die Radverschraubung einwirkenden dynamischen
Kräfte und Verformungen und damit wesentlich auch die Sicherheit der Radverschraubung. Eine hohe Steifigkeit von Rad und „Hinterland" wirkt sich meist günstig auf den
Festsitz aus, weil dadurch die Schraubenzusatzkräfte kleiner werden, Abb. 3.89.

Dieses Bild zeigt den Einfluss der Nachgiebigkeitsverhältnisse auf die dynamische
Schraubenzusatzkraft im Falle zyklischer Betriebskräfte:

- Flache Kennlinie für Rad + „Hinterland" = große Nachgiebigkeit $\Rightarrow$ hohe dynamische
  Schraubenzusatzkraft;
- steile Kennlinie für Rad + „Hinterland" = kleine Nachgiebigkeit $\Rightarrow$ niedrige dynamische Schraubenzusatzkraft.

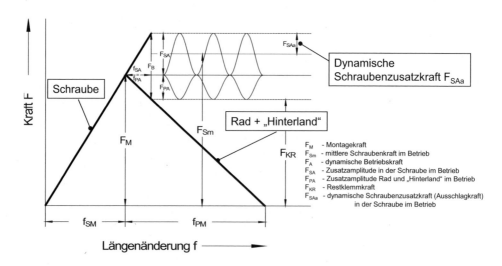

Abb. 3.89 Verspannungsschaubild Radschraube mit dem Rad und dem „Hinterland"

Die Erprobung und Freigabe von Radverschraubungen ist äußerst zeit- und kostenaufwendig, denn es muss neben der Serienmontage auch eine Reihe praktische Situationen aus dem Feld in Prüfstands- und Fahrversuchen abgesichert werden.

Die geometrische Auslegung der Radbefestigung, d. h. die Festlegung des Teilkreisdurchmessers, der Anzahl und die Dimensionierung der Befestigungselemente ist Aufgabe des Fahrzeugherstellers. Das Rad wird im Pkw mit drei bis fünf Radschrauben oder Radmuttern durch die Befestigungslöcher der Räder an der Achsnabe befestigt. Bei Geländewagen und bei leichten Nutzfahrzeugen findet man oft sechs Radschrauben bzw. Stehbolzen mit Radmuttern. Die Auflage der Radbefestigungselemente am Rad ist je nach Fahrzeughersteller konstruktiv unterschiedlich ausgeführt. Meist sind es Kugelkalotten oder Kegel, in wenigen Fällen auch ebene Auflageflächen.

Die Ausführung der Radbefestigung mit einer Zentralmutter und formschlüssigen Mitnehmern (z. B. Stifte) wird fast ausschließlich bei Rennfahrzeugen verwendet, kommt aber zunehmend auch bei Luxussportwagen zum Einsatz. Die ursprüngliche Motivation für einen Zentralverschluss war die Notwendigkeit eines schnellen Räderwechsels. Da aber genau das bei Serienfahrzeugen aus Diebstahlgründen nicht möglich sein soll, unterscheiden sich die Konstruktionen voneinander.

Insbesondere im Premiumfahrzeugsegment haben sich vor allem im europäischen Raum Radschrauben als Befestigungselemente durchgesetzt, während im amerikanischen und asiatischen Markt traditionell meist Radbolzen mit Muttern verwendet werden. Die nachfolgenden Ausführungen beziehen sich daher vorwiegend auf Radschraubenbefestigungen.

Auslegung, Gestaltung und Fertigung von Radverschraubungen mit dem Ziel einer hohen Betriebssicherheit setzen ein umfassendes Wissen über die Funktion des gesamten Radverschraubungssystems und viel praktische Erfahrung voraus. Eine sorgfältige Abstimmung der Geometrie der Auflage der Radverschraubungselemente am Rad (z. B. Kugelkalotte oder Kegel) und der Reibparameter sind bei der konstruktiven und praktischen Festlegung der Anziehdrehmomente und des Anziehverfahrens unabdingbar.

Die für die Funktionssicherheit des Schraubverbunds mindestens erforderlichen Schraubenklemmkräfte müssen sowohl im Neuzustand (Erstmontage) wie auch im gebrauchten Zustand und unter Berücksichtigung aller dynamischen Betriebszustände sicher erreicht und eingehalten werden. Ein guter Rundlauf des Rads auf der Radnabe wird über die Ausführung des Mittenlochs als Zentrierbohrung mit exakt definierter Spielpassung zur Radnabe und nicht durch die Radschrauben erreicht.

Einer der meist unterschätzten Faktoren beim Radverbund sind die Reibverhältnisse. Die Radschrauben erzeugen die Klemmkraft, die Kraftübertragung beim Bremsen und Beschleunigen sollte primär über Kraft- oder Reibschluss erfolgen. Nur im Notfall blockiert ein Formschluss entweder über die Radschraube oder den Stehbolzen Relativbewegungen zwischen Rad und Bremsscheibe, wenn es durch eine Verdrehung des Rades in Umfangsrichtung zur Anlage am Radbefestigungselement kommt. Zur Sicherstellung eines ausreichenden Kraft- oder Reibschlusses muss daher bei Änderung der Reibverhältnis-

Abb. 3.90 Konstruktive Gestaltung der Radauflage auf
dem Bremsscheibentopf durch
innere und äußere Reibringe – Funktionsnachweis durch
Druckbildmessung

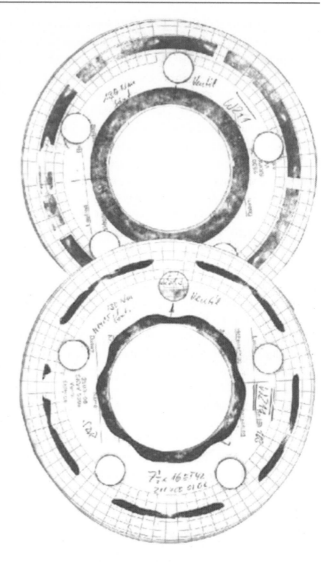

se sowohl bei der Radschraube als auch bei Rad, Bremsscheibe und Radnabe eine neue
versuchstechnische Absicherung des Verbundes erfolgen.

Unter anderem ist es wichtig, speziell am Rad definierte Reibverhältnisse zu schaffen.
Eine Möglichkeit besteht darin, am Radflansch gezielt Reibringe anzubringen. Abbildung 3.90 zeigt hierzu beispielhaft das Druckbild von einem Al-Guss (oben) – und einem
Stahlrad (unten) mit zwei Reibringen. Bei der spanenden Bearbeitung der Reibringe im
Rahmen der Radfertigung muss sichergestellt werden, dass bei der späteren Montage zuerst der äußere und dann der innere Reibring am Bremsscheibentopf anliegt, damit neben
reproduzierbaren Reibverhältnissen der für den Reibschluss maßgebende mittlere Reibra-

Abb. 3.91 Mercedes-Radschrauben als Designelemente, **a** schwarz und **b** mit Edelstahlkappe

dius möglichst groß wird. Neben dem Vorteil eines definierten resultierenden Reibradius erhält man dadurch noch eine gewisse zusätzliche Sicherheit gegenüber Setzkraftverlusten bei oder nach der Montage, indem z. B. bei nicht gereinigten Anlageflächen des Rades harte Partikel, z. B. Sandkörner, die bei der Montage zerdrückt werden, aber auch Lackabrieb oder Korrosionsrückstände in die Zwischenräume verdrängt werden können.

Radschrauben werden oft als Designelemente benutzt und sind dann am Fahrzeug sichtbar. In diesem Fall werden besondere optische Anforderungen an die Radverschraubungen gestellt. Allgemein wird heute als Farbe je nach Designwunsch silbern oder schwarz gefordert. Beschichtungen sollen vor allem in sichtbaren Bereichen möglichst gleichmäßig und homogen sein und gute Beschichtungseigenschaften in Vertiefungen wie Innen- Kraftangriffen, Napfungen oder Kalotten aufweisen, Abb. 3.91.

Da Radschrauben neben mechanischen Belastungen bei Montage und Demontage im Betrieb auch äußeren Einflüssen durch Witterung, Temperaturbelastung, Schmutz und Chemikalien (z. B. Streusalz im Winterbetrieb, Bremsabrieb, Felgenreiniger) ausgesetzt sind, müssen auch entsprechende Korrosionsschutzanforderungen gestellt werden. Diese

Abb. 3.92 Radschrauben
nach Einsatz eines unzulässi-
gen Felgenreinigers – starke
Rostbildung am Schrauben-
kopf durch Zerstörung der
Beschichtung

sind üblicherweise besonders hoch, wenn die Radverschraubungen frei sichtbar sind.
Sie können niedriger sein, wenn sie hinter Zierblenden oder Abdeckungen geschützt
sind. Für frei sichtbare Verschraubungen ist eine ausreichende Weißrostbeständigkeit,
insbesondere bei schwarzen Oberflächen, sowie eine ausreichende Rotrostbeständigkeit
(meist 720 Stunden in einer Salzsprühnebelprüfung) notwendig. Die Korrosionsschutzanforderungen müssen insbesondere in sichtbaren Bereichen wie dem Schraubenkopf
auch nach Mehrfachmontage (z. B. 5-fach oder 10-fach) und nach mehrstündiger Temperaturbelastung (z. B. bei 120 °C oder 180 °C) erfüllt werden. Weiterhin muss eine
ausreichende Beständigkeit gegenüber praxisüblichen Felgenreinigern ohne Beeinträch-
tigung der Weißrost- und Rotrostbeständigkeit vorhanden sein. Gegen extrem saure oder
basische Felgenreiniger (Missbrauch!) ist eine Radschraubenbeschichtung allerdings
nicht beständig. Eine beschleunigte Korrosion (Rotrost) infolge einer Zerstörung der
Beschichtung ist dann unvermeidlich, Abb. 3.92.

Neben der Sicherstellung eines ausreichenden Korrosionsschutzes ist das auf die Radschrauben aufgebrachte Beschichtungssystem auch maßgebend für die prozesssichere
Einstellung des Verhältnisses Anziehdrehmoment/Vorspannkraft während der Montage
und für das spätere Verhalten im Betrieb, insbesondere für den dynamischen Radfestsitz.
Üblicherweise legt der Fahrzeughersteller den Radverbund für eine Mindest-Klemmkraft
der Radverschraubung aus, die auf keinen Fall unterschritten werden darf. Unter Einbeziehung entsprechender Sicherheiten wird anschließend ein Vorspannkraftfenster für
die Erstmontage (Serienmontage) festgelegt mit Vorspannkräften in einer Höhe, bei der
der gesamte Radverbund sauber und ohne unzulässige Verformungen verspannt wird.
Hierzu wird ein entsprechendes Anziehdrehmoment bestimmt. In der Serienmontage
wird, ausgehend von einem vorgegebenen Fügemoment, für jeden für das Fahrzeug vorgesehenen Radtyp (z. B. KTL-beschichtetes Stahlrad, Alu-Gussrad, Alu-Schmiederad,
KTL-beschichtetes Alu-Bandrad) der Weiterziehwinkel bis zum Erreichen des Soll-
Anziehdrehmoments erfasst und dokumentiert, um sicherzustellen, dass die erwartete
Vorspannkraft mit möglichst geringen Streuungen erreicht wurde.

Bei Stahlrädern darf bei der Erstmontage (Serienmontage) eine maximale Vorspannkraft nicht überschritten werden, da sonst die Gefahr unzulässiger plastischer Verformung bis hin zur Zerstörung der Stahlkalotte besteht. Die Radschrauben sollten hierbei so dimensioniert werden, dass bei der Serienmontage eine Streckgrenzausnutzung
der Schrauben von rd. 60÷70 % nicht überschritten wird. Insbesondere bei Aluminium-
Rädern (ausgenommen Aluminiumband-Räder) darf nach Mehrfachanzug mit einer festgelegten Anzahl von Löse- und Wiederanzügen (z. B. 10-fach oder 20-fach) eine minimale
Vorspannkraft nicht unterschritten werden. Die letztgenannte Anforderung spiegelt die
Erfahrung wieder, dass das Reibungsverhalten und damit das Verhältnis Anziehdrehmo-
ment/Vorspannkraft durch folgende Einflüsse maßgeblich beeinträchtigt werden kann:

- Korrosion im Bereich der Kopfauflage und im Gewinde,
- örtlicher Abrieb des Beschichtungs- oder Schmierstoffsystems bei Mehrfachmontage,
- Temperaturinstabilität des Beschichtungs- oder Schmierstoffsystems.

Häufig erhöht sich durch diese Einflüsse die Reibung in den Auflageflächen und im
Gewinde mehr oder weniger stark. Dies kann wiederum erschwerte Lösbarkeit, zu geringe
und stark streuende Vorspannkräfte beim Wiederanzug und im Extremfall Dauerbruch bei

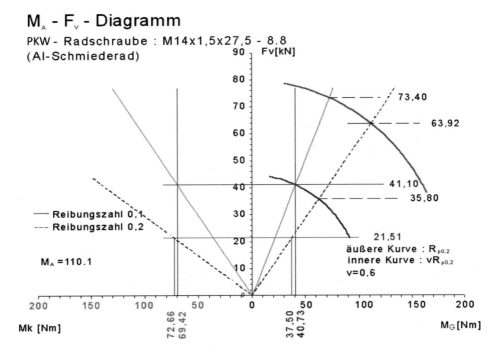

Abb. 3.93 Verhältnis Anziehdrehmoment/Vorspannkraft bei einer Radverschraubung

höheren dynamischen Lasten infolge nicht ausreichender Vorspannkräfte zur Folge haben. Die Auslegung muss durch umfangreiche Prüfstandsversuche abgesichert werden.

Ein Beispiel für eine Auslegung des Drehmoment-Vorspannkraft-Verhaltens bei einem Al-Schmiederad zeigt Abb. 3.93. Diese Bild zeigt den Anzug in einem Al-Schmiederad mit einem Anziehdrehmoment MA = 110 Nm. Bei einer Ausnutzung von $\nu = 60\%$ der Streckgrenzlast wird bei einer angenommenen Reibungszahl von $\mu = 0,10$ (Erstmontage/Serienanzug) eine Vorspannkraft von rd. 41 kN erreicht. Bei einer Erhöhung der Reibungszahl im Betrieb auf $\mu = 0,20$ (z. B. durch Mehrfachanzug, Abrieb oder Korrosion) beträgt die Vorspannkraft nur noch rd. 22 kN.

Bisweilen werden für verschiedene Baureihen eines Herstellers unterschiedliche Rädertypen mit entsprechend angepassten Radschrauben verwendet, Abb. 3.94. Hier können erforderlichenfalls baureihenabhängig (z. B. für schwere Fahrzeuge) unterschiedliche An-

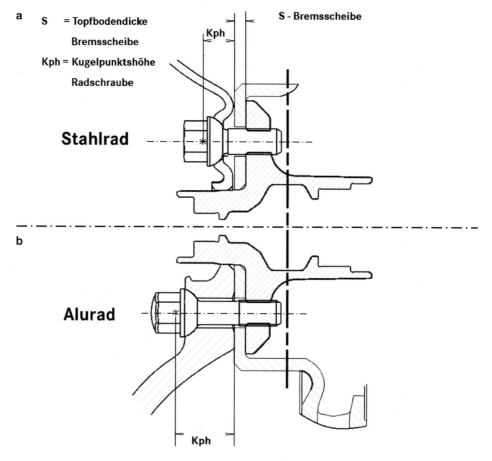

Abb. 3.94 Radverbund mit Stahl- und Al-Rädern am Beispiel Mercedes-Fahrzeuge. **a** Kurze Radschraube für Alu- und Stahlräder, **b** lange Radschraube nur für Alu-Räder (schwere Fahrzeuge)

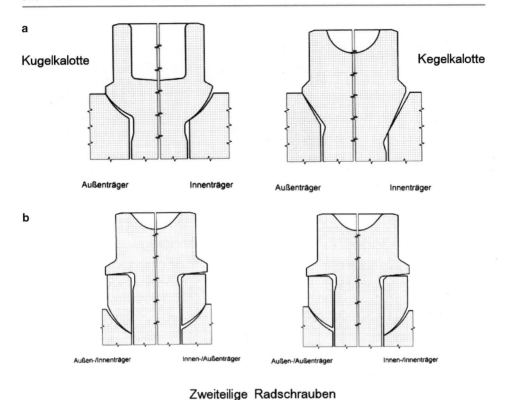

Abb. 3.95 Innen- und außentragende Konturen bei einteiligen (**a**) und zweiteiligen Radschrauben (**b**) in Abhängigkeit von den Paarungstoleranzen zwischen Schraubenkopf- und Radauflage

ziehdrehmomente vorgegeben werden. Wird dieselbe Radschraube hingegen sowohl für Aluminiumräder als auch für Stahlräder eingesetzt, muss die Verbindung alle Anforderungen mit demselben vorgegebenen Anziehdrehmoment erfüllen.

Bei vorgegebenem Anziehdrehmoment wird die erreichte Vorspannkraft neben der Reibungszahl μ in der Kopfauflage und im Gewinde maßgeblich vom Kopfreibungsdurchmesser bestimmt. Bei Radverschraubungen werden in der Praxis verschiedene Auflagegeometrien verwendet (Kugel-, Kegel-, in Einzelfällen auch ebene Auflagen). Die Paarungsgeometrie zwischen Radschraube (Radmutter) und Rad im Kalottenbereich beeinflusst den Reibungsdurchmesser und damit das Verhältnis Anziehdrehmoment/Vorspannkraft maßgeblich, Abb. 3.95.

Ein extremes Außentragen wirkt sich insbesondere bei Aluminium-Rädern ungünstig aus. Dies hat geringere Vorspannkräfte mit starken Vorspannkraftstreuungen bei der Montage sowie ein verstärktes Setzen bei der Montage und im Betrieb infolge hoher örtlicher Flächenpressungen zur Folge. Ein zunächst mehr inneres Tragen ist dagegen meist vorteilhafter. Hierdurch entwickelt sich im Verlauf der Montage ein sauberes und

Abb. 3.96 Zweiteilige
Radschraube. Unverlierbar
befestigte Stahlscheibe großer
Nachgiebigkeit mit ebener
Kopfauflage und Kugelkalotte

gleichmäßigeres Tragbild. Weiterhin verteilt sich die Flächenpressung gleichmäßiger, und
es werden höhere Vorspannkräfte mit kleineren Streuungen bei gleichzeitig geringeren
Vorspannkraftverlusten durch Setzen erzielt. Aus diesem Grunde sollte die Paarung im
Auflagebereich Radschraube – Radkalotte für alle Räder hinsichtlich der Toleranzen so
gestaltet werden, dass bei der Montage ein sauberes Tragbild entsteht und örtliche Flächenpressungen nicht unzulässig hoch werden.

In speziellen Fällen kann der Einsatz einer zweiteiligen Radschraube vorteilhaft sein.
Bei der in Abb. 3.96 gezeigten Ausführung ist die unverlierbar angebrachte Stahlscheibe
mit einer großen Nachgiebigkeit ausgeführt. Durch den Einsatz einer solchen Radschraube wird die freie Dehnlänge vergrößert, was einerseits Vorspannkraftverluste durch Setzen
und Relaxation und andererseits die Schraubenzusatzkraft infolge dynamischer Betriebs-
lasten reduziert. Ein weiterer Vorteil besteht dann, wenn bei geeigneter Auslegung der
Beschichtung sowie der Paarungstoleranzen in der Kopfauflage und der Kalotte sichergestellt werden kann, dass sich bei der Montage immer die Schraube gegen die Scheibe
dreht. Dies ist dann der Fall, wenn die Reibungszahlen und/oder der Reibradius in der
Kopfauflage kleiner sind/ist als in der Kalotte. Für diesen Fall sind die Reibungsver-
hältnisse und damit auch die Vorspannkräfte bei zweiteiligen Radschrauben weitgehend
unabhängig vom gepaarten Rad, und Streuungen werden auf ein Minimum reduziert.

Insgesamt muss der Radverbund so ausgelegt werden, dass Vorspannkraftverluste infolge Setzens und Relaxation auf ein Minimum begrenzt, sowie ein selbsttätiges Lösen
der Radschrauben infolge dynamischer Betriebskräfte mit hoher Sicherheit vermieden
werden. Vorspannkraftverluste können seitens der Beschichtungssysteme durch möglichst
geringe Schichtdicken reduziert werden. Dies trifft auf die Beschichtung der Radschrauben, aber gegebenenfalls auch auf die Räder (z. B. KTL-Beschichtungen in der Kalotte
und in der Radauflage) sowie den Bremsscheibentopf (z. B. Zinkstaubfarbe) zu. Für eine hohe Sicherheit gegenüber einem selbsttätigen Losdrehen muss die Verschraubung
so ausgelegt werden, dass im Fahrbetrieb ein ausreichend hohes Verhältnis zwischen
Losdrehmoment und Anziehdrehmoment besteht. Hier spielt auch der Einfluss von Be-
triebstemperaturen (insbesondere Temperaturerhöhung durch Bremsen) eine maßgebende
Rolle, da durch höhere Temperaturen je nach Beschichtungssystem das Reibungsverhalten

Abb. 3.97 Radverschrau-
bungsprüfstand zur Erprobung
und Absicherung des
Drehmoment-Vorspannkraft-
Verhaltens

verändert und hierdurch das Losdrehmoment erniedrigt (verminderte Losdrehsicherheit)
oder erhöht (höhere Losdrehsicherheit) werden kann.

Durch einen Zweifachanzug in der Serienmontage kann insbesondere bei Stahlrädern
die Sicherheit der Radverschraubungen deutlich erhöht werden. Beim ersten Anzug erfolgt ein Ausgleich von Toleranzen in den Kalotten zwischen Schraube (Mutter) und
Rad, ein Ausgleich von Toleranzen innerhalb des Teilkreisdurchmessers und hierdurch
eine Vorwegnahme von plastischen Verformungen in den Kalotten und damit von Setz-

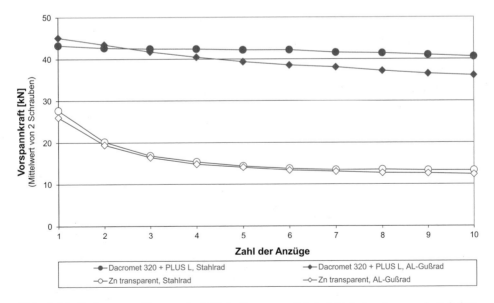

Abb. 3.98 Drehmoment-Vorspannkraft-Verhalten von Original-Radschrauben und Zubehör-
Radschrauben im Mehrfachanzug in einem Stahl- und einem Al-Gussrad

beträgen, die nach der Montage zu Vorspannkraftverlusten führen könnten. Weiterhin werden durch Kaltverfestigung Verformungsreserven für den Betrieb geschaffen. Beim zweiten Anzug erhält man auf diese Weise ein weitgehend lineares Anziehdrehmoment-Drehwinkel-Verhalten bis zum Nenn-Anziehdrehmoment und deutlich kleinere Vorspann-kraftstreuungen gegenüber einem Einfachanzug.

Radverschraubungssysteme werden von den Automobilherstellern in Zusammenarbeit mit Entwicklungslieferanten in umfangreichen systemspezifischen Versuchen erprobt und freigegeben. Hierzu gehört die Absicherung des Drehmoment-Vorspannkraft-Verhaltens bei Erst- und bei Mehrfachmontage, sowie die Erprobung des dynamischen Radfestsit-zes in speziellen Prüfständen, Abb. 3.97, und in Fahrversuchen unter festgelegten Be-dingungen. Aus Sicherheitsgründen sollten daher nur von den Herstellern freigegebene Räder in Verbindung mit den hierfür vorgesehenen und für den Radverbund freigegebe-nen Original-Radschrauben oder -Radmuttern verwendet werden.

Mögliche Folgen bei Nichtbeachtung können Versagen der Verbindung durch Abstrei-fen des Bolzen- und/oder Nabengewindes bei ungenügender Einschraubtiefe oder Werk-stofffestigkeit sein, wenn die Radbefestigungselemente in Festigkeit und Länge nicht an den Verbund angepasst sind. Ein weiteres Risiko ist ein Dauerbruch infolge ungenügen-der Vorspannkraft bei nicht angepasster Kalottengeometrie oder – in der Praxis meist häufiger – im Falle eines nicht geeigneten Beschichtungssystems bei Zubehörschrauben, Abb. 3.98. Das Bild zeigt hohe und annähernd gleichmäßige Vorspannkräfte bei Original-Radschrauben; niedrige und stark abfallende Vorspannkräfte bei Zubehör-Radschrauben.

Reifendruckkontrolle

4

Der Reifendruck ist eine wichtige Größe, die letztlich fast alle Reifeneigenschaften beeinflusst. Der Mindestluftdruck wird über die Vorschriften der ETRTO festgelegt. Er hängt vom Loadindex des Reifens, vom Speed-Index, Zusatzkennungen wie Extraload (XL), von der tatsächlichen Auslastung des Reifens und vom Sturz bei der Geradeausfahrt ab. Den Mindestluftdruck am Fahrzeug legt der Fahrzeughersteller fest, wobei der Reifenhersteller ein Mitspracherecht hat. Dieser Mindestluftdruck kann höher sein, wenn es z.B. Kriterien gibt, die das erforderlich machen. Typische Gründe hierfür sind das Reifenabwerfen z.B. beim Fishhooktest, Stabilitätsgründe oder die Abstimmung zwischen Vorder- und Hinterachse oder auch Vorgaben aufgrund Grenzwerte bei der CO_2-Emission. Häufig wird der Luftdruck in Abhängigkeit von Reifendimension, Beladung und Fahrgeschwindigkeit angegeben, Abb. 4.1.

Der Luftdruck verändert den Abroll- und Abtastkomfort. Hierbei gilt: je geringer der Luftdruck, desto komfortabler ist das Fahrzeug. Dafür ist primär die Zunahme der vertikalen Federsteifigkeit verantwortlich. Mit steigendem Luftdruck nimmt der Abstand Felge-Straße zu, aber auch der Wankwinkelgradient des Fahrzeuges ab, der teilweise aus dem Reifenfedersteifigkeiten resultiert. Beim Rollwiderstand gilt das Gegenteil: je höher der Luftdruck, desto geringer der Rollwiderstand. Die Schräglaufsteifigkeit nimmt mit steigendem Luftdruck bei kleinen bis mittleren Radlasten leicht ab, bei größeren Radlasten zu. Die seitliche Auswanderung unter Seitenkraft nimmt ebenso wie die Relaxationslänge mit steigendem Luftdruck ab, während sich die Längssteifigkeit kaum ändert. Die Latschlänge und damit der Reifennachlauf nehmen mit steigendem Luftdruck ebenfalls ab. Dies hat Auswirkungen auf die Lenkungsrückstellung des Fahrzeuges. Dies ist vor allem auch beim Parkieren relevant: Je höher der Luftdruck, desto geringer sind die Parkierkräfte. Die Veränderung im Latschbereich führt bei steigendem Luftdruck zu schlechteren Trockenbremswegen und kann auch zu Mittenverschleiß führen. Sicherheitsrelevant ist der richtige Luftdruck beim Schnelllauf. Reifen mit Minderluftdruck haben eine größere Einfederung. Dies führt zu höherer Walkarbeit und damit zu thermischer Erwärmung und kann dadurch zur Überhitzung bis zum Reifenplatzer führen. Im harten Geländeeinsatz

© Springer Fachmedien Wiesbaden 2015
G. Leister, *Fahrzeugräder – Fahrzeugreifen*, ATZ/MTZ-Fachbuch,
DOI 10.1007/978-3-658-07464-7_4

Abb. 4.1 Luftdruckschild in
der Tankklappe

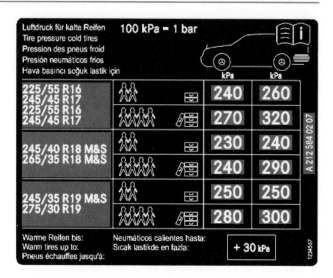

oder bei Fahrten auf Sand ist ein geringer Luftdruck zielführend. Der Grund hierfür ist die deutlich größere Latschlänge. Dieses ist im Übrigen eine häufige Unfallursache von Geländefahrzeugen, da mitunter nach einem Geländeeinsatz der richtige Luftdruck nicht mehr eingestellt wird und dann der Reifen beim schnellen Fahren versagt.

Es gibt zwei Ursachen für Minderluftdruck eines Reifens. Dies ist zum einen der Luftdruckverlust aufgrund einer Reifenverletzung durch Fremdkörper, sowie defekte Ventile oder Räder. In den meisten Fällen ist dann nur ein Rad betroffen. Die andere Ursache ist die natürliche Diffusion von ca. 40–60 mbar im Monat, die an allen Reifen gleichzeitig auftritt. Deswegen ist es auch notwendig regelmäßig den Reifenluftdruck richtigzustellen. Vor allem diese Unfallrisiken eines defekten Reifens und die durch zu wenig Luftdruck verursachten Energiezusatzkosten machen eine Luftdruckkontrolle wünschenswert. Es werden zwei verschiedene Systeme unterschieden: Indirekte Systeme nutzen die Veränderung der Reifeneigenschaften bei Luftdruckänderung, direkte Systeme messen und kontrollieren den Luftdruck und in der Regel auch die Reifentemperatur an allen Rädern, da sich der Reifenluftdruck mit der Temperatur ändert.

Beim Reifen handelt es sich annähernd um ein isochores System (konstantes Volumen); damit ergibt sich aus dem Gasgesetz P1/T1 = P2/T2. Die Isochorengerade beginnend aus dem absoluten Nullpunkt ($-273\,°C$), hat in etwa die Steigung von 0,1 bar/10 °C (1,9 bar Solldruck bei 15 °C) bis 0,15 bar/10 °C (3,3 bar Solldruck bei 15 °C) abhängig vom Druckniveau, Abb. 4.2. Daraus folgt, dass bei einer Reifenerwärmung auch der Reifeninnendruck steigt. Bei einer Reifenbeurteilung auf der Straße muss daher der Luftdruck in Zusammenhang mit der Reifentemperatur dokumentiert werden.

Die Entwicklung und Absicherung von direkten und indirekten Reifendruckkontrollsystemen erfolgt mit externen Reifendruckregelanlagen, die es erlauben, im Fahrbetrieb den Luftdruck der Reifen zu verändern, Abb. 4.3. Damit können definierte Leckageraten

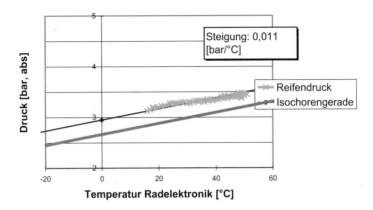

Abb. 4.2 Isochorenverhältnisse beim Reifen

an einem oder mehreren Reifen simuliert und definierte Pannenszenarien reproduzierbar dargestellt werden.

Reifendruckkontrollsysteme sind in einigen Ländern vorgeschrieben. Die Einfuhr von Fahrzeugen auf dem amerikanischen Markt ist seit 2005 nur gestattet, wenn diese mit Tire Pressure Monitoring Systems (TPMS) ausgestattet sind. Der Grund dafür ist ein im glei-

Abb. 4.3 Reifendruckregelanlage (Quelle: Firma IPW, Hannover)

chen Jahr verabschiedetes Gesetz von der US-Verkehrssicherheitsbehörde NHTSA. Ausschlaggebend für die Gesetzesverabschiedung war neben vielen anderen Vorkommnissen im Feldgeschehen eine spezielle Unfallserie in Nordamerika um die Jahrtausendwende. Die FMVSS138 schreibt vor, dass Entlüftungen im Reifen von 25 % vom Kaltdruck abzüglich nochmals einem PSI (0,068 bar) von Reifendrucküberwachungssystemen in einem bis zu allen vier Reifen zu erkennen sind. Den Kaltdruck stellt dabei der vom Fahrzeughersteller angegebene Normdruck dar (Placard Pressure). Die Mindestdrücke dafür sind 1,4 bar bei Normalbeladung und 1,6 bar bei Extrabeladung.

Der eigentliche Test, um die Funktion der Systeme zu prüfen, besteht aus zwei Teilen. Im ersten Teil wird ein Fahrzeug mit einem TPMS und eingestellten Normdruck 20 Minuten auf einem Kurs gefahren. In dieser Zeit hat das jeweilige indirekte oder direkte System Zeit, den aktuellen Zustand einzulernen. Die 20 Minuten sind dabei sogenannte NHTSA Zeit, d. h. Zeit in der das Fahrzeug nicht bremst und zwischen 50 und 100 km/h fährt. Nach dem ersten Teil müssen die Reifen unmittelbar innerhalb von fünf Minuten um den genannten Betrag entlüftet werden. Danach wird das Fahrzeug weitere 20 Minuten nach NHTSA Zeit auf diesem Kurs gefahren, innerhalb derer das TPMS die Entlüftung detektieren muss. Wird die Detektion nicht erreicht und keine Warnung ausgegeben, ist der NHTSA Test nicht bestanden.

In Europa gibt es auch ein Gesetz dieser Art, allerdings mit dem Focus auf den steigenden Rollwiderstand aufgrund sinkenden Luftdrucks und dessen Auswirkungen auf den CO_2-Ausstoß. Das Gesetz ist um einiges schwieriger zu erfüllen als das zu vergleichende US-Gesetz FMVSS138.

Die Hauptunterschiede liegen darin, dass im europäischen Gesetz eine Erkennung einer 20 %igen Entlüftung vom Warmdruck gefordert wird und dass der Pannen und Diffusions-Fall getrennt voneinander abgeprüft werden. Eine 20 %ige Entlüftung vom Warmdruck stellt einen um einiges geringeren als den in der amerikanischen Gesetzgebung zu detektierenden Druckverlust dar, somit müssen die Systeme genauer und präziser arbeiten.

Zusammenfassend stellt die Gesetzeslage alle Automobilhersteller in die Pflicht, dass Produkte des Markenportfolios für den nordamerikanischen und europäischen Markt mit TPMS ausgerüstet sein müssen.

4.1   Indirekte Systeme

Reifendruckkontrollsysteme, welche den Druck indirekt messen, greifen auf verbaute Komponenten im Fahrzeug zurück. Sie benötigen daher keine zusätzliche Hardware. Solche Systeme werden auch Plattrollwarner genannt. Der Plattrollwarner kann einzeln abplattende Reifen oder einzelne Reifen mit wenig Luftdruck erkennen. Es wird das Prinzip genutzt, dass sich bei einem Druckverlust in einem Reifen dessen dynamischer Rollradius verringert und somit die Drehzahl bei konstanter Geschwindigkeit des Fahrzeugs bezüglich der anderen Reifen steigt. Die Drehzahländerung wird vom System erkannt und somit die Warnung ausgegeben.

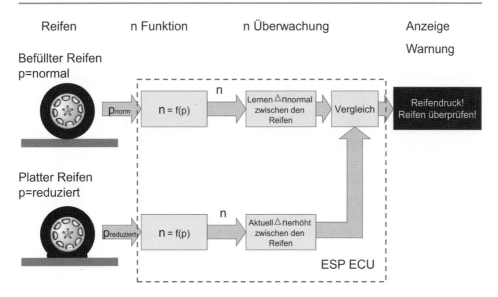

Abb. 4.4 Einlernvorgang und Warnvorgang beim Plattrollwarner

Der Abrollumfang ist im Fahrbetrieb bei modernen Fahrzeugen leicht zu messen, da dieser bei der Radgeschwindigkeitsmessung, die zur ABS-Regelung notwendig ist, bereits vorhanden ist. Durch einen Vergleich der vier Raddrehzahlen lässt sich der Luftdruckverlust an einem Rad sehr gut erkennen. Üblicherweise wird dabei eine Indikatorfunktion herangezogen, z. B.: $((FL + RR) / (FR + RL)) /$ Geschwindigkeit, wobei FL (Front Left), RR (Rear Right), FR (Front Right) und RL (Rear Left) jeweils die Raddrehzahlen an den einzelnen Positionen sind.

Zunächst muss ein indirektes System „eingelernt" werden, d. h. dem System muss mitgeteilt werden, welches Verhältnis der Abrollumfänge i. O. bedeutet Abb. 4.4. Für den Kunden bedeutet dies eine Initialisierung, die bei jedem Reifenwechsel stattfinden muss. Das Einlernen erfolgt in Geschwindigkeitsklassen. Es müssen darüber hinaus einige Fahrzustände erkannt und ggf. ausgeblendet werden. Dazu gehören Fahrten mit Schneeketten, Spikes, Fahrten auf Schotter oder Gras, extrem schlechte Landstraßen, Feldwege etc. Auch die Kurvenfahrt muss mithilfe eines Lenkradwinkelsensors erkannt und im Algorithmus besonders behandelt werden.

Eine besondere Herausforderung stellt die Tatsache dar, dass der Abrollumfang ist erster Näherung primär von der Radlast und erst sekundär vom Luftdruck abhängt. Das bedeutet, dass Themen wie unsymmetrische Beladung, Dachlast, Anhängerbetrieb aber auch Radlastregelalgorithmen, wie diese beispielsweise bei Luftfedern eingesetzt werden, auf den Plattrollwarner abgestimmt sein müssen. Auch Wankstabilisierungssysteme sind für einen abrollumfangbasierten Plattrollwarner besonders vorsichtig zu applizieren. Eine weitere Herausforderung stellt die Verwendung von drei gleichen und einem anderen Reifen dar. Wird z. B. ein neuer Reifen mit drei gebrauchten gefahren, muss ein indirektes System dennoch funktionieren. Um dieses zu ermöglichen wird der Abrollumfang in „Geschwindigkeitsklassen" eingelernt. Bei hohen Fahrgeschwindigkeiten unterscheiden sich die Abrollumfänge weniger. Damit nimmt die Robustheit des Systems mit der Fahrgeschwindigkeit ab. Dadurch, dass das indirekte System nur vergleichend arbeitet, ist es jedoch nicht möglich Diffusionsverluste zu erkennen.

4.2   Indirekte Systeme mit Diffusionserkennung

Dafür gibt es Systeme, welche zusätzlich die Eigenfrequenzen der einzelnen Reifen analysieren. Die Eigenfrequenzen der Reifen, hauptsächlich von den Gürtelschwingungen beeinflusst, verändern sich mit unterschiedlichem Fülldrücken, woran letztendlich der verminderte Luftdruck im Reifen abgeschätzt werden kann, Abb. 4.5, [56]. Damit das System die Eigenschwingungen der Reifen bei verschiedenen Luftdrücken auswerten kann, müssen Eigenfrequenzen der Reifen am Fahrzeug nach jedem Befüllen der Reifen neu in das System eingelernt werden. Das sogenannte Reset ist bisher bei allen indirekt messenden Systemen, den Plattrollwarner eingeschlossen, notwendig.

Systembedingter Nachteil der indirekten Systeme ist die niedrigere Performance, da der absolute Reifendruck nicht ermittelt wird und damit auch nicht angezeigt werden kann. Klarer Vorteil gegenüber direkt messenden Systemen sind die niedrigeren Kosten und auch die deutlich einfachere Handhabung im Falle eines Reifenwechsels. Indirekte Systeme sind weiterhin nicht an Reifensätze mit spezieller Messelektronik gebunden, d. h. im Vergleich zu direkten Systemen muss der Kunde beim Wechsel von z. B. Winter- auf Sommerreifen sowie dem Montieren von neuen Räder/Reifenkombinationen außer dem

Abb. 4.5 Fülldruckabhängige Frequenzverschiebung

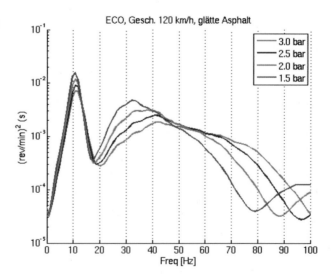

Reset nichts beachten. Zudem sind indirekte Reifendruckkontrollsysteme wartungsfrei, [57].

Das Raddrehzahlsignal jedes einzelnen Rades wird mithilfe einer Spektralanalyse, der Fourier-Transformation, in die Haupterregerfrequenzen zerlegt. Für die Applizierung der Software zu der für das Fahrzeug freigegebenen Reifenpalette ist das sogenannte Tirescreening nötig. Beim Tirescreening werden die Reifen erst mit Normdruck und danach im entlüfteten Zustand (nur vorderer linker und hinterer rechter Reifen entlüftet) gefahren. Aus den resultierenden Messdaten analysiert der Zulieferer die im Schaubild ersichtlichen Frequenzunterschiede.

In diesem Tirescreening müssen dann Reifen ausgeschlossen werden, mit denen die Funktionalität nur eingeschränkt gegeben ist. Zur warnsensitiven Art zählen bei der frequenzbasierten Auswertung Reifen mit einem hohen Querschnittsverhältnis, d. h. mit einer hohen Seitenwand. Je größer der Reifenquerschnitt ist, desto mehr schwingt der Reifengürtel um die Felge. Ebenso verändert sich bei solchen Reifen die Resonanzfrequenz bei vermindertem Luftdruck sehr stark, weshalb es für frequenzauswertende Systeme sehr leicht ist, in diesem Fall Druckverluste zu erkennen. Im Gegensatz zu warnsensitiven Reifen verhalten sich Notlaufreifen und Niederquerschnittsreifen. Die ersteren weisen eine verstärkte Seitenwand auf, die letzteren haben eine allgemein steifere Seitenwand, weshalb beide als eher anspruchsvoll sind, da der Reifengürtel nicht so stark schwingt.

Genau entgegengesetzt sind Reifen für abrollbasierte Systeme, wie dem Plattrollwarner einzustufen. Niederquerschnittsreifen weisen bei Druckverlust eine größere Abweichung des dynamischen Rollradius auf, weshalb Drehzahlunterschiede leicht erkannt werden. Solche Reifen gelten für die Art der indirekten Luftdruckerkennung als warnsensitiv. Reifen mit hohem Querschnitt weisen beim statischen Abplatten zwar eine noch größere Verringerung des Radius auf, allerdings verändert sich der dynamische Rollradius nicht so stark.

Die Reifenmischung hat ebenso Auswirkung auf das Schwingungsverhalten der Reifen. Es wird angenommen, dass je weicher die Mischung ist, desto besser können Frequenzveränderungen festgestellt werden. Da Winterreifen eine weiche Mischung haben, aber bei niedrigen Temperaturen benutzt werden, stellt sich hier kein Vorteil ein. Ergänzend zum Temperatureinfluss ist hier anzubringen, dass die Warnsensitivität von Reifen für frequenzauswertende indirekte Systeme bei niedrigen Temperaturen abnimmt.

Um einen Reifen mit einem bestimmten Druck einzulernen, muss das Fahrzeug eine bestimmte Zeit über verschiedene Geschwindigkeitsbereiche bewegt werden. Diese Geschwindigkeitsbereiche stellen sogleich die Bereiche dar, in denen nach der Einlernphase ausgewertet. Ab dem Zeitpunkt, in dem alle Geschwindigkeitsbereiche eingelernt sind, vergleicht das System die aktuellen Zustände mit denen der Kalibrierten. Die eingelernten Werte dienen dabei als Referenz. Es wird hierbei auch deutlich, weshalb indirekte Systeme den Luftdruck relativ messen, da nur die Unterschiede zu einem Bezugswert ermittelt werden.

In der Detektionsphase, welche regulär startet wenn die Kalibrierung abgeschlossen ist, führen diese Indikatoren zum Auslösen des Alarms. Der Pannen-Alarm erscheint da-

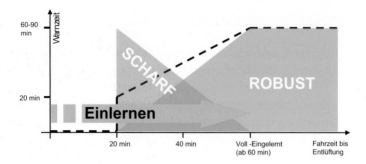

Abb. 4.6 Schematische Warnsensitivität Diffusionsalarm (*rot*) und Pannenalarm (*grün*)

bei eher, da ein Reifenschaden bzw. ein rapider Druckverlust in einem Reifen über die Drehzahlunterschiede leichter zu detektieren ist. Der Diffusionsalarm benötigt mehr Zeit für eine Warnung, weil es sich hier um schleichende Druckverluste handelt, wie sie über Monate hinweg auftreten, Abb. 4.6. Deswegen sind Warnzeitüberschreitungen von mehreren Minuten für dieses Szenario für Kunden eher uninteressant, da es bei einer 25 %igen Entlüftung der Reifen nach z. B. 5 Monaten auf weitere 10 oder 15 Minuten bis zur Warnung nicht mehr ankommt. In dieser Zeit ist allerdings der CO_2-Ausstoß etwas erhöht.

Nachteilig an dieser Art von Systemen ist, dass Situationen geben kann, unter denen das System nicht wie vorgesehen reagieren kann, z. B. wenn der Kunde die Reset-Taste falsch bedient oder für das System ungeeignete Reifen wie beispielsweise Notlaufreifen (Für Fahrzeuge, die das System einsetzen, werden Runflatreifen in der Regel nicht empfohlen).

4.3 Direkte Systeme

Direkt messende Systeme verfügen über Sensoren, die in der Regel am Ventil, gelegentlich auch direkt an der Felge gegenüber vom Ventil angebracht sind. Diese Elektronik sendet Druck- und Temperatursignale an einen oder mehrere Empfänger die wiederum die Signale an ein Zentralsteuergerät weitergeben, welches die Auswertung durchführt, [58]. Eine wichtige Funktion des Systems ist die Erkennung und Ortung der am Fahrzeug verbauten Radelektroniken. Dazu sendet jede Radelektronik eine individuelle, unverwechselbare Kennung. Das System erkennt durch statistische Auswertung der empfangenen Informationen, welche Radelektroniken am eigenen Fahrzeug verbaut sind (Eigenraderkennung) und an welchen Montagepositionen sich diese befinden (Positionszuordnung), Abb. 4.7. Hierzu kann mit mehreren Antennen gearbeitet werden, es kann aber auch mithilfe der Feldstärkeninformation der Radelektronik und einer Drehrichtungserkennung mit einer einzigen Antenne die Position erkannt werden.

Eine zentrale Aufgabe besteht in der Vorgabe der Solldrücke und der Warnstrategie beim Unter- bzw. Überschreiten der Drücke. Ein „Einlernen" der Luftdrücke durch einen Kalibrierknopf hat zwei wesentliche Vorteile: Die Warnung bei einer Panne kann prä-

Abb. 4.7 Automatisch positionszugeordnete Luftdrücke

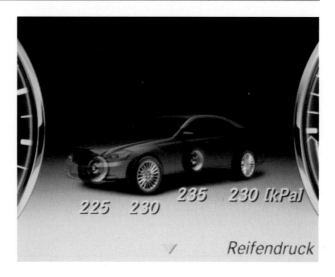

ziser erfolgen, da die Anfangsfülldruckdifferenz bekannt ist und berücksichtigt werden kann. Und der Kunde kann „seine", durchaus von dem Fahrzeughersteller (nach oben) abweichende Luftdrücke einlernen und überwachen lassen. Zu niedere Luftdrücke müssen jedoch systemseitig erkannt und abgewiesen werden.

Eine nicht zu unterschätzende Problematik ist die Frage, welchen Druck man anzeigt. Hier gibt es verschiedene Möglichkeiten, die jeweils Vor- und Nachteile haben. Eine Möglichkeit besteht in der Anzeige des Absolutdruckes, der im Reifen herrscht minus 100 kPA (1 bar). Dieser Druck ist nahe an dem Druck, der an der Tankstelle gemessen wird. Abweichungen sind bei großer Höhe, z. B. im Hochgebirge, festzustellen. Eine weitere ist die Anzeige des Relativdruckes, der im Reifen herrscht: Hierzu ist eine Umgebungsdruckmessung notwendig. Dieser Druck entspricht dem Druck, der auch am Tankstellenmanometer gemessen wird.

Auch kann der temperaturkompensierte Druck angezeigt werden. Dieser Druck gibt am besten Auskunft über eine Leckage. Problematisch daran ist, dass dieser Druck mit dem Tankstellenmanometer nicht übereinstimmt. Das können temperaturbedingt durchaus 0,3 bar Unterschied sein.

Die Anzeige des Solldrucks, den der Kunde einstellen soll, hat den Vorteil, dass es keine Unterschiede zwischen den Reifendrücken links und rechts gibt. Manche Kunden versuchen den Luftdruck links und rechts genau gleich zu haben, was bei der Anzeige eines gemessenen Luftdruckes aufgrund der unvermeidbaren Toleranzen nicht optimal ist. Die Anzeige der Luftdruckdifferenz von Soll- und Istluftdruck ist ebenfalls Toleranzen unterworfen und führt daher oft zu Missverständnissen.

Die Warnstrategie ist aufgrund der Regelungen in der ETRTO schwierig. Die Gesetzgebung für USA stammt noch aus Zeiten, bei denen keine Reifendruckkontrolle am Markt war, und ist daher nicht an die Reifenthermodynamik angepasst. Die Gesetzgebung ver-

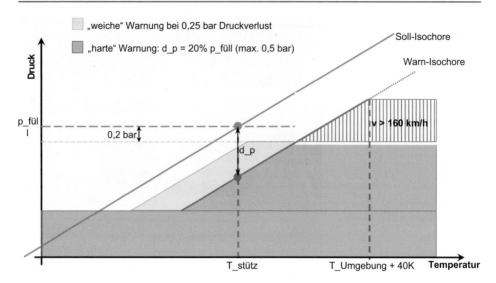

Abb. 4.8 Gelbe und Rote Warnschwellen einer Reifendruckkontrolle

langt, dass der Relativdruck im Reifen eingestellt werden muss. Das heißt, dass zwar der tatsächliche Umgebungsdruck berücksichtigt werden muss, nicht jedoch die Temperatur berücksichtigt werden darf, Abb. 4.8. Das führt zum Paradoxon, dass ein luftdichter Reifen dessen Luftdruck in einer Werkstatt korrekt eingestellt wurde, bei extremen Minustemperaturen fälschlicherweise bewarnt werden muss.

Ebenfalls ein komplexes Problem ist die Thermodynamik innerhalb des Verbundes Reifen und Rad. Der Reifendrucksensor ist am Rad befestigt. Daher misst er eher die Radtemperatur als die Reifentemperatur. Wird ein warm gefahrener Reifen durch eine Waschanlage schnell abgekühlt, sinkt der Luftdruck des Reifens schneller als die Temperatur des Rades. Dasselbe Problem stellt sich bei einer Fahrpause nach einer Passabfahrt ein. Hier heizt die Bremse das Rad und damit den Sensor auf, während der Reifendruck annähernd gleich bleibt. Diese Fälle müssen im Steuergerät abgefangen werden, Abb. 4.9.

Ein typisches Warnkonzept bei Premiumfahrzeugen hat unterschiedliche Warnszenarien:

Durch Diffusion verliert jeder Reifen mit der Zeit etwas Luft. In der Betriebsanleitung wird der Kunde deshalb aufgefordert, alle 4 Wochen seine Reifendrücke zu kontrollieren. Die Reifendruckkontrolle übernimmt nun diese Routinekontrolle und zeigt eine Warnmeldung an, wenn der Reifendruck abgesunken ist. Der Fahrer kann dann beim nächsten Tankstopp seine Reifen wieder korrekt befüllen.

Wenn der Reifendruck nur geringfügig unter dem Sollwert liegt, wird die Warnmeldung unterdrückt, weil man den Fahrer nicht unnötig während der Fahrt warnen möchte. Erst beim nächsten Zündungslauf wird die RDK-Warnlampe eingeschaltet. Sie erlischt erst,

- „Weiche Warnung" nach Fahrtende
  - Durch Diffusion gibt es einen allmählichen Druckverlust
  - Nach einigen Monaten muß Luft nachgefüllt werden
  - Bei mehr als 0,25 bar Druckverlust kommt nach Zündung-Aus die Meldung „Reifendruck korrigieren"
  - Dadurch kann die regelmässige Kontrolle der Reifendrücke durch den Fahrer entfallen

- „Harte Warnung" während der Fahrt
  - Mutmassliche Ursache: Reifenschaden, Fremdkörper
  - Bei signifikantem Druckverlust (mehr als 0,5 bar) erscheint die Meldung „Reifen überprüfen"
  - Bei sehr schneller Entlüftung (> 0,2 bar/min) erscheint die rote Warnmeldung „Achtung Reifendefekt"
  - Gelbe RDK-Warnlampe leuchtet (gesetzliche Anforderung in USA)

Abb. 4.9 Warnstrategie für Diffusion und Panne

wenn nach Fahrtbeginn von RDK ein korrigierter Reifendruck gemessen wird, oder wenn der Fahrer die Reifendruckkontrolle über das Bedienmenü neu startet.

Bei einem Druckverlust von mehr als 20 % kann der Reifen auf Dauer irreversibel geschädigt werden. Deshalb wird sehr schnell eine Warnmeldung „Reifen überprüfen" angezeigt und die RDK-Warnlampe leuchtet. Der Fahrer soll daraufhin bei nächster Gelegenheit anhalten und seine Reifen kontrollieren. Beim nächsten Zündungslauf wird erneut die RDK-Warnlampe eingeschaltet. Auch hier erlischt die Warnung erst, wenn nach Fahrtbeginn von RDK ein korrigierter Reifendruck gemessen wird, oder wenn der Fahrer die Reifendruckkontrolle über das Bedienmenü neu startet.

Wird während der Fahrt ein schneller Druckverlust mit einem Gradient von mehr als 0,2 bar pro Minute erkannt, so erscheint eine rote Warnmeldung „Achtung Reifendefekt" und die RDK-Warnlampe leuchtet. Der Fahrer soll daraufhin sofort anhalten und seine Reifen kontrollieren.

Ein Nachteil des direkt messenden Systems ist die Anbindung an das Rad. Die Adaption an das Ventil führt dazu, dass Spezialventile eingesetzt werden müssen, die dann viele Jahre am Rad verbleiben, Abb. 4.10. Diese Spezialventile müssen extrem große Belastungen aushalten, die vor allem verursacht werden durch Fliehkräfte. Außerdem sind die Spezialventile nicht robust gegen Biegung, und können beim schlampigen Umgang mit Reifenbefüllanlagen abbrechen. Gummiventile werden dagegen mit jedem Reifenwechsel ausgetauscht und werden daher auch zukünftig bei Reifendruckkontrollsystemen Verwendung finden.

Ein weiterer Nachteil ist die Batterie, die zum telemetrischen Übertragen der Signale zum Empfänger notwendig ist. Diese Batterien haben eine Lebensdauer von 7 bis 10 Jahren und sind danach entsprechend zu entsorgen.

Bei der telemetrischen Übertragung von Signalen müssen auch Störsignale berücksichtigt werden, d. h. es kann nicht davon ausgegangen werden, dass immer alle Signale

Gehäuse mit Elektronik, Batterie, Antenne, Druck-
Beschleunigungs- und Temperatursensor

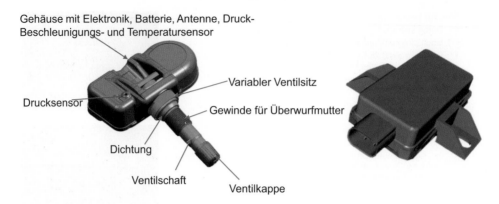

Variabler Ventilsitz

Drucksensor

Gewinde für Überwurfmutter

Dichtung

Ventilschaft

Ventilkappe

Abb. 4.10 Radelektronik, Empfänger und Steuergerät einer Reifendruckkontrolle (System Schra-
der)

ankommen. Daher müssen in den Auswertealgorithmen Sonderzustände, wie sie zum
Beispiel im Bereich von Sendeanlagen auftreten, berücksichtigt werden. Auch muss die
Sendestrecke berücksichtigt werden, da die Verhältnisse sich von Modellreihe zu Modell-
reihe ändern können.

Komplettradmontage

5

Die industrielle Reifenmontage unterscheidet sich im Ablauf von der manuellen Reifen-montage deutlich. Abbildung 5.1 zeigt schematisch den Ablauf einer vollautomatischen Komplettradmontage. Dieser Prozess, der höchste Montagequalität sicherstellen kann, ist natürlich nur bei entsprechender Stückzahl wirtschaftlich.

Vor der Montage werden alle Montagekomponenten mindestens 6 Stunden bei Tem-peraturen um 15 °C lagern, damit die Reifenwülste entsprechend geschmeidig sind. Die Lagerung der Reifen muss „im sogenannten Schornstein", also die Reifen übereinander gestapelt realisiert sein, die alternative Lagerform „Brezelung", Abb. 2.19, ist nur für wenige Tage zulässig, da sonst die Rundlaufqualität leidet. Beim Auflegen auf die För-derbänder werden das Reifenalter (DOT-Zeichen) kontrolliert werden und es muss eine Sichtprüfung der Radoberflächen und der Ventilbohrung erfolgen, Abb. 5.2.

5.1 Ventilmontage

Im ersten Arbeitsschritt werden die Gummiventile nass und mit geeignetem Werkzeug eingezogen. Ventilkörper, Ventileinsatz und Ventilkappe dürfen bei der Montage nicht beschädigt, überdehnt, gequetscht, angerissen oder anderweitig in seiner Funktion beein-trächtigt werden. Die Ventile an denen die Reifendruckelektronik angebaut ist, werden eingeschraubt und die Anzugsmomente der Muttern werden überwacht und dokumentiert, Abb. 5.3.

© Springer Fachmedien Wiesbaden 2015
G. Leister, *Fahrzeugräder – Fahrzeugreifen*, ATZ/MTZ-Fachbuch,
DOI 10.1007/978-3-658-07464-7_5

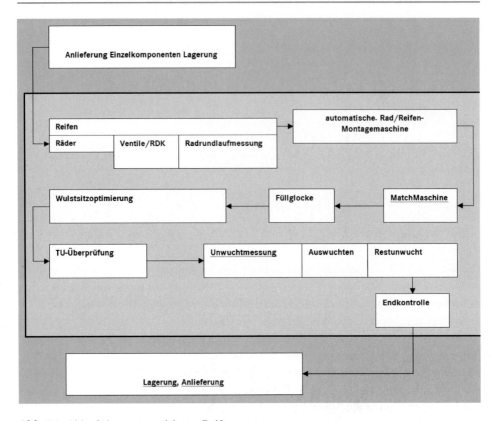

Abb. 5.1 Ablauf einer automatisierten Reifenmontage

Abb. 5.2 Vollautomatisierte
Komplettradmontage

Abb. 5.3 Einschrauben der Reifendruckkontrollventile

Abb. 5.4 Radvermessung vor der Montage

5.2 Räderrundlaufmessung

Die Räder werden vor der Montage auf Rundlauf vermessen, Abb. 5.4. Die Stelle des Maximums der 1. Harmonischen des Rundlaufs, ermittelt aus der vektoriellen Addition der 1. Harmonischen von Außen- und Innenschulter, durch einen Farbpunkt markiert. Dieser wird später als Matchpunkt herangezogen. Ferner wird die Mittenzentrierung kontrolliert, damit das Rad auf der Nabe kein Spiel hat. Eine geringe Aufweitung während der Montage durch Glättung der Rauigkeiten ist zulässig,

5.3 Reifenmontage

Vor der Reifenmontage müssen die Reifensitzfläche und Hump des Rades wie auch beide Wulstpartien des am gesamten Umfang mit einem geeigneten Schmiermittel automatisiert benetzt sein. Das Aufziehen, Matchen und Befüllen des Reifens muss unmittelbar nach dem Schmieren erfolgen, damit das Schmiermittel nicht abtrocknet, Abb. 5.5. Das Aufziehen des Reifens erfolgt ohne Felgenhornkontakt. Des Weiteren werden die Montagekräfte (Drehmoment) überwacht und dokumentiert, Abb. 5.6.

Abb. 5.5 Automatisches Rei-
fenauflegen

Abb. 5.6 Automatisches Rei-
fenaufziehen

5.4   Matchen

Zur Optimierung der Rundlaufqualität müssen Rad und Reifen so angeordnet werden,
dass Matchpunktkennzeichnungen für Rundlauf und Radialkraft auf einer theoretischen
Linie durch den Radmittelpunkt liegen, Abb. 5.7. Damit fällt der höchste Punkt am Rad
mit der kleinsten Höhe der Reifenseitenwand zusammen, was dann zu einer optimierten
Geometrie am Komplettrad führt.

Abb. 5.7 Matchen Reifen
zu Rad zur Optimierung der
Rundlaufqualität

5.5   Befüllen, Reifenfülldruck

Das Befüllen des Reifens erfolgt mit Hilfe einer Befüllglocke über den Reifenwulst, Abb. 5.8. Der Luftdruck ist dabei bei der Erstbefüllung in der Größenordnung von 3,5 bar, damit der Reifen sauber über den Hump springen kann.

5.6   Wulstsitzoptimierung

Nach der Montage muss eine 100 % Wulstsitzoptimierung durchgeführt werden. Hierbei wird der Reifen mit Hilfe von Rollen im Bereich des Wulstes gewalkt und bewegt, Abb. 5.9. Dadurch ergibt sich eine Verbesserung der TU und vor allem verändert sich der Reifensitz im Fahrbetrieb nicht mehr.

Abb. 5.8 Automatisches Befüllen mit der Füllglocke

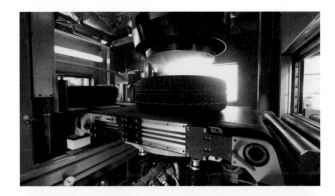

Abb. 5.9 Wulstsitzoptimierung

Abb. 5.10 TU-Messung

5.7 Reifengleichförmigkeit TU

Die Komplettradqualität wird durch eine 100 % Prüfung der TU dokumentiert. Damit sind statistische Auswertung, Fehlererkennung und Rückverfolgung möglich, Abb. 5.10.

5.8 Auswuchtvorgang

Auch die Wuchtung erfolgt automatisch in zwei Wuchtebenen (statisch und dynamisch) auf einer horizontalen Wuchtmaschine. Die Klebefläche am Rad muss frei von jeglicher Verschmutzung, Fett und Montagemittel sein. Ausreichender Anpressdruck beim Anbringen des Gewichtes muss gewährleistet sein, Abb. 5.11, damit die Wuchtgewichte beim Transport nicht abfallen. Nach dem Anbringen der Wuchtgewichte wird die Restunwuchtkontrolle und Dokumentation der Messwerte durchgeführt. Typische Werte der zulässigen Restunwucht sind bei der Erstprüfung und Kontrollwuchtlauf direkt nach dem Anbringen der Gewichte:

Unwucht statisch   5 Gramm bezogen auf die Wuchtebene,
Unwucht dynamisch 5 Gramm pro Ebene, bezogen auf das Felgenhorn.

Abb. 5.11 Wuchtung

Bei der Nachprüfung durch das erneute Spannen des Rades Veränderungen bis zu 3 Gramm zulässig.

5.9 Qualitätssicherung

Vor dem Transport in die Produktionseinrichtungen des Fahrzeugherstellers wird sichergestellt, dass die Kompletteinheit Rad und Reifen frei sein von Verschmutzungen wie z. B. Schmiermittelreste, Handlingspuren ist, Abb. 5.12. Es darf keine Oberflächenbeschädigungen und Beschädigungen der Bearbeitungskanten geben, insbesondere im Bereich der Mittenzentrierung. Auch darf die Radanlage nicht verkratzt sein.

Auch die Kompletträder, die über das Autohausgeschäft laufen, werden in der Regel auf vollautomatisierten Anlagen fertiggestellt und damit in bestmöglicher Qualität ausgeliefert.

Abb. 5.12 Vorbereitung zum Versand

—

Technischer Dienst »rund um's Rad«

Vom Kraftfahrt-Bundesamt benannter Technischer Dienst zur Prüfung von Reifen, Rädern und Fahrwerken nach ECE und nationalen Richtlinien.

Am Hasensprung 17 · 66679 Losheim am See
Telefon +49 6872 9016 210 · **Fax** +49 6872 9016 5210
Mail info@kues.de · **Web** www.kues.de

Ausblick

6

Der Reifenentwicklungsprozess ist ein dynamischer Prozess, der nie abgeschlossen sein wird. Technische Fortschritte müssen beim Kunden ankommen, damit dessen Fahrverhaltens-, Sicherheits- und Komfortanforderungen erreicht werden können. Neue Systeme, Änderung bei der Gesetzgebung und neue Anforderungen seitens der Kunden werden den Prozess auch in Zukunft permanent verändern.

Eine dies wichtigsten Pflichten der Reifenentwickler ist es sich immer wieder die physikalischen Grundlagen zu vergegenwärtigen, die Zielkonflikte zu akzeptieren und aus den Erfahrungen zu lernen.

Alleine sich auf das Managen von Projekten und Prozessen zu konzentrieren ist bei der Rad- und Reifenentwicklung zu wenig.

Große Umbrüche, wie komplett neue Rad/Reifensysteme, sind in den nächsten Jahren nicht zu erwarten. Das liegt einfach daran, dass der gesamte Fahrzeug- und Reifenprozess eine extrem hohe Komplexität erreicht hat, und eine Konzeptänderung eines Teilsystems nur mit einem extrem hohen Aufwand überhaupt vorstellbar ist.

Die Prozessoptimierung die wichtigste Herausforderung, die es zu bewältigen gibt. Dann auf keinen Fall darf trotz steigender Komplexität und immer größerer Variantenvielfalt die Reifenperformance vernachlässigt werden.

Ein Schlüsselfaktor hierzu sind Simulationsmethoden. Diese müssen weiter optimiert werden, um noch früher sicher und effizient Aussagen und Potentialabschätzungen machen zu können.

Auch der Räderentwicklungsprozess ist ständigen Veränderungen unterworfen. Hier ist im Gegensatz zu den Reifen das Design ein Treiber. Räder sind der Blickfang bei einem Automobil. Daher sind beim Rad auch die Oberfläche und die stilistische Ausführung von so herausragender Bedeutung.

Technisch gibt es zwei große Herausforderungen: bei der Radentwicklung: den Leichtbau und die Aerodynamik im Zielkonflikt mit den Kosten.

© Springer Fachmedien Wiesbaden 2015
G. Leister, *Fahrzeugräder – Fahrzeugreifen*, ATZ/MTZ-Fachbuch,
DOI 10.1007/978-3-658-07464-7_6

Deshalb werden Rädern aus Leichtbaumaterialen wie faserverstärkter Kunststoff und Carbon weiterhin untersucht werden, und es wird auch zunehmend aerodynamisch optimal gestaltete Raddesigns geben.

Auch die Reifendruckkontrollsysteme werden sich weiterentwickeln. Hier sind es vor allem Bedien- und Handhabungsthemen die es zu bewerkstelligen gilt. Die Vielzahl an Systemen, die es bei den unterschiedlichen Fahrzeugherstellern gibt, stellt das Ersatzteilwesen vor große Herausforderungen.

Literatur

Verwendete Literatur

1. NHTSA: The Pneumatic Tire. DOT HS 8105619 (2006). www.nhtsa.gov

2. Stumpf, H.: Handbuch der Reifentechnik. Springer, Wien (1997)

3. Backfisch, K.P.: Das große Reifenbuch. Heel. Verlag Gmbh, Königswinter (2006)

4. Backfisch, K.P., Heinz, D.-S.: Das neue Reifenbuch. Motorbuchverlag, Stuttgart (2000)

5. Leister, G.: Fahrzeugreifen und Fahrwerkentwicklung. Strategie, Methoden, Tools ATZ-MTZ Fachbuch. Vieweg+Teubner Verlag, Wiesbaden (2009)

6. Reimpell, J., Sponagel, P.: Fahrwerktechnik: Reifen und Räder. Vogel-Verlag, Würzburg (1988)

7. Hein, H.R., Hatzmann, M.: All-Season Reifen in der PKW-Erstausrüstung – Eine Möglichkeit zur Anpassung der Fahrwerke an US-spezifische Fahrgewohnheiten, Straßen- und Umweltbedingungen VDI-Berichte, Bd. 1088. (1993)

8. Leister, G.: Actual and Future Requirements to the Tire Industry: Standard and MOExtended Tires Tire Technology Expo 2004, Stuttgart, März 2004. (2004)

9. Besselink, I.J.M., Houben, L.W.L., op het Veld, I.B.A., Schmeitz, A.J.C.: Run flat versus conventional tyres: an experimental and model based comparison Reifen-Fahrwerk-Fahrbahn, VDI-Berichte, Bd. 2014. VDI-Verlag, Düsseldorf (2007)

10. Leister, G., Hein, R., Baldoni, F.: Der Reifensteifigkeitsindex TSI und seine Berechnung – Ein Prüfverfahren für neue Pkw-Reifen mit Notlaufeigenschaften VDI-Bericht, Bd. 2137. (2011)

11. Jeschor, M.: Ein neues Verfahren zur Bewertung von Runflat-Reifen, ein Beitrag auf dem Weg zum reserveradlosen Pkw. Hochschulschrift Dresden, Techn. Univ., Diss. (2005)

12. Michelin: Der Reifen. Haftung. Michelin Reifenwerke KGaA, Karlsruhe (2005)

13. Michelin: Der Reifen. Komfort – mechanisch und akustisch. Michelin Reifenwerke GaA, Karlsruhe (2005)

14. Michelin: Der Reifen. Rollwiderstand und Kraftstoffersparnis. Michelin Reifenwerke KGaA, Karlsruhe (2005)

15. Unrau, H.-J.: Der Einfluss der Fahrbahnoberfläche auf den Rollwiderstand, die Cornering Stiffness und die Aligning Stiffness von Pkw-Reifen. KIT Scientific Publishing, ISSN, Publishing, ISBN 978-3-86644-983-1 (2013)

16. Leister, G.: New Procedures for Tyre Characteristic Measurement. Böhm, F., Willumeit, H.-P. [eds.] Tyre Models for Vehicle Dynamic Analysis. Swets & Zeitlinger Publishers, ISBN 90265 1488 3. (1996/1997)

© Springer Fachmedien Wiesbaden 2015

G. Leister, *Fahrzeugräder – Fahrzeugreifen*, ATZ/MTZ-Fachbuch,

DOI 10.1007/978-3-658-07464-7

17. Zamow, J.: Messung des Reifenverhaltens auf unterschiedlichen Prüfständen Reifen, Fahrwerk, Fahrbahn. VDI-Berichte, Bd. 1224. (1995)

18. Sakai, H.: Theoretical and Experimental Studies on the Dynamic Properties of Tyres. Part 1–4. Int. Journal of Vehicle Design Vol **2**, No 1, 78–110, Vol **2**, No 2 182–226, Vol **2**, No 3 335–372, Vol **3**, No 3, 333–375 (1992)

19. Pottinger, M.G., Kenneth, D.M., Arnold, G.A.: Effects of test Speed and surface Curvature on Cornering Properties of Tires Automotive Engineering Congress and Exposition, Detroit, Michigan, Feb. 23–27, 1976. (1976)

20. Leister, G., Runtsch, G.: Ermittlung objektiver Reifeneigenschaften im Entwicklungsprozess mit einem Reifenmessbus. In: Breuer, B. (Hrsg.) 2. Darmstädter Reifenkolloquium VDI Berichte Reihe 12, Bd. 362, VDI-Verlag, Düsseldorf (1998)

21. Grosch, K.A.: The Speed and Temperature Dependence of Rubber Friction and Its Bearing on the Skid Resistance of Tires. In: Hays, D.F., Browne, A.L. (Hrsg.) The Physics of Tire Traction Theory and Experiments. Plenum Press, New-York, London (1974)

22. Tischleder, J., Leister, G., Köhne, S.H.: History and Current Status of the Development of a new Tire Force and Moment Procedure called TIME. In „Twenty-third Annual Meeting and Conference on Tire Science and Technology", The Tire Society, Acron (2004)

23. Oosten, J.J., Kuiper, E., Leister, G., Bode, D., Schindler, H., Tischleder, J., Köhne, S.: A New Tyre Model for TIME measurement data Tire Technology Expo, Hamburg. (2003)

24. Milliken, W.F., Milliken, D.L.: Race Car Vehicle Dynamics. ISBN 1-56091-526-9.

25. Heißing, B., Ersoy, M. (Hrsg.): Fahrwerkhandbuch ATZ-MTZ Fachbuch. (2007)

26. Parekh, D., Whittle, B., Stalnaker, D., Uhlir, E.: Laboratry Tire Wear Simulation Process Using ADAMS Vehicle Model SAE Technical Paper Series, Bd. 961001. (1996)

27. Bachmann, T.: Wechselwirkungen im Prozess der Reibung zwischen Reifen und Fahrbahn Fortschritt-Berichte VDI Reihe 12, Bd. 360. VDI-Verlag, Düsseldorf (1998)

28. Heißing, B., Brandl, H.J.: Subjektive Beurteilung des Fahrverhaltens von Pkw. Vogel Buchverlag, Würzburg (2002)

29. Lutz, J.-L.: Reifen – Bindeglied zwischen Fahrzeug und Fahrbahn. TÜV Süd, Boxberg (2004). Fahrdynamik Praxisseminar

30. Leister, G.: Neue Methoden zur Unterstützung der Subjektivbeurteilung von Reifen und Fahrwerken Tire-wheel-tech, München. (2006)

31. Ammon, D.: Modellbildung und Systementwicklung in der Fahrzeugdynamik. B.G. Teubner, Stuttgart (1997)

32. Rauh, J.: Fahrdynamiksimulation mit CASCaDE. In: VDI-Tagungsbericht Berechnung im Automobilbau Würzburg. VDI-Ber, Bd. 816, S. 599–608. VDI, Düsseldorf (1990)

33. Meywerk, M.: CAE-Methoden in der Fahrzeugtechnik. Springer Verlag, Berlin Heidelberg New York (2007)

34. Rill, G.: Simulation von Kraftfahrzeugen. Vieweg Verlag, Braunschweig, Wiesbaden (1994)

35. Leister, G.: Analyse einer Prozesskette: Vom Reifenversuch über die Parameteridentifikation zum Reifenmodell. In: Holdmann, P. (Hrsg.) Fahrwerktechnik. Haus der Technik E. V., Essen (1999). 17./18.03.1999

36. Pacejca, H.B., Bakker, E.: The Magic Formula Tyre Model. Vehicle System Dynamics: International Journal of Vehicle Mechanics and Mobility, Volume 21, Supplement 001 (1993)

37. Nüssle, M.: Ermittlung der Reifeneigenschaften im realen Fahrbetrieb. Shaker-Verlag, Aachen (2002). Dissertation, Universität Karlsruhe (TH)

38. Schmeitz, A.J.C., Besselink, I.J.M., de Hoogh, J., Nijmeijer, J.H.: Extending the MagicFormula and SWIFT tyre models for inflation pressure changes VDI-Berichte, Bd. 1895., S. 201–225 (2005)

39. Rill, G.: Tyre Model TM-Easy Tyre Models in Vehicle Dynamics: Theory and Application, Wien, 16–17 Sept. 2008. (2008)

40. Février, P., Fandard, G.: Thermal and Mechanical Tyre Modelling for Handling Simulation. ATZworldwide **110**(5), 26–31 (2008)

41. Gutjahr, D., Niedermaier, F., Bischoff, T., Holtschulze, J., Gauterin, F.: Anwendung eines Modells zur temperaturabhängigen Anpassung der Reifeneigenschaften in der Gesamtfahrzeugsimulation. In: Reifen – Fahrwerk – Fahrbahn – 13. Internationale VDI-Tagung, Hannover

42. Gipser, M.: FTire: A Physically based Tire Model for Handling, Ride, and Durability Tyre Models in Vehicle Dynamics: Theory and Application, Wien, Sept. 2008. (2008)

43. Oertel, C.H.: Tyre Structure Dynamics Model Tyre Models in Vehicle Dynamics: Theory and Application., Wien, 16–17 Sept. 2008. (2008)

44. Gipser, M.: DNS-Tire, ein dynamisches, räumliches, nichtlineares Reifenmodell VDI Berichte, Bd. 650. VDI-Verlag, Düsseldorf (1987)

45. Daimler Communication: Leichtmetallräder von Mercedes-Benz und Mercedes-Benz Accessoires. Presseinformation (2010)

46. Kermelk, W.: Fahrzeugräder: Aufbau, Konstruktion und Testverfahren. Hayes Lemmerz. Verlag Moderne Industrie, Landsberg/Lech (1999)

47. Robert Bosch GmbH: Kraftfahrtechnisches Taschenbuch, 27. Aufl. Vieweg und Teubner Verlag, Wiesbaden (2011)

48. Altenpohl, D.: Aluminium von innen. Aluminium-Verlag, Düsseldorf (1994)

49. Aluminium-Taschenbuch. Aluminium-Verlag (1988)

50. Weimann, H. Leichtmetallräder. ATZ 72 (1970) 10

51. Magnesium-Taschenbuch. Aluminium-Verlag (2000)

52. Fujita, Sakate, Hirahara: Yamamoto: Development of Magnesium Wheel. SAE 950422

53. Klos, R.: Aluminium-Gußlegierungen. Verlag Moderne Industrie, Landsberg (1995)

54. Klenke, D.: Warmausgehärtete Räder Aluminium-Symposium. (1988)

55. Runge, M.: Drücken und Drückwalzen. Verlag Moderne Industrie, Landsberg (1993)

56. Maisch, A.: Modellbasierte Reifenfülldruckdiagnose. Dissertation KIT Karlsruhe, Aachen. Shaker Verlag, Aachen (2000)

57. Underberg, V., Kuhlmann, F.: Development and application of TPMS based on actual legal requirements IWPC, 5thITT. (2009)

58. Fischer, M.: Tire Pressure Monitoring Die Bibliothek der Technik. Moderne Industrie, Landsberg/Lech (2003)

Weiterführende Literatur

59. Beyer, S.: Sicherheit von Radverschraubungen – Beschichtungssysteme, Montage, dynamischer Radfestsitz tyre-wheel-tech. TÜV Süd, München (2004)

60. Kloos, K.H., Thomala, W.: Schraubenverbindungen Grundlagen, Berechnung, Eigenschaften, Handhabung. Springer, Berlin (2007)

61. Koch, D., Friedrich, C., Mandlmeier, S.: Untersuchung des selbsttätigen Losdrehverhaltens am Beispiel eines Radverbundes 9. Informations- und Diskussionsveranstaltung Deutscher Schraubenverbund e. V., Darmstadt, 06/07 Mai 2009. (2009)

62. Leister, G.: Einfluss der Trommelkrümmung auf stationäre Reifenkennfelder Technischer Bericht, Bd. F1 M/SD-95/0102. Daimler-Benz AG, Stuttgart (1995)

63. Osten, J.J. v., Unrauh, H.J., Zamow, J.: TYDEX-Format Reference Manual – Datenformat zur Speicherung von Reifenmeßdaten. Entwickelt von der TYDEX'Workgroup (1995)

Sachverzeichnis